引领景观潮流

荟萃园林精品

艾景奖·园林景观大会

辛丑秋华题

奖景文

陈信雄 书 时年九十有五

嶺獎力時景風
艾精作代園范
景名見風林
主辰
深秋
孟兆梅

第九届
艾景奖
国际景观设计大奖
获奖作品

艾景奖组委会　编

THE 9TH
IDEA-KING
COLLECTION BOOK OF AWARDED WORKS

中国建筑工业出版社

不平凡的2020

2020年，艾景奖十周年。因为疫情的原因，2020年注定了也是不平凡的一年，我一直担心第九届艾景奖作品集出版受到影响，好在疫情在我国得到了有效的控制，各行各业陆续恢复了正常工作，作品集得以正常的印刷出版，在此感谢中国建筑工业出版社工作人员的辛勤付出。

第九届艾景奖国际园林景观规划设计大赛以"空间重构"为竞赛主题，旨在推动人居环境相关行业跨界合作，创新发展，引领有关领域的先进理念研究，在构建可持续人居环境建设进程中发挥积极作用。作为建筑景观与规划设计领域重要的年度国际性赛事，大赛吸引了581所高校学生共提交了2061件作品，248家企业提交了1578件作品。

此次参赛作品亮点纷呈，其中不乏精品之作！《第九届艾景奖国际景观设计大奖获奖作品》精选了部分获奖作品，与同行及广大读者分享。精选作品紧扣主题、设计风格不拘、理念新颖独到、设计思路清晰、文化韵味丰富，体现了世界与民族、传统与现代、艺术与实用的融合，反映出大家对新兴市场的敏锐度与关注度，展现了设计师独具一格的艺术才华、丰富的想象力、创造性与强烈的时代感！

大赛对推动城市生态环境的改善、推进人居环境相关行业融合发展具有深远意义！希望通过此类赛事，唤起更多年轻设计师的热情，积极探索、不断创新，共同推进人居环境事业的发展，为建设美丽城乡做出更大的贡献！

龚兵华

艾景奖发起人

中国建筑文化研究会风景园林委员会常务副会长兼秘书长

董伟
原文化部副部长 中国文联副主席

吴志强
中国工程院院士 同济大学副校长

宋铀
南昌市副市长

欧阳东
中国建筑工业出版社副社长

刘凌宏
中国建筑文化研究会常务副会长
兼秘书长

陈明远
南昌市自然资源局副局长

唐学山
北京林业大学园林学院教授、博
士生导师

唐进群
中国城市规划设计研究院风景园
林院总工

雷光春
北京林业大学自然保护区学院院长

邵松
《南方建筑》杂志执行副主编

李建伟
中国建筑文化研究会风景园林委
会会长、 EAST东方易地总裁兼
首席设计师

时国珍
中国建筑文化研究会风景园林委
员会副会长

赵晓龙
苏州科技大学建筑与城市规划学
院教授、 风景园林学科带头人

金云峰
同济大学建筑与城市规划学院教
授、 博士生导师、 景观系副主任

张建林
西南大学园林景观规划设计研究
院副院长、 教授， 风景园林专
业负责人

万敏
华中科技大学建筑与城市规划学
院教授、 风景园林学科带头人

管少平
华南理工大学设计学院教授、
中国建筑文化研究会风景园林委
员会副会长

田勇
四川音乐学院成都美术学院副院
长、 教授、 中国建筑文化研究
会风景园林委员会副会长

王冬青
中国城市建设研究院建筑所所长

王鑫
北京大学深圳研究院执行副所长，
一方国际咨询总经理

奚雪松
中国农业大学副教授

王润强
广州美术学院教授、
广州美院文化创意研究院院长

黄启堂
福建农林大学园林学院教授

翁苑钧
华发股份华南区景观主任设计师

刘中欣
济南万科城市公司合伙人、 设计
总监

王志敏
碧桂园深莞区域深圳城市公司执
行副总裁兼总设计师

谢贤超
蓝光集团景观总工程师

林开泰
福建农林大学客座教授、 景观
水文研究中心主任

车生泉
上海交通大学设计学院副院长、
教授， 中国建筑文化研究会风
景园林委员会副会长

傅凡
北京建筑大学建筑与城市规划学
院教授、 中国建筑文化研究会
风景园林委员会副会长

胡树志
招商地产集团专家组原副总建筑师

陆伟宏
同济大学设计集团景观工程设计院院长、 中国建筑文化研究会风景园林委员会副会长

刘纯青
江西农业大学园艺园林学院教授、 博士生导师

加雷斯·多尔蒂
哈佛大学副教授

安娜·卡特蕾娜
知名建筑师、 设计师, 阿尔盖罗建筑学院博士, 国际学术研讨会协调员

邓国辉
IFLA亚太区主席

洪荧
新加坡CPG集团副总裁

钟德颂
台湾人境工程技术顾问有限公司总经理、 哈佛大学硕士

佩德罗·卡马雷纳·贝鲁埃科斯
墨西哥国立自治大学教授·

路易斯·里贝罗
葡萄牙里斯本大学农学院教授

尼克·阿斯克
AECOM伦敦高级设计总监

舒翔
金地集团景观负责人

李志斌
星河地产景观设计总监

张华
纳墨设计联合创始人、 首席设计师

杭烨
新自然主义 (北京) 景观设计有限公司总经理

龚兵华
中国建筑文化研究会风景园林委员会副会长兼秘书长、 艾景奖发起人

LA+辩论会

巅峰对话

地产景观管控论坛

地产景观管控论坛嘉宾合影

第九届艾景奖卓越设计奖（大市政类）颁给AECOM公司

第九届艾景奖卓越设计（地产景观）奖颁给奥雅设计

学生组金奖获得者每人领取3000元奖金

学生组杰出设计奖领取20000元奖金

第九届国际园林景观规划设计大会

The 9th International Conference on Landscape Planning & Desigen

目录
CONTENTS

艾奕康设计与咨询（深圳）有限公司上海分公司

深圳奥雅设计股份有限公司

1

南京河西生态公园

设计单位：艾奕康设计与咨询（深圳）有限公司上海分公司

委托单位：南京河西工程项目管理有限公司

主创姓名：顾为光

成员姓名：李军、刘晓丹、张之菲、Diche Rogelio、杨冰、Yan Hu、Orlando B Kalinisan、Yan Jin、
Medhi Nzalamoko、陈寿岭、Qi Li、Junjun Xu、赵谷风

设计时间：2013年11月

建成时间：2015年6月

项目地点：江苏南京

项目规模：21.7公顷

项目类别：公园设计

1.CELEBRATION PLAZA ENTRANCE	6.VEHICLE ENTRANCE	11.FEATURE PEDESTRAIN BRIDGE	16.BOARDWALK	21.PARKING
2.LOWER WATERFRONT PLAZA	7.FEATURE STRUCTURE	12.EDUCATION CENTER	17.TOILET	
3.SCULPTURE	8.SKYLIGHT-ESCAPE SUNKEN PLAZA	13.ZERO-CARBON LIFESTYLE BLDG	18.ELECTRIC FACILITY	
4.SUNKEN COMMERCIAL PLAZA	9.SECONDARY PLAZA ENRTANCE	14.URBAN FOREST	19.ACTIVITY FOREST LAWN	
5.WATERFEATURE	10. AMPHITHEATER LAWN	15.WETLAND TERRACE	20.BOAT QUAY	

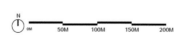

设计说明：

2011年，为了迎接即将到来的青奥会，保护历史老城区以及为南京未来发展预留城市空间，南京政府决定大力发展河西新城为未来南京市城市中心。这一举措是南京城市建设史上最重大的事件，不仅是青奥会的场馆以及辅助设施需要在这个地块建造，一个未来南京市新的城市中心也悄然在这里崛起。

南京河西生态公园，起始于河西新区的行政中心区，穿越了高容积率的商业办公区，联通了位于河西端头的城市金融中心，是新崛起的高密度的南京未来城市中心的一条沿城市轴线的中央公园。它在解决城市内涝问题和提供城市景观休憩空间的同时，呼应了南京历史悠久的水文化，为南京市民创造了新的城市亲水空间。一期是紧邻南京行政中心的滨湖公园，以一个飞跃于湖面的大胆的景观桥设计，在创造标志性戏剧空间体验的同时，连通了中心湖面，提供了一条在生态森林中探寻生态建筑，多样活动空间的新奇体验。河西生态公园紧扣城市现有的以及将来的城市路网，有轨电车、城市地铁直通公园，与城市行政、商业办公、金融中心紧密相连，随着时间的推移，这样的联系会逐步加强，南京河西生态公园会重生成为南京的城市地标。

项目自我评价：

这个位于高密度城市中心的生态公园，凭借场地内的地铁、电车、水上码头以及地下停车入库等便利条件，将为城市居民提供24小时的服务。南京河西生态公园不仅作为一个城市公园，在高密度的城市空间为各个阶层的人提供了活动空间和亲近自然和亲水的机会，也凭借特有的景观设计成为发展中的河西新城的城市地标。

[A]　方案平面图
[B]　项目鸟瞰图
[C]　项目实景图
[D]　项目实景图
[E]　项目实景图

[B]
[C]

[E]　　　　　　　　　　　　　　　　　[D]

合景泰富·云上小院

设计单位：深圳奥雅设计股份有限公司
委托单位：合景泰富地产控股有限公司
主创姓名：邵寅江
成员姓名：王鸣豪、张瑞宁、肖天宇、赵文乖
设计时间：2018年8月
建成时间：2019年4月
项目地点：四川省成都市大邑县
项目规模：353平方米
项目类别：地产景观

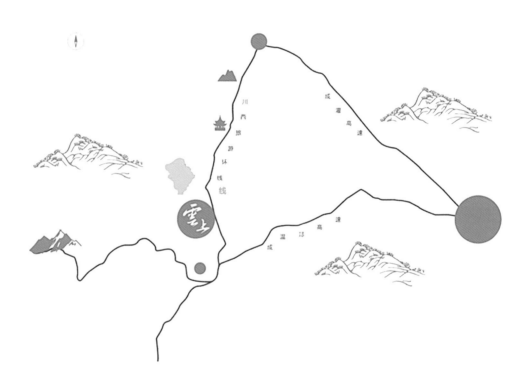

[A]

[B]

[D]

[E]

设计说明：

"山水之美，古来共谈。"回归自然、返璞归真是现代繁忙都市中生活的人们所觅求的一种生活状态。设计师们因地制宜、自出心裁，为生活在繁忙都市中的人们提供了一处修身养性、恬静闲适的居所。

云上度假区位于成都大邑青霞镇，项目占地约 11000 亩。包含原山、湿地、温泉、森林、田园等丰富的生态自然资源，历史文化底蕴浓厚。项目充分利用地形及自然环境的优势，以人为本，打造生态健康的休闲居住体验。位居此地的三套小院以"一户·一院·一分地"的居住格局，呈现"纵情山水随心造"的田园生活画布，设计师通过对客户不断的描摹，构建不同的场景感受：温婉尔雅、禅静空寂、闲适安逸，希望到访者在这一壶天地中能够触景生情，将"心"放下。

项目以"回归自然"为核心，从江南小院、日式禅院以及自然闲院三个角度出发，设计出三套不同风格的庭院。江南小院以山石、铺地、水景、竹等为主要元素，营造出江南庭院的温文尔雅，使主人家能够憧憬晚年居家的恬意场景，表达寄情山水花木的生活愿景。追寻传统日式禅意之道，日式禅院以石拟山，以沙为水，营造山水态势，庭院里的建筑仿佛与地理环境融合，像是浑然天成，充满了人的作息又有大自然的造作。"闲人庭院甚宜台，一春无酒可开杯，心宽随处是蓬莱"，自然闲院以东方闲宅这一理念为设计核心，希望来访者能在此感受生闲有余的安逸生活。

[A] 区位图
[B] 鸟瞰图
[C] 日式禅院实景图
[D] 自然闲院实景图
[E] 日式禅院实景图

项目自我评价：

当人们厌倦忙碌的工作，在闲暇之余逃离城市的喧嚣，寻找宁静生活，这已逐渐成了当代人的理想追求，项目以最纯粹、最本真、最能使人心与自然相交相融为设计核心来创造出人性最初的追寻，设计师们寻根溯源，追求每种小院应有的纯粹的自然风格，为新时代的人们提供安"心"之所。

[C]

2

上海·丰盛里

项目名称：上海·丰盛里

设计单位：EADG 泛亚国际

委托单位：上海张园建设投资有限公司

主创姓名：孙文骏

成员姓名：贾佳、冯云鹤

设计时间：2015年

建成时间：2017年

项目地点：上海市东至茂名北路，南至威海路，西至静安别墅，北至向阳商厦

项目规模：约11,665.8平方米

项目类别：城乡公共空间

[A] 总平面图
[B] 南广场夜间效果图
[C] 玉兰广场实景图
[D] 玉兰广场效果图

[A]

MASTER PLAN 平面图

❶ 西墙（静安别墅分界墙）
WEST WALL (BOUNDARY)
❷ 非机动车出入口
NON-MOTOR GARAGE ENTRANCE
❸ 地铁出入口
METRO ENTRANCE
❹ 主题铺装
THEMED PAVING
❺ 节庆旱喷
DRY SPRAY
❻ 南广场
SOUTH PLAZA
❼ 特色种植池
FEATURE PLANTER
❽ 室外座椅
OUTDOOR DINING
❾ 特色斑马线
FEATURE ZEBRA CROSSING
❿ 景观巷弄
LANDSCAPE ALLEY

⓫ 茂名北路
NORTH MAOMING ROAD
⓬ 西街
WEST STREET
⓭ 绿植屋顶花园
PLANTATION ROOF GARDEN
⓮ 吧台屋顶花园
BAR ROOF GARDEN
⓯ 特色绿墙
FEATURE GREEN WALL
⓰ 保留广玉兰
REMAINED MAGNOLIA
⓱ 景观种植带
PLANTING BELT
⓲ 缎带座椅
RIBBON SEAT
⓳ 地面玻璃展示
GLASS FLOOR
⓴ 花瓣座椅
PETAL SEAT

㉑ 玉兰广场
MAGNOLIA PLAZA
㉒ 特色铺装
FEATURE PAVING
㉓ 入口广场
ENTRANCE PLAZA
㉔ 休闲屋顶花园
LEISURE ROOF GARDEN
㉕ 车库出入口
GARAGE ENTRANCE
㉖ 主入口水景
WATER FEATURE
㉗ 木平台
TIMBER PLATFORM
㉘ 行道树
BORDER TREE
㉙ 特色巷弄入口花钵
FEATURE VASE
㉚ 巷弄入口特色铺装
ALLEY ENTRANCE FEATURE PAVING

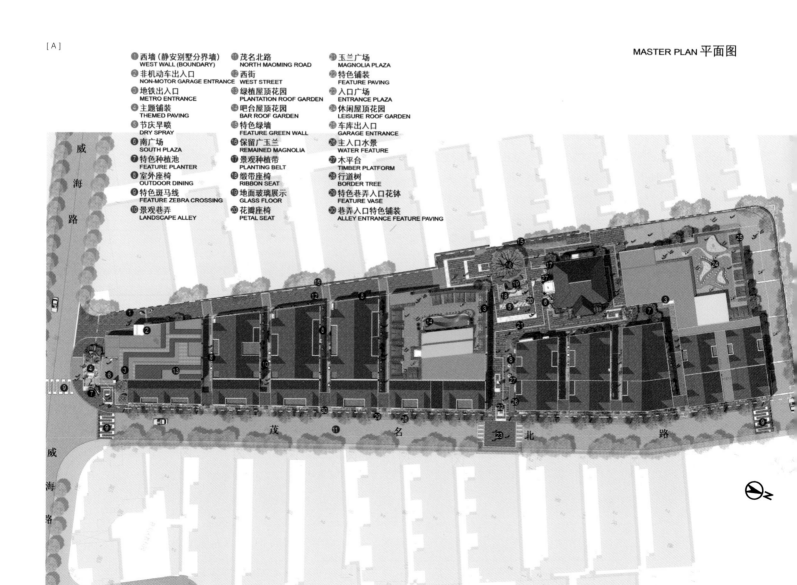

设计说明：

丰盛里位于地铁12号线南京西路站的核心区域，场地连接3个地铁出入口，日间拥有大量人流。保留的原有建筑是具有历史风貌的石库门海派风格建筑。此次设计的愿景是找到城市的根脉、建筑的本质与场所的关系，在传承的基础之上，导向一场城市的文化复兴。在设计过程中，着重思考如何在石库门海派风格建筑风格中运用景观元素使其与环境融合，又如何在复杂的场地性质下完成项目的重生。整体景观设计尊重场地环境，提取可利用的景观优势——拥有120年岁月，见证上海历史变换的广玉兰古树，无论晴、雨、雪或四季流转，古树总是默默地守护着这里，它就是丰盛里最美的景观。景观概念以古树为依托，年轮辗转，枝叶斑驳，花朵璀璨，回溯时间的流逝，时代的变迁。项目以玉兰花的飘落为主要景观元素，体现自然与现代元素的结合，并与设计语言和建筑风格相呼应。

[C]
[D]

项目自我评价：

丰盛里位于曾被誉为"近代中国第一公共空间"的丰盛里建筑群，设计尊重场地历史，将文化背景与现代功能完美融合；

场地位于交通枢纽地区，拥有大量人流，设计中充分体现了便捷流畅的动线考虑；

景观设计过程中以百年古树为核心，与现代生活体验相结合，融入功能性及引导性设计、创造具有使用价值与历史意义的景观空间。

项目经济技术指标：

丰盛里项目占地面积约11665.8平方米，总建筑面积约26208平方米，地上建筑面积约18193平方米，其中约1160平方米为地铁使用，地下建筑面积约8015平方米，容积率1.53，建筑密度38.6%。

项目地上建设有10幢建筑，其中，复建1幢保留历史建筑，仿建9幢2～3层的老式建筑。项目发展特色化的商业，并辅以一定的文化、娱乐、休闲设施，其中餐饮占比60%，商业占比40%。

[B]

设计单位：成都黑白之间景观规划设计有限公司
委托单位：招商蛇口
主创姓名：张玮、唐盈、黄丽娜、袁婷婷
成员姓名：廖剑秋、巨甲、陈尧、柳潇、范巧丽
设计时间：2019年1月
建成时间：2019年7月
项目地点：湖北宜昌夷陵
项目规模：呈现区域面积约为22497平方米
项目类别：城乡公共空间

招商宜昌·依云水岸景观设计

[A] 总平面图
[B] 前场实景展示
[C] 项目实景
[D] 项目实景

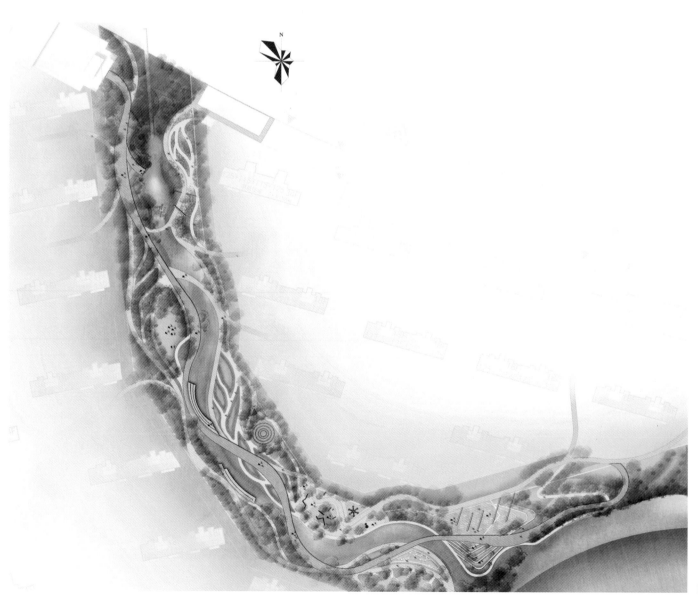

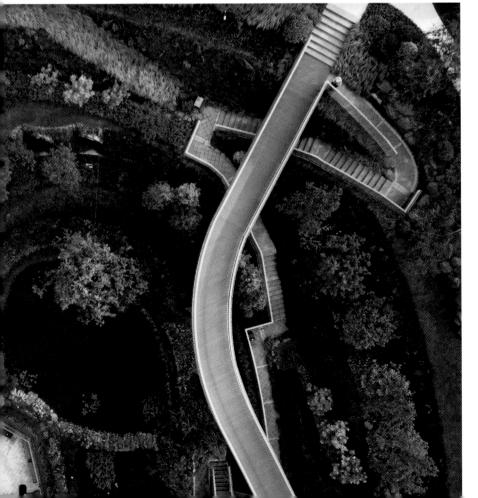

设计说明：

随着我国城乡建设体量的大幅度增加，伴随的往往是自然生态的破坏、文化的流失、情感的淡漠。我们思考着，难道这些就是无可避免的代价么？

答案是否定的。

在项目中，我们尝试从自然生态恢复的角度对项目空间进行重构，以景观元素作为情感的承载和延续。我们的核心理念是：人类重构自然，自然反哺人类。二者相辅相成，共生共享。

从生态上——废弃地的生态重构——山林溪谷

设计灵感来自河流的自然形态，以起伏河流状的景观线索来规划交通流线及活动场地，最大化贴合原有场地的地貌情况。在对整个河谷的生态恢复上从高差处理、流线规划、动植物恢复三个方面来进行空间重构。

从情感上——人情感的承载延伸——离空之桥

在国人传统的居家理念里，临水而居永远是最佳的栖息之所。有水便有桥，有家才有你。离空之桥的设计采用了三维的"Z"字形，尝试突破场地横竖向高差的限制，搭建一组多层次、多维度、多空间体验的自然路径。"离空之桥"——构建于离地之上，穿梭于林空之间，谓之离空。

综上，我们把山林峡谷作为自然的重构，把"离空之桥"作为情感的延伸。在招商依云水岸，我们希望让桎梏已久的现代人，能寻找到自然和情感的纯粹与本真。

项目经济技术指标：

景观设计面积约为：22497平方米；硬景面积约为：3403平方米；水景面积约为4413平方米；绿化面积约为：14681平方米。

[B]

[C]

[D]

方恒置业·方恒国际中心·北京

设计单位：北京麦田国际景观规划设计事务所

委托单位：北京方恒置业

主创姓名：袁立友

成员姓名：王娜娜、张少华、曹帆、汤荣豪、石晶晶

设计时间：2018年4月

建成时间：2018年9月

项目地点：北京朝阳区望京

项目规模：总面积6000平方米

项目类别：城乡公共空间

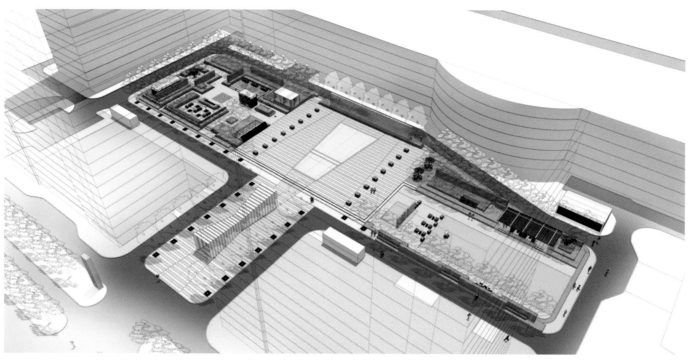

[A]

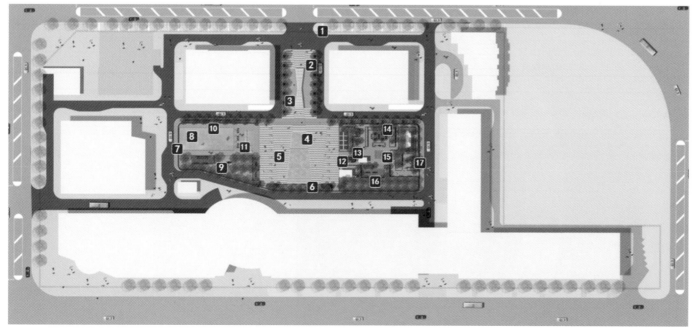

[B]

设计说明:

项目因为要在场地里举办北京时装周而改造,需要具备30米×30米和15米×45米的两个平整的场地,用以搭建走秀的帐篷。

项目位于北京望京核心商圈,中庭空间6000平方米,环绕场地的业态有写字楼、购物中心、酒店、底商、公寓等,业态丰富,既要在每年九月为北京时装周服务,更要全年为周边业态服务。需要给酒店提供草坪婚礼的空间、给公寓业主户外活动的花园、给办公的人停留空间,多种功能需求需要在6000平方米的中庭空间实现。

项目本身属于改造项目,我们对现状的情况进行了梳理:欣喜的是现状法桐长势良好,可以保留和利用;让我们比较棘手的是现场的各种井盖和出地面构筑物非常多,这给项目的改造增加了很大的难度。

我们的设计理念来源于:时尚控股(FASHION)、方恒置业(FH LAND)、方恒国际中心(FOCUS SQUARE)

设计理念:F花园——都市自然艺术馆

空间主要分为三个部分:

中部空间——星光长廊

整个轴线形式是呈两个梯形拼在一起的沙漏状布局,通过入口具有时尚气息的镜面不锈钢星光长廊树立项目形象;穿过长廊在中心广场上设计了水膜,既可以水景互动,在没有水的时候,场地基本平整,满足走秀的长需求;轴线尽头是大小不一的景观灯组成的云墙,作为对景墙和背后的一排马褂木形成障景,屏蔽端头购物中心杂乱的北立面。

西侧空间——艺术花园

由艺术廊架和草坪空间组成,酒店的客人可以在廊架下交流,酒店可以在草坪上举办草坪婚礼,9月份的时候可以满足走秀帐篷的搭建。

东侧空间——秘密花园

通过对空间的重构,把东侧空间分成大小不一的四个会客交流空间:松厅、樱花厅、石榴厅、紫薇厅,通过在周围种植主题植物的方式来营造花园交流空间。

[A] 项目鸟瞰图
[B] 方案平面图
[C] 项目实景图

项目自我评价:

我们将一个支离破碎的中庭空间重新设计成一个满足多功能使用的花园空间,改造过程中,克服现状不利条件,重构景观空间及用途,以景观重塑城市风景,让这块土地获得重生。

时光是每个人的秀场,
新生与老旧相互交替,
我们在看与被看中寻求内心的相互观照,
融入时光的永恒。
——方恒国际中心

项目经济技术指标:

方恒国际中心中庭景观改造项目占地6000平方米,项目设计力求创新、时尚、多元。

改造过程中,克服场地现状不利条件,寻求空间更多可能性,实现多种功能于一体的公共景观空间。

[C]

溧阳天目湖贵宾会馆重建项目景观提升设计

设计单位：杭州可斋景观设计有限公司
委托单位：上海君启建设发展有限公司
主创姓名：黄浩丞
成员姓名：黄翀、朱可、楼鲁清、王博
设计时间：2015年8月
建成时间：2017年5月
项目地点：江苏省溧阳市
项目规模：2000万
项目类别：旅游度假区规划

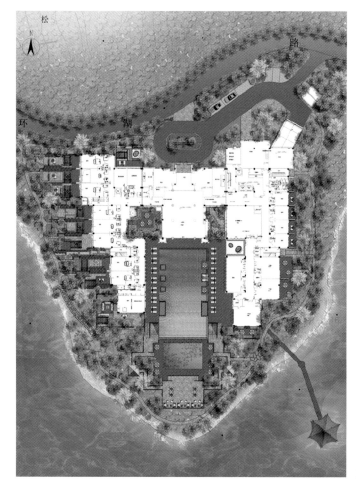

[A]

[B]

[C]

设计说明：

溧阳天目湖贵宾会馆重建项目景观提升设计通过对中国传统园林的分析和总结，将传统中式园林南北造园手法相结合，既有北方园林的对称严谨，又有南方园林的灵活紧凑；既有北方园林的大气恢宏，又有南方园林的小巧精致；既有北方园林的鲜艳亮丽，又有南方园林的清新淡雅。充分表现了中式园林"无处不可画，无景不入诗"的山水画卷。

溧阳天目湖贵宾会馆重建项目景观提升设计以"园在园中，园中有园"为设计理念，以禅定修行中"调息、调身、调饮食、调休眠、调心"的分区原则将项目分为五个区域，对主入口区、公共庭院区、客房区、观景水池区、餐厅区五个景观区以中式园林的技法为典范，通过现代设计手法，营造中式景观的内在意境和文化内涵。在植物种植设计方面，多考虑植物的自然形态，注重植物在景观中对硬质景观的过渡作用。充分考虑植物的姿态和色彩在空间与时间上的变化，创造出公共空间与私密空间自然过渡的具有当地文化特色的景观项目。

项目自我评价：

溧阳天目湖贵宾会馆重建项目的景观提升设计项目通过对中国传统古典园林的总结，将南北、古今造园手法相结合，成功打造出具有中国古典园林特色，又具当地文化特色的景观项目。在满足现代人的消费观念和生活方式的前提下，实现了对传统文化的传承和对城市记忆的复苏。

[D]

[A] 平面图
[B] 鸟瞰
[C] 客房区景观
[D] 入口景观
[E] 食堂区景观

[E]

尼山书院酒店

设计单位：上海仓永景观设计有限公司

委托单位：曲阜尼山文化旅游投资发展有限公司

主创姓名：仓永秀夫

成员姓名：郝素立、陈涛、张奇波、楼鲁清、
　　　　　龙荣江、石春烽、朱荔、桂海燕、
　　　　　王博、何淑芳、朱可

设计时间：2012年

建成时间：2016年

项目地点：山东省曲阜尼山颜母村

项目规模：99811平方米

项目类别：旅游度假区规划

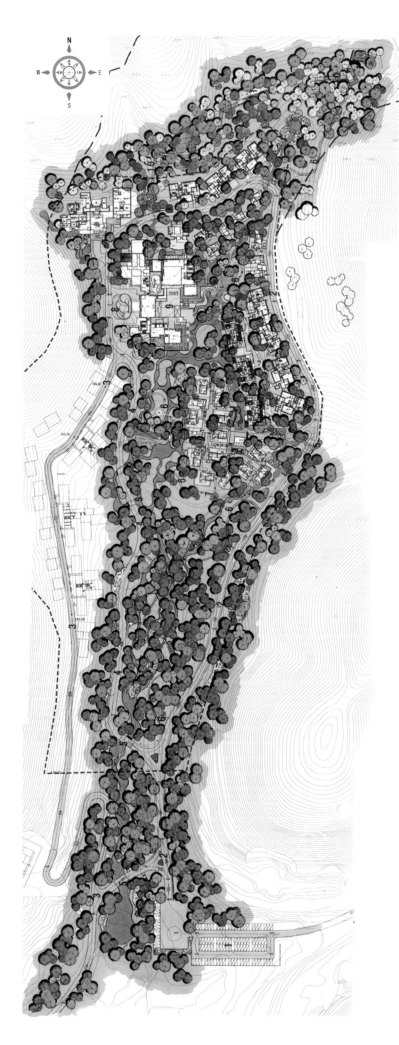

设计说明：

尼山书院酒店是国家重点推介旅游项目——尼山圣境的首个开放式文化体验空间，位于曲阜尼山镇圣水湖北路199号孔子湖畔，周边环伺孔子诞生的尼山、孔子父亲工作地附近的昌平山、以孔子母亲命名的颜母山……

根植于深厚的耕读文化土壤，取意于清涧流泉的恬静山谷，尼山书院酒店以体悟"耕读明礼"的生活方式为主题，关注中国当代文化溯源与休闲度假的复合型需求，强调度假方式与特色人文体验的融合，俨然一个延续了历史深处文化基因的古老村落。

项目大环境资源丰富，优势突出，山上有少量树群，裸露的山石是其最大的特色。因其为圣人孔子的出生地，故本案以儒家文化的"和"及"乐山乐水"为主题展开设计，通过人与人的和谐、人与自然的和谐，展现儒家所推崇的人生审美观。酒店周围利用地势的高差设计了层层叠叠、曲曲绕绕的跌水溪流及宽大的下游水池。置身其中，体验一番古代曲水流觞群贤聚会，交筹唱和的场景，体现现代时尚的休闲生活模式。

流水激进、动感、充满生机，溪水流过之处到处都是小岛绿地。绿地内种植了大量的朴树、榆树、银杏、槐树、乌桕、皂角、山楂、石榴、柿子、木瓜、海棠、杏子等各类树木，营造了一处生机勃勃、欣欣向荣的和谐自然环境，让每一位入住此地的游客有一个自我舒展的空间。

项目经济技术指标：

总规划面积163800平方米，景观面积132200平方米，分一、二两期开发。2016年一期工程竣工，目前二期施工中。

[A] 尼山书院总平面图
[B] 圣母泉 景观设计
[C] 圣母泉 景观设计
[D] 圣母泉 景观设计
[E] 圣母泉 景观设计

[B]　[C]

[D]　[E]

万科·弗农小镇

设计单位：艾麦欧（上海）建筑设计咨询有限公司

委托单位：北京万科

主创姓名：赵瑜

成员姓名：焦雅羽、宋侠鹏、郑洁

设计时间：2017年3月

建成时间：2017年10月

项目地点：北京密云

项目类别：地产景观

[A] 总平面图
[B] 项目实景图
[C] 项目实景图
[D] 项目实景图
[E] 项目实景图

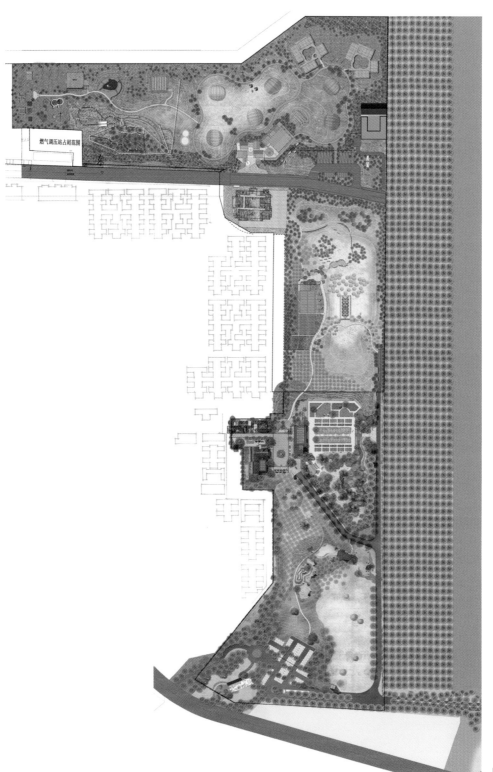

[A]

[B]

[C]

[D]

设计说明：

万科·弗农小镇以营造都市人的田园梦想，与自然共生的美好生活为理念，充分利用北京密云水库周边极优厚的自然环境资源，把基地创造成适合全家庭共享的度假生活宜居胜地。

示范区的景观设计充分利用现状景观资源，让景观空间突破设计红线，在小镇外营造大尺度景观风貌，打造唯一性景观。

因此，可共享的自然体验场所占了很大的配比，有壮阔的田园花海、草坪野餐区，富有童趣的动物乐园，活力缤纷的小镇广场以及梦幻的夜色星空之路等，带给城市居民极佳的自然活动空间，如同置身于一处大花园。

项目自我评价：

如何表达与实现才能不辜负这一片土地，像爱孩子一样呵护它一点点成长，也是一个必须完成的课题。因此，项目最后的呈现，人为景色与原场地景色融为一体，经过一年的成长，更是成为密云这个片区人们自发爱去活动的场所，这是我们在艰苦的设计到施工这个努力后最让人感动的回馈。

[E]

东原亲山观云山庄

设计单位：RDA景观设计事务所

委托单位：东原集团

主创姓名：任轶男

成员姓名：孙艺璇、杨祥全、章任珅、王哲赟、平米

设计时间：2017年9月

建成时间：2017年12月

项目地点：江苏南京

项目规模：4582平方米

项目类别：地产景观

[A]　平面图
[B]　山门庭院空间实景
[C]　水院内庭空间实景
[D]　山门庭院效果图

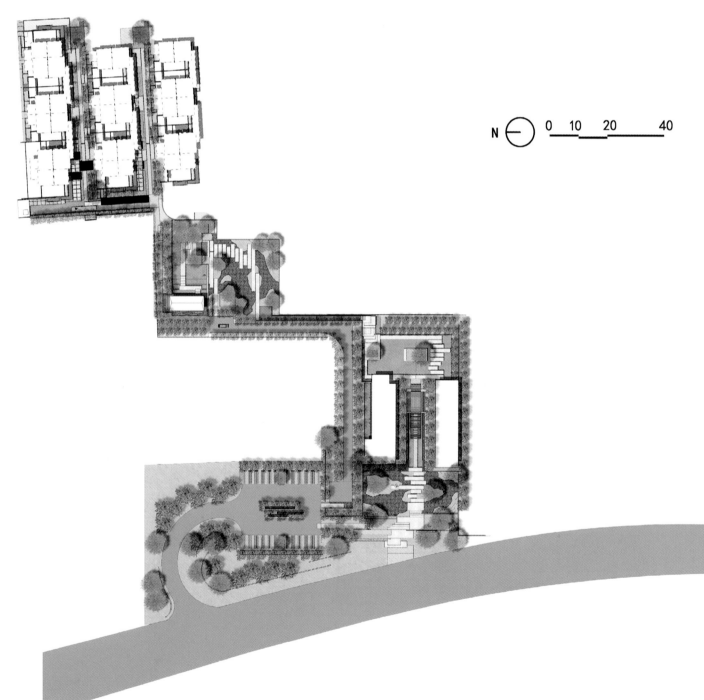

N

0　10　20　　40

设计说明:

观云山庄择址于宝华山南麓,坐镇宝华之眼,三面环山,一面靠湖。北靠4A级国家森林公园,西临黄坑水库,山林、水库、田园等自然山水皆能尽收眼底。场地的整体走向自下而上,最大的高差约20米。

设计以胡适先生对联:"随遇而安因树为屋,会心不远开门见山"的理想居所为设计理念,打造闲适的望、行、游、居的诗意栖居。空间依山就势分别由廊、亭、水、巷构成,营造出多重院落体验。项目类型为山地别墅,因此设计重点在于表达隐逸山居的东方禅意,为山居者营造真实而颇有仪式感的回家体验。通过设计给"山居者"带来舒适的望、行、游、居的心路历程,拉近其与自然的关系,也将朦胧远山的神圣感留在山居内。根据地势的从低到高,做了五次主要的递进,入口开始,蜿蜒曲折,每个递进都有不同的体验,与风景同在形成一组有机群体,将空间意识转化为时间进程,在变化中空间有张力的收放,从而带给人更多联想和情感。又通过种种巧妙的向自然借景,用视线的虚实将建筑与自然的风景结合,在这山居中灵活发挥,迂回曲折,趣意盎然。院落之间以幽曲的山径连接,开合有度,形成承前启后的空间逻辑。

项目自我评价:

由于项目的特殊性未建设独立的售楼中心,所有的沙盘皆以实体沙盘展现,示范区建成后将不再拆除,从而大大降低了项目的投入成本。项目建造材料选用当地毛石为基底,并与其他搭配使用,施工技术沿用古法毛石做墙工艺、完工的毛石墙会随时间的变化更富有韵味,既绿色又环保。

[B]

[C]

[D]

设计单位：贝尔高林国际（香港）有限公司

委托单位：上海中骏创富房地产有限公司

主创姓名：梅嘉轶

成员姓名：蒋存华、Mr Krid KIEWLONGYA

设计时间：2014年

建成时间：2017年

项目地点：上海市闵行区

项目规模：3.2公顷

项目类别：城乡公共空间

上海中骏广场

[B]

[C]

[D]

设计说明：

项目位于上海市虹桥商务核心区，地理位置优越，多类型交通直达，便利快捷。

作为城市开放的公共空间，虹桥商务区呈现时代赋予的全新城市肌理，而景观设计则需要满足多种公共功能城市肌理的复合特征——购物广场、办公绿地、下沉庭院、休闲步行。

设计师以"城市光谱"为灵感源泉，对"光"与"谱"做出了最深刻的解读："光"代表速度——光速般的发展节奏，"谱"代表多彩丰富的文化云集，从而提炼出"光谱—景观—光谱城市"的主题诠释。

项目自我评价：

项目设计灵感来源于上海高速发展的历程，光速般的经济发展和多彩的文化云集共同构成了这个光谱城市。感知城市速度的流线感和色彩的缤纷感，提取相关的设计元素，打造光谱景观，建设集商务、文化与购物为一体的综合休闲广场，满足人们生活办公的需求，提升生活品质。

项目经济技术指标：

项目地点：上海虹桥商务区；项目面积：3.2公顷；项目类型：写字楼/商务园区；项目风格：现代风格。

[A]　总平面图
[B]　主入口实景图
[C]　樱花排列实景图
[D]　红色光谱雕塑实景图

京投银泰万科·西华府·北京

设计单位：北京麦田国际景观规划设计事务所

委托单位：京投银泰+万科地产

主创姓名：王刚

成员姓名：纪刚、王刚、马宇滕、翟丽娟

设计时间：2015年3月

建成时间：2017年5月

项目地点：北京市丰台区地铁郭公庄站西南约500米

项目规模：147000平方米

项目类别：地产景观

[A] 景观总平面图
[B] 景观结构图
[C] 项目实景图
[D] 项目实景图
[E] 项目实景图
[F] 项目实景图

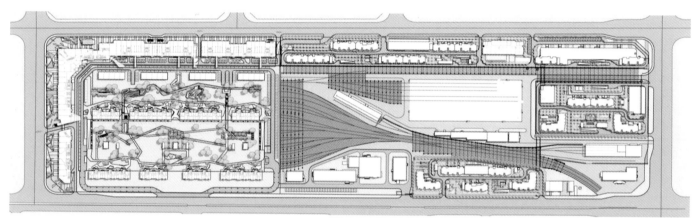

[A]

[B]

设计说明：

北京·京投银泰万科·西华府位于北京市丰台区郭公庄地铁站附近，为地铁上盖住宅，采用"以人为本"的设计理念。

与自然和谐共融，与都市咫尺之间，相较于传统住宅，更加关注现代家庭的生活质量，在满足舒适度的同时，让生活更健康。基于该理念，景观设计师为其量身打造了可以三代享受的全龄空间，力求以多样化的家庭服务需求为主导，便捷社区居民的日常生活。在这里，各年龄段的业主都可以找到专属的、多方位需求的、充满人性关怀的、注重细节体验的户外活动空间。

上盖项目对于景观设计而言有着诸多挑战，例如苛刻的覆土种植条件、复杂蓄水排水组织、荷载计算与处理、景观构筑物基础的生根方式、植物材料的选择与维护等。景观设计师不仅解决了以上多种难题，还在只有30厘米的覆土预留条件下，打造出一个绿意盎然的城市会客厅，使其成为北京城里的高线公园。

项目自我评价：

地铁上盖项目，地铁交通与商业开发的叠加体，改善了城市环境面貌，为政府分担了公共设施建设成本，增加了商业经济收益。

[D]
[E]

[F]

[C]

项目经济技术指标：

项目占地面积约147000平方米，景观面积112962平方米，为地铁上盖住宅，采用"以人为本"的设计理念。

金科·礼悦东方展示区

设计单位：重庆华泽园林景观设计有限公司

委托单位：金科集团重庆分公司

主创姓名：吴琦

成员姓名：张娜、叶延霞、文铭、皮丽霞、王程民、赵兵、胡杨莲、郑万高

设计时间：2018年5月

建成时间：2018年8月

项目地点：重庆市永川区

项目规模：6000平方米

项目类别：地产景观

[A]　示范区总图
[B]　项目实景图
[C]　项目实景图
[D]　项目实景图

[B]

[C]

[D]

设计说明：

1. 区域背景：永川区隶属于重庆市，位于长江上游地区，重庆市西部。清光绪《永川县志》记载："附城三水合流，形如篆文'永'字，曰永川者，因水得名也。"永川秀美的山水，是古人最喜爱吟咏的对象。

2. 设计理念：每座城市都有其独特的精神。以三条河形成一个篆书的"永"字，永川的"永"由自然造就，人杰地灵，人才辈出，令人不得不叹服于大自然的鬼斧神工和古人的诗情画意。在园林的营造上以"礼、见、品、悦、享"来演绎礼悦东方实体展示区，将东方元素的形式美感与精神幻象通过自己的解读深入到创造的境界中去，让业主在获得独特景观体验的同时感悟传承千年的东方文化，为我们构筑了一个有历史传承和文化记忆的人文社区。

3. 展示区设计：展示区入口通过一个比较开阔的入口空间来强化展示区入口的标示性。通过门楼，设置了对景水景，流畅地转换了空

间，远处玻璃砖光影斑驳，见光不见景，空间虚实结合，若隐若现，引人入胜。同时以"光"作为媒介，以画卷作为端景，穿过光影，步入三河汇碧的画境。在光影之间穿越尽头，我们为有限的空间注入了无尽的山林之气，使整个庭院显现出沉稳静谧的气质，可以让人在安静的冥想中忘却城市的喧嚣纷扰，去感受自然的温柔圣洁。实体样板房前院和中庭空间的大气简约形成了鲜明的对比。一片墙、一方石、一涟漪皆成景，安静质朴，大自然的清凉气息扑面而来，仿佛自成一个世界。

项目自我评价：

项目为交付区中的实体展示示范区，会受到很多规划和建筑条件限制，是全新挑战。结合项目所在地人文与自然环境特色，做到项目专属设计定制，将地域元素的形式感与精神幻象通过自己的解读深入到创造的境界中，让业主获得独特景观体验的同时感悟传承千年的东方文化，为我们构筑了一个有历史传承和文化记忆的人文社区。

懿德堂

设计单位：婺源县村庄文化传媒有限公司

委托单位：懿德堂

主创姓名：汪万斌

成员姓名：汪建泓

设计时间：2018年

建成时间：2019年

项目地点：江西省上饶市婺源县秋口镇上河村

项目规模：3000平方米

项目类别：酒店环境设计

[A] 懿德堂院子平面图
[B] 项目实景图
[C] 项目实景图
[D] 项目实景图
[E] 项目实景图

[A]

[C]

设计说明：

懿德堂，原是始建于清同治年间的大商宅，雕梁画栋，古香古色，为典型的徽派古建筑。因年久失修濒临倒塌，为抢救这座精美的老宅，传承徽州文化，让古建重焕光彩为当世所用。

设计师凭多年的老宅改造经验与对徽州文化的理解，本着修旧换新舒适实用的原则，对古宅及庭院进行了全方位的改造，满足业主的改造要求。

首先对老宅的防水与防虫工程重新设计施工。在尽量保持原宅空间布局的前提下，适当地进行改造。以期更加适应当代人的生活与审美需要。同时修复木雕、隔房门、地面、天井等以恢复原筑的风貌。内部空间尽量披露原有骨架结构，让古老的木头肌理与现代的装饰材料在质感上形成强烈的视觉冲击，保留空间的时代感。功能性的空间则尽量现代化，让新材料与新用具给入住者带来舒适的体验。将自然的柔光与灯光照明相结合，营造一种闲适优雅的居住氛围，辅以各类风格的家具、布艺、摆件、绘画等软装，让古老与现代完美地在一个古宅空间里完美融合。

庭院保留了原有的树木，依据地形，规划建造长廊、水系、亭榭，遵循徽派园林的构筑原则进行适当的改造，使建筑在审美与实用上更贴近当代人的生活。各个功能区域分布合理，空间转换自然和谐，景观小品造型古朴素静，绿植栽种恰到好处，营造了一个充满清幽雅致，

[D]

传统又不失现代气息的徽派园林，与懿德堂古建相得益彰，使室内外空间相融共通。

项目经济技术指标：

总用地：1832.9平方米；建筑占地面积：702平方米；建筑总面积：1576平方米；绿化面积：1130.9平方米；总投资：4000万元。

[E]

[B]

泰康之家·蜀园

设计单位：北京顺景园林股份有限公司

委托单位：泰康之家蜀园成都养老服务有限公司

主创姓名：宋晓明

成员姓名：姚洋、路宝强、林声威、吴敏、王安琪

设计时间：2015年6月

建成时间：2019年11月

项目地址：位于成都国际医学城内

项目规模：53411平方米

项目类别：旅游度假区规划

[A]　[B]

[C]

[D]

[E]

[F]

[G]

[A] 项目实景图
[B] 项目实景图
[C] 项目实景图
[D] 项目实景图
[E] 项目实景图
[F] 项目实景图
[G] 项目实景图

设计说明：

泰康之家·蜀园是泰康保险集团在成都投资兴建的国际标准医养社区，项目位于成都国际医学城内。景观设计上结合川蜀当地文化特色，突出高品质养老社区的针对性定位，充分尊重区域的自然、人文、居住环境，营造具有特色的医养空间、休闲空间、田园体验设施，以及家庭感强的养老养生大氛围。打造"高品质、区域文化特色、家庭氛围"的医养结合CCRC养老社区。

社区在建筑上采用川西民居院落式建筑空间组织，挖掘川蜀特色文化，融合川西林盘中林、水、宅、田主要元素，打造城市田园生活的养生"家"。通过分析老年人对户外生活空间需求，营造具有特色的医养空间、休闲空间、田园体验设施以及家庭感较强的养老养生大氛围，引领活力优雅生活方式。

项目经济技术指标：

建筑设计：MO ATELIER SZETO；

景观设计：北京顺景园林股份有限公司；

室内设计：MO ATELIER SZETO；

项目风格：川蜀风格；

占地面积：53411平方米；

建筑面积：38956平方米；

容积率：2.0；

绿化率：28%。

3

龙湖·西宸广场·北京

设计单位：北京麦田国际景观规划设计事务所

委托单位：龙湖地产

项目经理：薄晓东

主创姓名：穆泽军

成员姓名：王娜娜、穆泽军、任忠、曹帆、谭宇轩

设计时间：2016年8月

建成时间：2018年9月

项目地点：北京西南三环丰台区樊家村

项目规模：20531.14平方米

项目类别：城乡公共空间

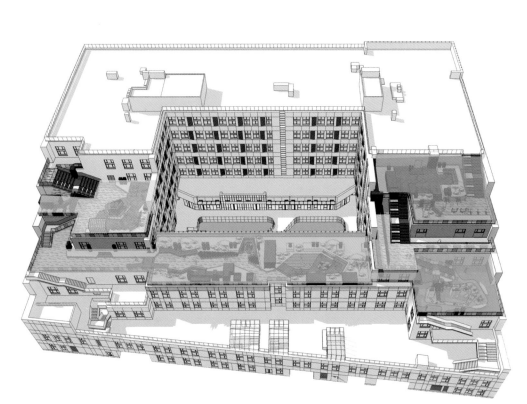

[A]

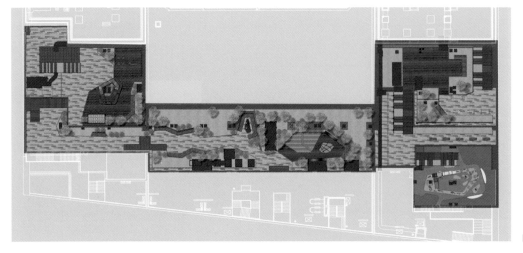

[B]

[A] 方案平面图
[B] 项目鸟瞰图
[C] 项目实景图
[D] 项目实景图
[E] 项目实景图
[F] 项目实景图

[D]
[E]

设计说明：

在地铁上造一座"天空之城"。

项目位于地铁10号线与房山线（北延线）交汇换乘站——首经贸站上盖，双地铁接驳，整体设计在规划之初引入了独具亚洲特色的TOD垂直发展模式，高效开发地上和地下空间，提高每单位土地使用效率，尽量在每一寸土地上提供更多的功能，打造"垂直城市"。

延续建筑"时尚 活力"理念，利用大胆强烈的视觉元素，将景观的形态与建筑联系，并相互紧扣呼应，为钢筋水泥林立的城市注入活力和质感，丰富城市的俯仰景观。

让艺术与宁静交相辉映，都市感、设计感、舒适感并存的云端花园。分层方式为基础，将建筑间有限的空间最大限度地转化成为一个户外交流和休闲的平台。

富含公共性潜能的场所，用最自然的材质打造。景观结合建筑护栏打造创意彩色立面，实现多专业多维互动。

项目自我评价：

屋顶花园丰富城市的俯仰景观。过程中景观结合建筑护栏打造创意彩色立面，实现多专业多维互动。利用浅根系植物，轻质土解决极其有

[F]

限的顶板荷载难题。丰富的艺术互动装置，激活客群与场地的互动和对品质的认同。项目本着服务为民的要求，力求将使用者的需求融入设计，打造时尚、浪漫、活力的公共空间。

项目经济技术指标：

项目占地面积20531.14平方米，景观面积为13251.24平方米，屋顶景观面积1694.50平方米，屋顶绿地面积458.36平方米，屋顶绿化率27%。

[C]

西安浐灞区浐灞2桥三维桥瀑

设计单位：深圳市水体实业集团有限公司

委托单位：深圳市金照明科技股份有限公司

主创姓名：覃启祥

成员姓名：何文、黄旭、陈宁馨、欧旭东、何佳家、
　　　　　杨纪游

设计时间：2019年1月

建成时间：2019年2月

项目地点：西安市浐灞区

项目类别：城乡公共空间

[A]

[B]

[C]

[D]

[E]

[F]

[A] 浐灞2号桥灯光
[B] 浐灞2号桥桥瀑三维水型
[C] 浐灞2号桥 桥瀑水型
[D] 浐灞2号桥 桥瀑水型
[E] 浐灞2号桥 桥瀑水型
[F] 西安浐灞项目

设计说明：

项目位于西安市浐灞区，浐灞河景灯光秀是"2019西安年·最中国"夜景灯光秀重要景点之一。一排排街灯勾勒出都市时尚线条，一帧帧流动的光影扮靓灞河两岸，一场绚丽梦幻的水韵灯光秀，在浐灞隆重上演，"水之灵""光之影""城之魂"，光影变奏，将梦幻浐灞、生态浐灞演绎的美轮美奂。

浐灞2号桥，也就是传说中的网红斜拉桥，桥体斜拉锁外侧的点光源，结合投光灯形成三角形媒体立面，仿佛在灞河水中央升起一座秦岭峰峦。光影交错，与自然水景融为一体，形成独具中国味道的青山绿水画卷，360个摇摆数控喷泉，如同孔雀开屏一般绽放在水上，梦幻如画，美得难以方物，尽显水韵魅力。

项目自我评价：

国内首次在桥梁瀑布上使用三维数控摇摆直流喷泉，与整个桥体灯光呼应，形成一场主题鲜明、独具特色的灯光水舞秀。

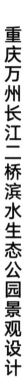

重庆万州长江二桥滨水生态公园景观设计

设计单位：重庆浩丰规划设计集团股份有限公司

委托单位：重庆市万州城市建设综合开发公司

主创姓名：刘鹰

成员姓名：旷野、张星、刘雨涵、田怀良

设计时间：2015年9月

建成时间：2017年5月

项目地点：重庆市万州区长江二桥下滨江区域

项目规模：56600平方米

项目类别：城乡公共空间

[A] 总平面图
[B] 建成成果
[C] 建成成果
[D] 建成成果

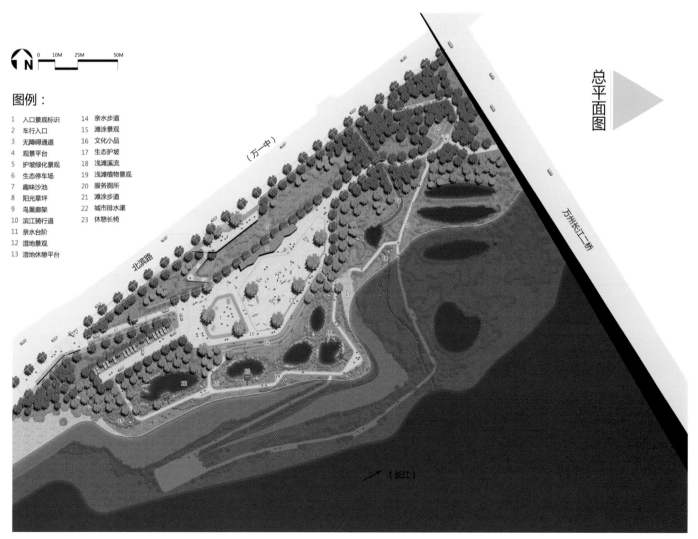

图例：

1	入口景观标识	14	亲水步道
2	车行入口	15	滩涂景观
3	无障碍通道	16	文化小品
4	观景平台	17	生态护坡
5	护坡绿化景观	18	浅滩溪流
6	生态停车场	19	浅滩植物景观
7	趣味沙池	20	服务厕所
8	阳光草坪	21	滩涂步道
9	鸟巢廊架	22	城市排水渠
10	滨江骑行道	23	休憩长椅
11	亲水台阶		
12	湿地景观		
13	湿地休憩平台		

总平面图

[A]

[B]

[C]

[D]

设计说明：

项目打破传统设计思维、创新立意，提出还原滨水空间最初风貌，打造人、自然、城市和谐共生的生态型滨水公园。方案以水位线变化展开"弹性的景观设计"，公园景象随着时间的变化、水环境的变化呈现出多样的效果。不同年龄阶层在公园中都能找到属于自己的天地。设计充分彰显了水域景观的文化性，将当代文化艺术与地域滨水文化相结合，从而勾起人们对于滨江文化的怀念，为城市增添新的名片。

依据不同的水位线创建三层主题景观体验区：公共游乐区、生态护坡、自然滩涂区。

1. 公共游乐区："健康生活"，关键词："健康""休闲"。
2. 生态护坡区："生态技术"，关键词："绿色岸线"。
3. 自然滩涂区："资源再生"，关键词："自然""野趣"。

项目自我评价：

项目设计大胆创新,取得了非常好的社会及景观效果。现在项目已经成为当地市民游玩休闲的热地。项目设计功能合理、用材朴实、空间舒适宜人、环境自然生态，不仅提升了城市环境品质，完善城市滨江功能，也是滨江消落区的成功示范点。

项目经济技术指标：

总规划面积：56600平方米

绿化总面积：47400平方米

绿 化 率：80%

水 体 面 积：2600平方米

陆 地 面 积：54000平方米

其 中：建筑占地面积：220平方米

铺装面积：2650平方米

园路面积：2710平方米

绿地面积：47400平方米

停车场面积：1020平方米

鳗鲡嘴滨江绿地

设计单位：AgenceTER

委托单位：上海东岸投资（集团）有限公司

方案指导：上海市政工程设计研究总院（集团）有限公司

施工单位：上海建工二建集团

主创姓名：Michel HOSSLER

成员姓名：黄明莉、刘娴、Namgyel HUBERT、Marion VASSENT-GARAUD、Helen STOKES、

Emmanuelle BLONDEAU

设计时间：2016年9月

建成时间：2018年

项目地点：上海浦东新区

项目规模：9.8公顷

项目类别：城乡公共空间

[A] 项目实景图
[B] 项目实景图
[C] 项目实景图
[D] 项目实景图
[E] 项目实景图
[F] 项目实景图

[A] [B]

[C]

[E]

设计说明：

自开埠以来，黄浦江岸已完全由滩涂地转为工业园区，最后实现了沿江两岸一系列绿地环境综合整治及景观提升工程的成功转型。

鳗鲡嘴滨江绿地，是黄浦江东岸22公里滨江公共空间的一段，借由黄埔江岸和城市间的相互吸引和相互延伸，顺势拔高地势，一改黄浦江沿岸常见的平坦地形，形成自两侧朝向场地中央的侧向山体，于上中路隧道正上方再开出隘口，一道彩虹桥越过，构成两山框一景的崭新景观格局。在这里，不仅可以眺望浦西美景，也可流连浦东风光。

鳗鲡嘴滨江绿地的设计，并不拘泥于公共绿地本身，而是面向整个城市开放。项目不但有丰富的绿化种植空间，场地还构建了丰富的活动空间，与城市其他空间良好互动，为城市提供活动场地，成为活力的多样共享空间，缝合了城市与黄浦江。鳗鲡嘴滨江绿地的轮廓，已融入上海这座国际大都会的天际线中。

[F]

尤其值得一提的是为城市打造了一处大型室外公共免费儿童游乐空间，彩色山丘、大滑梯、沙坑，儿童游乐空间在这里与城市公共空间浑然一体，儿童游玩的场景也成为公共空间的风景。整个公园也是扩大的儿童游乐空间，宽阔的草坪，孩子们在最自然的游乐园中嬉戏玩耍。

项目自我评价：

"虽由人作，宛自天开"，鳗鲡嘴滨江绿地作为黄浦江东岸滨江公共空间的重要一环，其独特的两山框一景的崭新景观格局和为城市打造的一处大型室外公共免费儿童游乐空间，共同勾勒的公园轮廓，鲜亮的色彩与独特的天际线再次激活浦江东岸，融入上海这座城市的天际线，继陆家嘴、世博公园后，成为第三座浦江凸岸的地标式场所。

项目经济技术指标：

造价：9.3亿元；
绿化65%，建筑2%，硬质及其他33%。

[D]

金鸡湖城市广场及苏州中心下沉广场更新设计

设计单位：苏州合展设计营造股份有限公司

委托单位：苏州工业园区金鸡湖城市发展有限公司

主创姓名：吴心怡

成员姓名：孙国祥、王静静

设计时间：2014年

建成时间：2018年

项目地点：苏州工业园区城市广场&苏州中心

项目规模：29000平方米

项目类别：城乡公共空间

[A]

设计说明：

1. 星港街路东城市广场及香樟园由于星港街隧道的开挖，原有水景及大部分广场铺装已被损毁。项目设计初期时间长达两年，水景方案及广场方案的多轮尝试，最终由业主确定以恢复为主，重建原有景观构架和标志性矩阵水景，强调城市中轴线。另外为满足园区地铁B+R地铁换乘的规划要求，增设半地下非机动车库，上层作为观景平台，下层为240个非机动车位。台阶花坛结合树阵广场，既可增加绿意，又能将影响城市形象的非机动车位藏在半地下，不但为市民提供了遮风避雨的场所，也打造了一处立体景观，带来了新的观景体验。

2. 苏州中心下沉广场及公交站台的设计，是苏州中心综合体景观设计中的很小一部分，原有的城市绿地被替代以新的商业综合体，地铁的下穿及商场地库的限制都为商业广场的覆绿带来难度，400毫米的覆土远远不够小乔木的种植要求，故项目设计增加了400毫米高的不锈钢花坛，为植物生长创造条件。同时结合夜景灯光和具有雕塑感的艺术灯具，吸引人气，增加引导功能。

3. 公交站台作为首末站是重要的换乘集散点，棚架设计尺度综合考虑与建筑立面的协调性，并采用单元组合布置方式，实现超长站台变化而统一的设计需求。最终呈现的效果轻巧、通透且富有艺术感。

[A] 城市广场鸟瞰
[B] 公交站台人视
[C] 半地下车库
[D] 下沉广场

[D]

[B]

[C]

项目自我评价：

由于星港街道路改造和下穿隧道工程的开展，设计不但要考虑基本游憩功能，还需整合考虑覆土荷载、隧道保护范围、综合管线等多方要求。项目设计历时5年，涉及单位广，工程难度大，但最终完成效果很好。

项目经济技术指标：

景观设计面积：28990平方米；非机动车位360个。

无锡路劲WIII JOY PARK

设计单位：上海英斯佛朗环境景观设计有限公司

委托单位：无锡路劲

主创姓名：角志硕

成员姓名：邢杰、任梦、刘云洁、孙超琪

设计时间：2018年7月

建成时间：2019年4月

项目地点：江苏无锡

项目规模：4500平方米

项目类别：城乡公共空间

[A] 项目鸟瞰图
[B] 项目实景图
[C] 项目实景图
[D] 项目实景图
[E] 项目实景图

[A]

[B]

[C]

[D]

[E]

设计说明：

青春如一场白色的梦，在梦里一切都是那么的洁白无瑕。青春的日子天空总是蔚蓝，太阳永远那么的火辣，过剩的热情洋溢在脸上，点缀着年轻的呼唤。一个充满魅力、充满活力的记忆。好奇是青春，个性是青春。以我喜欢的方式过一生。自由，无界。WIII JOY PARK以青春既清新梦幻又无拘无束，摒弃传统围合空间以及轴线上单个空间的串联，打造开放的、无界的空间组合模块。通过对场地整体的白色流线把握以及不同空间的交融互补，寻找城市与空间新的无界切入点。

自由的无界，打造思考与梦幻、艺术、追梦、共融的节奏感和互动的趣味性。诠释青春的五重景观体验分别为街角广场、光影廊架、廊洞空间、创意吧台区、活力阶梯。让你在新奇、欢欣、思考、休闲、震撼等不同情绪中转换感受和经历青春的歌颂。强有力的活力界面，简洁的设计手法，曲线起伏的地景艺术布局，80根钢管组合而成的光影廊架，年轻的仪式感，就是走自己的路，让别人去讨论。无界的入

口形式就是青春对城市的态度。白色的主基调，流线自由的放纵，自然的光影与景观空间相结合，场地中感受青春力、梦幻与不羁，这是我们在歌颂青春、致敬逝去青春的记忆。

项目自我评价：

采用街角广场（自由的无界）、光影廊架（思考与梦幻）、廊洞空间（艺术和追梦）、创意吧台（共融的节奏感）、活力阶梯（互动的趣味性）的场地布局。延续开放、共享的设计理念，处理好场地与城市的边界关系。把空间还给城市，让人群参与其中，形成有趣味性的林下空间。致青春！绚烂无羁绊的生活方式。

项目经济技术指标：

占地：4500平方米；建筑：约1000平方米；硬质及其他65%。总造价：675万（不含建筑）。

许昌市灞陵河流域生态综治工程

设计单位：河南省水利勘测设计研究有限公司

委托单位：许昌市水生态投资开发有限公司

主创姓名：杜辉、牛贺道、冯光伟

成员姓名：甄振洋、李中晖、孟垚、严成、王鹏、苟占涛、张晓林

设计时间：2014年

建成时间：2016年

项目地点：河南省许昌市

项目规模：15亿元

项目类别：城乡公共空间

[A]

[B]

[C]

[D]

[E]

设计说明：

灞陵河流域生态综治工程治理范围包括灞陵河及运粮河、灵沟河、幸福河等支流，治理总长度38千米，占地总面积约280公顷，总投资约15亿元。灞陵河自北向南穿越许昌市西部城区，总体功能定位为城市的"防洪除涝通道、生态廊道及三国文化走廊"。运粮河为灞陵河支流，穿越中心城区，全长约6.6千米，治理宽度为15～30米，主要功能是城市除涝及滨水休闲。灞陵河与运粮河是项目的设计重点。工程于2014年开始建设，2016年建成。项目的总体设计思路是将灞陵河流域作为许昌市重要的生态水系网络，发挥出河流应有的生态综合效益，包括雨洪安全、水体自净、恢复河流生物多样性，并为城市居民提供亲水游憩、滨水休闲，文化展示的空间，为城市西部区域发展提供新的动力。设计内容包括水利、生态、景观、路桥，截污等多个专业，秉承"六水融合，系统治理"的设计理念，将生态防洪工程、水生态保护修复工程、生态补源工程、水文化景观工程与水污染防治工程统筹协调，相互融合，实现各专业无缝对接，最终将灞陵河及其支流打造成城市之中童年记忆里的"家乡之河"。

项目自我评价：

项目秉承"六水融合、系统治理"的理念，将涉水多个专业统筹协调，摆脱功能单一的"就河道论河道"造成的技术困境。站在流域生态、城市发展、运行管理及人水城和谐的顶层角度进行项目解析，提出相应策略进行系统综治。项目建成后取得的社会及生态效益显著，成为河南省各地市水生态文明建设观摩的样板。

项目经济技术指标：

治理总长度：约38千米；

总占地面积：280公顷；

水面总面积：120公顷；

滨水绿地总面积：160公顷；

园路广场面积：23.2公顷，14.4%；

建筑面积：0.72公顷，0.45%；

绿化面积：136.1公顷，85.1%。

[A] 项目鸟瞰图
[B] 项目实景图
[C] 项目实景图
[D] 项目实景图
[E] 项目实景图

解放大道景观提升工程设计施工一体化项目

设计单位：武汉华天园林艺术有限公司

委托单位：武汉园林绿化建设发展有限公司

主创姓名：李菠、苏珺、胡晏、程巍、邵丽

成员姓名：朱娟英、操越、王冠一、周淑贞、李慧君、易雷、朱晓雨

设计时间：2018年9月

建成时间：2019年7月

项目地点：湖北省武汉市解放大道

项目类别：城市公共空间

设计目标

百年大道 梧桐映林

以法桐为基底，色叶乔木做点睛，打造一条具有历史印记，和独特高颜值的生态园林景观大道。

[A]

项目背景

项目成因

城市地位

文化内涵

线路范围

优势

（一）底蕴深厚的黄金地段

（二）历史悠久的物质基底

（三）沿线景观资源丰富

劣势

1. 缺行道树和分车带，绿化不连贯；
2. 养护管理水平差，整体效果不佳；
3. 乱植物品种，种植形式杂乱。

相关问题

1. 路面形式多样，绿化不统一；
2. 道路绿化断层式分布，无连续带
3. 受到前期大量建设工程，绿化不连贯

[B]　[C]

设计策略及规划结构

设计策略

（一）全线补齐

补齐全线缺行道树，突出骨干树种，确保全线绿色景观的连续性。

（二）提升品质

分车绿化带乔木为骨架，结合下层地被净化树，形成底有结构变化，简洁大气的绿化景观。

（三）点亮节点

将现有绿植按打造成城市森林，优美宁静，呈现高端、通透、大气的景观效果。

规划结构

[D]

设计说明：

解放大道景观提升工程设计施工一体化项目是借助第七届世界军人运动会契机，对解放大道进行景观提升。解放大道是武汉市最长的主干道，见证了这座城市的崛起和繁荣，与整座城市的发展息息相关。也正因此，历史遗留问题也较多：缺行道树和分车带，绿化不连贯；养护管理水平差，整体效果不佳；乱植物品种，种植形式杂乱。

本次提升解放大道道路全长13公里，起点二七长江大桥，终点宗关。沿途跨三个行政区，途径黄浦路立交、香港路立交、三阳路立交、航空路立交及宝丰路立交5座立交。主要有三种道路形式：平交、高架及下穿通道，设计结构为"一线三段四点六园"。

由于法桐一直是解放大道的基调树种，因而我们继续延续这一文化打造林荫大道，提出"百年大道，梧桐映秋"的设计主题，并通过"玉兰迎宾""秋色叶雨""红叶枫彩"三个主题分区来体现，以法桐为基底，色叶乔木做点睛，打造一条具有历史印记和独特魅力的高颜值生态园林景观大道。

通过补植，全线形成连贯的法桐，局部有条件的区域种植双排法桐，营造林荫道景观效果；在分车带的设计上，分别通过"法桐""银杏+广玉兰""银杏+桂花"不同的树种选择来表达主题，提升城市风貌；渠化岛及高架立交桥则主要以梳理和补栽为主；街旁绿地在保证绿量的基础上，打开视线空间，以可进入、可参与、可游憩为改造目标。

此次改造从设计到施工都体现了高效的工作态度和成果，已于2019年7月26日完工，希望此次改造能绽放解放大道"浓荫重彩"的独特魅力。

[A] 设计目标
[B] 项目概况
[C] 现状分析
[D] 设计策略及规划结构
[E] 宗关渠化岛
[F] 中山公园街旁绿地
[G] 林荫公交车站
[H] 头道街行道树

[G]

林荫公交车站设计详图——中山公园街旁绿地
选择香樟、法桐等行树种以人行道单排种植成林荫。

行道树设计详图——头道街段
通过补植全线形成连贯的法桐，局部有条件的区域种植以双排法桐，营造林荫道景观效果。

效果图　　实景图

[H]

渠化岛及立交桥设计详图——宗关渠化岛
渠化岛上层补栽大乔法桐，下层以通透视线为主，主干道两侧则种植法桐补齐两侧行道树。

实景图

[E]

街旁绿地设计详图——中山公园街旁绿地
基本保留原有树丛，仅拆除两个与现有盲道位置冲突的树池，然后新增四个树池以补缺绿量；将原有的无患子换成法桐。

[F]

效果图

项目自我评价：

项目具有一定的历史意义和文化价值，存在的遗留问题较多，并包含武汉市三个行政区，为此次景观改造工程增加了一定难度。

整个设计通过行道树、分车带、高架桥和街旁绿地等多种形式响应"百年大道，梧桐映秋"的设计主题。

项目时间紧任务重，不到一年的时间完成从设计到施工，并得到市政府的一致好评。

项目经济技术指标：

解放大道全长13千米，其中玉兰迎宾段2.8千米、秋色叶雨段7千米、红叶枫彩段3.2千米；全线两侧分车带总长15.4千米，其中红叶石楠种植段1.2千米、法桐种植段8千米、银杏种植段1.4千米、广玉兰种植段4.8千米；解放大道全线总面积61607平方米，其中道路线路面积23710平方米、道路节点面积22280平方米、街旁游园面积15617平方米。

盛城唐韵—演绎当代都市生活的『历史舞台』

设计单位：重庆三境景观园林有限公司、重庆工业职业技术学院
委托单位：重庆市万盛区宣传部
主创姓名：黄海
成员姓名：何婉亭、蒋萌萌、董青青
设计时间：2019年3月
建成时间：2019年6月
项目地点：重庆市万盛区
项目规模：7910.72平方米
项目类别：城乡公共空间

[A] 总平面图
[B] 项目实景图
[C] 项目实景图
[D] 项目实景图

[A]

设计说明：

重庆一小时经济圈，坐拥以5A级景区黑山谷为主的丰富旅游资源，地处渝黔边界，经济繁荣，在唐贞观十六年（642年）属溱州，至今有近1400年建制史。这是重庆市万盛区的标签。

跨桥进盛城，第一眼即见项目所在地，山脚、河边、桥头、住宅旁，这里原本是一处绿意盎然的街头绿地，市民每天行走于其间，不曾顿足品阅：旁边的孝子河故事那么动人，这座城市的历史曾经那么辉煌……这里，本该是一处文化圣地，一张城市名片，一座景区地标。

进驻场地，一边是设计师追溯着城市的光辉历史，一边是市民关切地询问着这里的未来，他们始终"跟"着我们，追随这座城市的故事，期待在这里"生活"。这里本该如此：当代市民在古时溱州之地演绎着自己的"摩登"生活，他们循着文化的自豪，踏着新时代的利好，将自己的美好生活融入这片场地。

"盛城唐韵"，主体建筑"溱州楼"拔地而起，形成城市标识，也彰显着这里延续千年的辉煌；景观"山—水—城"的格局一气呵成，成为市民演绎当代都市生活的"舞台"，并延续主体建筑风貌，承载着这座城市深厚的文化底蕴。建筑景观融为一体，如主体建筑屋顶的"鸱尾"，"飞"至地面而成坐凳，一向高傲的"龙子"，如今每天与市民为伍，让人们坐着、躺着、骑着、踩着；经过"溱州楼"的市民，总会不经意地抬头看看，瞻仰、拍照、思考；各处节点的"牡丹""祥云""凤""莲"等，随时随地彰显着这里区别于他处的时代精神……

[C]

[D]

项目自我评价：

项目完成后，为万盛这座城市做了文化概括，提升了城市的文化地位，改变了当地居民的生活习惯。

项目为"如何通过整体营造建筑、景观、文化环境来传承和延续城市的历史"提供了借鉴。

项目为"如何利用传统文化打造演绎当代都市生活的'历史'舞台"提供了借鉴。

项目经济技术指标：

用地红线面积：7910.72平方米；
建筑占地面积：980.56平方米；
铺装面积：3426.32平方米；
绿地面积：2060.16平方米；
绿地率：26.04%。

[B]

长治市黑臭水体综合治理项目——石子河上下游

设计单位：南京回归建筑环境设计研究院有限公司

委托单位：长治市三河一渠综合治理工程建设有限公司

主创姓名：徐翔、丁小梅、孙荣春、茅玮、林涛

成员姓名：耿付萍、高辉、杨阳、张敏、冯闽楠、刘炫

设计时间：2016年6月

建成时间：2019年8月

项目地点：山西省长治市

项目规模：101.8公顷

项目类别：城乡公共空间

[A]

[B]

[C]

设计说明：

2016年6月，长治市人民政府批复了"关于实施'三河一渠'环城水系治理暨城市建成区黑臭水体整治项目的工作计划"，对城市建成区内石子河上、下游段进行整治。

石子河上游段在保证河道行洪通道的基础上，对两岸的地形进行合理设计，打开部分腹地，形成多个景观节点，临水设置人行滨河步道，堤顶空间设计慢行通道，形成慢行休闲系统。

整体分为生态湿地区和滨河景观区。生态湿地区将河头桥东原有腹地打开，结合植物景观，增加配套建筑，最终形成一个集保护、科普、休闲等功能于一体的小型生态湿地公园。在提供游览休憩的同时也起到对上游水体收集净化的作用。滨河景观区在贯通慢行休闲系统的基础上，有选择地打开一部分空间，设置休闲空间、亲水平台、观景挑台等，吸引人们来此休憩休闲。

石子河下游段，我们希望打造成长治的城市氧吧、西北最美的国家湿地公园。

在原有水系基础上，整体拓宽了河道，在部分河滩面积较大的区域打开水系形成大水面，并对河岸进行生态化改造，营造自然生态景观，

为水生动植物提供赖以生存的环境，同时给人们提供亲水、观水、戏水的机会，体现"人水共融"的和谐生态湿地景观。

在现状城市道路的基础上，依托上位规划路网，完善了车行路网，增加了慢行通道作为自行车道和观光车辆通道，局部设置人行步道，整体形成两条环路，车行环路及慢行环路。同时设置游船码头，形成水上游线。

项目自我评价：

石子河上下游经过两年多的建设，现已初具成效。如今，已建成的部分滨河环境焕然一新，鲜花盛开、碧波荡漾，为长治城区增添了一份灵气，极大地改变了原来河道的脏乱差现象，改善长治的人居环境，促进周边土地增值，形成生态景观与现代化风貌和谐统一的城市新格局！

项目经济技术指标：

项目总面积：101.8公顷
石子河上游段：总面积12.7公顷，全长1.5公里，配套建筑900平方米，硬质景观面积1.8万平方米。
石子河下游段：总面积89.1公顷，全长5.6公里，配套建筑2.1万平方米，硬质景观面积13.8万平方米。

[A] 上游段实景照片
[B] 上游段台地景观
[C] 上游段桃园村至河头桥鸟瞰图
[D] 下游段观景平台

[D]

慈云寺·米市街·龙门浩历史文化街区——枣子湾片区修复性详细规划

设计单位：重庆博建建筑规划设计有限公司

委托单位：重庆南岸滨江路开发建设有限公司

主创姓名：白洪茂

成员姓名：蒲蔚然、何坚、高凤平、朱武、何劲、刘成龙、
　　　　　张超、李晓旭、刘苏修、肖静、刘娅琼

设计时间：2016年9月

建成时间：2018年1月

项目地点：重庆市南岸区涂山镇

项目规模：2万平方米

项目类别：城乡公共空间

[A]

[B]

设计说明：

慈云寺-米市街-龙门浩历史文化街区位于重庆市南岸区涂山镇，与湖广会馆隔江相望，地处长江、嘉陵江交汇点一侧，与繁华的渝中半岛通过东水门大桥紧密相连，与江北嘴、朝天门形成三角形的鼎立关系，共同构成重庆主城区中最有特色的山水人文景观。2014年，慈云寺-米市街-龙门浩历史文化街区被评为重庆市市级历史文化街区，这将成为旧城区发展的经济支柱和历史文化依托。另外，街区旅游资源蕴量丰富，历史文化品位极高，会带来很大的社会效益和经济效益。

为了深入贯彻习近平总书记系列重要讲话精神，践行"创新、协调、绿色、开放、共享"的发展理念，设计公司以"城市双修"为指导思想，实现了规划、建筑、景观设计一体化，打造了复杂山地条件下的旧城更新样板。

项目自我评价：

项目从开始立项到开工建设的全过程都受到政府各级领导及广大市民的高度关注，项目正式对外开放后，获得各方的认可，并成为重庆新晋"网红打卡点"，使原先这一处老城的边缘消极空间彻底地得以改变，涅槃为城市的又一旅游目的地及重要的交通枢纽。

项目经济技术指标：

项目设计面积约2万平方米，基地横向距离约80米，纵向距离160米，横向竖向高差达25.5米，整个片区共有建筑25座，其中8栋区级历史文保建筑，1栋优秀历史建筑，16栋风貌建筑。建筑密度33%，绿地率20%，设计室内停车位81个。

[C]

[A] 竖向交通实景
[B] 总平面图
[C] 下街实景
[D] 鸟瞰图

[D]

雄安新区容城容东片区截洪渠景观一期工程

设计单位：中交水运规划设计院有限公司

委托单位：中国雄安集团生态建设投资有限公司

主创姓名：张栋

成员姓名：卢晏羽、纪思佳、苏红利、王婧茹、张书铭

设计时间：2018年

建成时间：2019年5月

项目地点：雄安新区容城县

项目规模：38.79万平方米

项目类别：城市公共空间

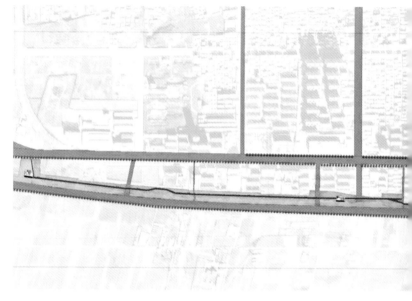

[A]

[A]　总平面图
[B]　鸟瞰图
[C]　项目效果图
[D]　项目实景图

[B]

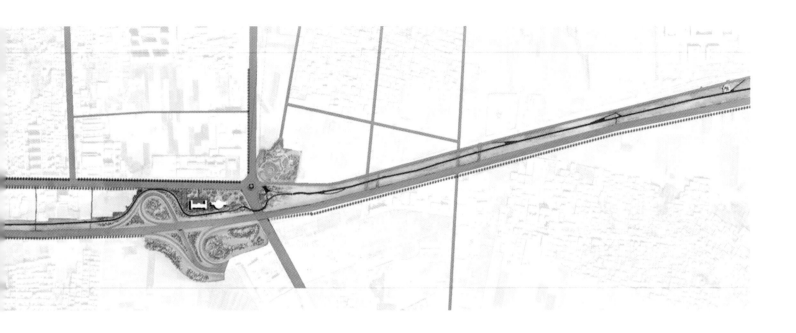

[C]
[D]

设计说明：

雄安新区截洪渠一期景观工程是雄安新区成立以来的第一个景观工程。工程内容为容城大水大街至在建雄安市民服务中心截洪渠绿化景观设计和沿线相关工程，全长约为5.6km,景观总面积约38.79万平方米，总投资2.22亿元。主要工程内容包含新建截洪渠地面景观带、配套服务设施、景观广场节点、景观照明、排水、绿化灌溉等。

项目于2018年9月开始方案设计，2019年5月主体工程施工基本完成。几个月前的这里还是一片荒芜，如今却是清风鸟鸣相伴，鲜花绿树随行。大家可以在这里畅快自由地呼吸，尽情地亲近自然、游憩健身。"栽下梧桐树，引来金凤凰"，绿道两侧，一排排梧桐树，似乎在召唤着无数远道而来的创业者、建设者在新区安家立业，追逐梦想。

项目自我评价：

雄安新区截洪渠一期景观工程践行了雄安新区高标准、高质量的建设要求，景观设计利用原排水工程截洪渠上部空间，打造了贯穿容城东西向的一条景观绿廊。设计中充分贯彻了海绵城市的设计理念，地被多采用观赏草等生态种植方式。成功地将周边地块拆迁下来的梨树运用到了景观设计中，实现了景观的再生。

项目经济技术指标：

景观总面积约38.79万平方米，总投资2.22亿元。

黄山经济开发区梅林大道改造提升工程第二标段
设计、采购、施工（EPC）总承包项目

设计单位：华艺生态园林股份有限公司

委托单位：黄山市开发投资集团有限公司

主创姓名：王亮

成员姓名：刘慧、张津津、孟涛、荀海东、程志、金磊

设计时间：2018年8月

建成时间：2018年12月

项目地点：黄山经济开发区梅林大道

项目规模：130000平方米

项目类别：城乡公共空间

[A]

[B]

[C]

设计说明：

梅林大道是黄山经济开发区高铁新区主干道之一，紧邻黄山机场、黄山北站。它是美好黄山墨笔勾勒的城市名片，肩负着展现形象，贯通城区的使命。项目总长7.3公里，绿化提升总面积约13万平方米。

在整体风格上：

1．以绿为主，生态自然

设计中精简铺装和小品，较大限度提高绿视率，展现生态与自然。植物组团则采用简洁流畅的种植线条，谱绘弧形的韵律之美。

2．以绿为底，色彩丰富

在常绿乔灌木构造绿色廊道的基础上，选用多姿多彩美观抗晒的开花植物、彩叶植物进行大面积色彩拼合，营造出以绿为底，花繁似锦的景观场所，发挥出植物在生物圈中的生态效益，让生态与景观自然和谐展现。

[A] 黄山质检中心实景图
[B] 徽州印象博物馆实景图
[C] 总平面图
[D] 爱这城居民区实景图
[E] 小罐茶产业园实景图
[F] 石景组团实景图
[G] 岛头设计实景图

在细节雕琢上：

1．以丰富地形模拟黄山特色山水格局

黄山是一座山水相依、地形起伏较大的城市。设计中将其意向提炼为组团种植的丰富地形，将景观融入徽州文化，打造独有黄山意境，模拟特色山水格局。

2．将石景、旱溪等元素融入景观节点

梅林大道两侧具有多处高差，设计中以石景来处理、堆叠，打造出别具一格的岩石花境、旱溪等令人眼前一亮的黄山意向特色景观节点。

项目自我评价：

城市道路作为一座城市展现其风貌的重要载体，很大程度上代表着城市风格。

梅林大道是黄山经济开发区的重要轴线，承担着改善道路沿线环境、美化城市整体风貌、引导城市文化，让道路与历史人文和谐融为一体的功能与形象使命。此次提升改造，将城市风骨与公共功能在道路上相融相合，让梅林大道成为文化新地标。

[D] [E]

[F] [G]

西昌市月亮湖湿地公园

设计单位：中国电建集团成都勘测设计研究院有限公司

委托单位：西昌市水利局/西昌中电建东西海河水环境有限公司

主创姓名：李何亮

成员姓名：李如波、曾曦、赵国栋、徐畅、孙媛、段红飞

设计时间：2016年2月

建成时间：2017年7月

项目地点：四川省西昌市

项目规模：38.14公顷

项目类别：公园设计

[A] 西昌月亮湖总平面图
[B] 大鸟瞰
[C] 实景大鸟瞰图
[D] 海河上游左岸景观带
[E] 眉月台鸟瞰图
[F] 示范区西河右岸
[G] 米雕塑
[H] 海河下游骑行道

[A]

[B]　[C]

[F]

[G]

设计说明：

西昌市月亮湖湿地公园设计总面积约为38.14公顷，其中包括绿化面积8.28公顷（绿地率65.14%），建筑占地面积0.26公顷，道路铺装面积3.9公顷。月亮湖工程建成后，景观闸蓄水将形成25.6万平方米的景观水面，其中新开挖的内河湿约1.4万平方米；新增绿地6.9万平方米，绿道6公里，亲水栈道1.2公里，生态驳岸1.6公里；新增各类乔灌木4700多株，新增水生植物1.17万平方米。以"西昌月城"文化为主题，利用"活水"的理念打造成以生态保育、休闲游憩、滨水活动、科文教育为一体的城市湿地公园，强化配套服务功能，激活城市滨水空间，提升城市品质，带动沿河区域的综合发展。

针对场地现状的防洪、水资源利用、水质保障、绿地系统破碎化、滨水空间缺少活力等问题及挑战，提出了"SABC- Safety（安全）、Active（活力）、Beautiful（美观）、Clean（洁净）"水环境整治理念，以"西昌月城"文化为主题，利用"活水"的理念打造成为以生态保育、休闲游憩、滨水活动、科文教育为一体的城市湿地公园，强化配套服务功能，激活城市滨水空间，提升城市品质，带动沿河区域的综合发展。

[D]

[H]

[E]

项目自我评价：

西昌市月亮湖湿地公园是针对如何利用山溪性河流特性打造城市复合滨水景观空间的一次实践，设计过程中未受限于公园的设计范围，而是大胆突破场地限制，做到全局统筹、上下游兼顾，通过水利、生态、交通、景观等多个专业的共同合作协调，融入"SABC"设计理念，全流域全过程地进行水环境综合整治。

苏州宝带桥－澹台湖景区绿化景观与配套设施修建性详细规划设计

设计单位：苏州筑园景观规划设计股份有限公司

委托单位：苏州市宝带文化旅游发展有限公司

主创姓名：刘潇

成员姓名：贾瑞璨、杨怡、胡素文、吴辉、房巍、柏林、李震、李云云、刘阳

设计时间：2016年5月

建成时间：2018年

项目地点：苏州吴中区

项目规模：112公顷

项目类别：公园设计

[A]　总平面图
[B]　海绵湿地效果图
[C]　滨水休闲效果图

索引图
Key plan

1 入口
2 古今街坊
3 林荫停车场地
4 滨湖广场
5 疏林草地
6 月捕渔火
7 儿童娱乐场地
8 康体活动场地
9 运河年轮
10 旧苏嘉公路拾趣

11 宝带串月
12 桥文化馆
13 纤夫颂
14 情人岛
15 船帆风廊
16 澹台祠
17 运河文化馆
18 滨水长廊
19 配套商业
20 跨河景观桥

[A]

设计说明：

苏州宝带桥-澹台湖景区位于苏州吴中区南部、京杭运河风光带上，是未来城市中心区的休闲中心、市民活动中心，也是苏州绿地系统中的七子山至独墅湖绿轴同吴中中心区交界地区。

澹台湖景区绿水青萍，碧波荡漾，建于唐代的宝带桥横卧湖面。湖面鱼塘、长堤、绿岛交相呼应，形成丰富的水体空间。但由于时代变迁和维护管理较弱，公园已失去应有风采，场所文化资源也未得到充分保护和开发利用。

此次的规划设计中，充分挖掘与宝带桥和澹台子相关的文化资源，结合京杭运河人文风貌，完善宝带桥、运河、古纤道、澹台子祠等文化项目，赋予澹台湖景区更加浓厚的生命气息。尊重现有地形、地貌、生态和水系环境，创造湿地涵养、雨水净化、生态可持续的海绵公园。同时，溶解公园，完善配套设施，使之成为生态、人文和高效的新都市公园。

根据园区动静结合、古今结合和空间的起承开合，将澹台湖公园划分为"一带、两湖、四区"。

一带：运河风光带（吴中运河风光带延伸）；两湖：大澹台湖（纯净大湖面，向文化遗产致敬）、小澹台湖（滨水活动）；四区：入口商业区、滨水休闲区、遗址文化区、运河滨水区。

项目自我评价：

苏州宝带桥-澹台湖景区景观设计，激活了宝带桥澹台湖板块，带动规模效应，融入苏州旅游大格局；成为苏州城南门户和京杭运河风光带上的明珠。同时，动态保护场所历史信息（宝带桥、古纤道），充分利用场地资源（运河、鱼塘、湿地），构筑新都市海绵湿地和水源涵养净化的生态公园。

项目经济技术指标：

总面积112万平方米（含水面）				
项目		数量	单方造价	造价
驳岸	木桩驳岸	4403米	4000/米	1761万
	石笼驳岸	633米	2000/米	127万
	硬质驳岸	1331米	2500/米	333万
水体清淤		6.2万立方米	30/立方米	186万
绿化		45万平方米	300/平方米	13500万
硬质铺装		9万平方米	400/平方米	3600万
架空步道		1400平方米	3000/平方米	420万
景观桥梁		637平方米	3000/平方米	191万
土方		38万立方米	30/立方米	1140万
景观小品		约1000万		1000万
水电（含智能监控）		25%		4664万
配套小市政管网		10%		1866万
不可预计费用		10%		1866万
合计		3.07亿		

[B]

[C]

汤山金乌温泉公园景观方案设计

设计单位：南京艾特兰克建筑设计有限公司

委托单位：南京汤山管委会

主创姓名：费长辉

成员姓名：夏普、洪婷、崔帼眉、张磊、赵锦、陈伟、徐培玉

设计时间：2017年7月

建成时间：2018年5月

项目地点：南京市江宁区汤山旅游景区

项目类别：公园设计

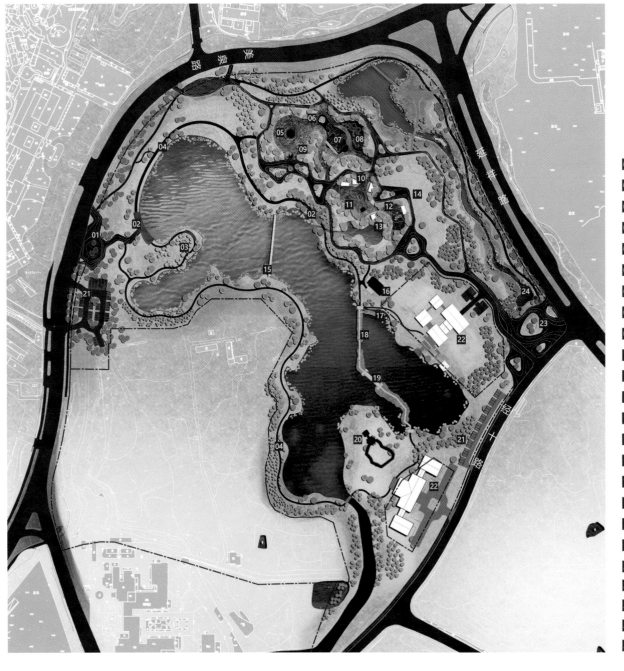

01 入口水景

02 观湖亲水平台

03 樱花岛

04 环湖步道

05 祭泉广场

06 月泉

07 泉眼展示区

08 地质展示区

09 公厕

10 洗三阁

11 温泉体验区

12 曲水流觞

13 温泉泵房

14 帐篷营地

15 意堤

16 见山茶社

17 游船码头

18 湖心堤

19 如意桥

20 阁

21 生态停车场

22 公园配套设施

23 南入口广场

24 云涧溪谷

[A]

设计说明：

汤山金乌温泉公园设计面积约105534平方米，紧邻麒麟新城、仙林副城、东山副城及镇江句容，交通便利，是全国四大温泉疗养区之首；因此，设计上打造成以温泉体验和汤山温泉文化展示为主的世界温泉小镇中心公园；以汤山温泉文化为主线，结合神话传说、温泉地质、温泉养生等原理，展示温泉公园文化。

项目自我评价：

项目充分结合温泉的养生功能和自身的区位优势打造成世界一流的温泉养生区，设计上将观赏性和功能性结合的恰到好处，同时融入浓厚的当地文化特色，不仅是优秀的景观设计作品，同时也是优良的文化展示和传播基地。

[A] 平面图
[B] 效果图
[C] 效果图
[D] 环湖景观

[B]
[C]

[D]

武汉世贸中心（南公共绿地）

设计单位：贝尔高林国际（香港）有限公司

施工单位：陕西意景园林设计工程有限公司

主创姓名：韩思聪

成员姓名：曾月芳

设计时间：2015年

建成时间：2021年

项目地点：武汉市中央商务区核心区

项目规模：3.4公顷

项目类别：公园设计

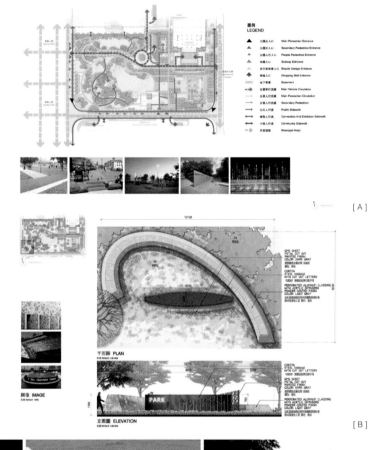

[A]

[B]

[C]

设计说明：

方案整体布局通过横向和竖向的隐性轴线贯通东南西北，形成视觉交点，东西向和南北向的道路纵横交织，四通八达，犹如一条隐性的游园换线，让人们轻松游览公园的优美环境。

入口景观：简介的标示墙和特色铺装，道路两旁对称的高大乔木营造出厚实空间质感和大气的公园入口。

中央花园：规划包括由规则圆形重叠而成的开放式草坪，线性步道和几何组合广场，更配有商务休闲区、雕塑花园、私语庭院、早喷广场、聚会广场等，不同层级地分布和融合。

下沉广场：大体量具有视觉冲击力的阶梯种植池结合下沉广场链接地下商场，注重人流的疏散与分流。

[A] 动线分析图
[B] 标志墙设计图
[C] 总平面图
[D] 特色凉亭设计图
[E] 特色架桥详图
[F] 局部放大图 （中央公园）
[G] 下沉广场剖面图

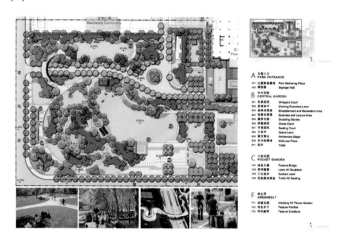

[F]

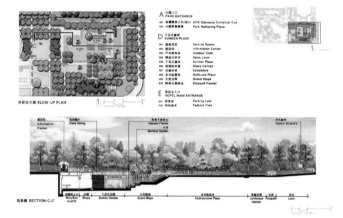

[G]

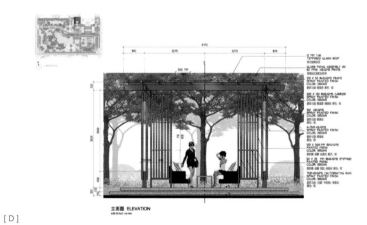

[D]

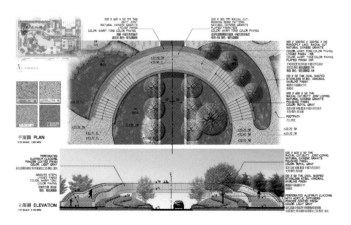

[E]

过度空间：东南西北的过渡区域为开放式空间，公园与商业综合体、会展中心、运动公园、酒店等主要为商业人群服务，住宅区旁公园为小区间的过渡空间，人行天桥同时也是公园、住宅间的主要通道，艾迪逊酒店左侧绿地为酒店的户外休闲活动空间。

植物配置：多形态、不规则的植物布置，带来多重景观感受，不同植物组合构成不同层次的空间，而植物颜色的巧妙运用则给予空间全新的定义，同时也增添不少景观乐趣。

项目自我评价：

武汉世贸中心定位为以武汉世界贸易中心为主题，集国际商业中心、超豪华五星级酒店、国际顶尖甲级写字楼、精品会展、高端公寓等多功能于一体的超大型综合体。作为世界贸易中心协会组织的实体设施，武汉世贸中心项目将成为亚太地区规模最大、建筑高度最高的世界贸易中心。

项目经济技术指标：

项目类型：公园；
绿地面积：2.3公顷；
铺装面积：1.1公顷；
绿化率：65.7%。

濠河生态治理设计工程

设计单位：杭州人文园林设计有限公司

主创姓名：陈键

成员姓名：甘礼寒、陈吉女、王诚骥、赵玕、黎丽梅、雷秀琴、曲倩瑶、
褚李飞、刘瑞娜、宣银菲、钱骏、张敬清、陈燕

设计时间：2016年

建成时间：2019年

项目地点：陕西省韩城市

项目规模：3149491平方米

项目类别：公园设计

[A]

[B]

[C] [D]

[E]

[A]　展示篇——鸟瞰图
[B]　展示篇——建成实景图
[C]　十二景——梅香国韵
[D]　展示篇——建成实景图
[E]　展示篇——建成实景图

设计说明：

陕西省韩城市的母亲河——澽水河历史悠久，是韩城市境内直接入黄河的最大支流，是韩城的"母亲河"，同时也是连接韩城古城至司马迁文化景区的纽带。设计范围始于北端毓秀桥，南端至入黄河口，河道两侧各70米，长度余11.8公里河段进行综合治理，将防洪工程建设与水系生态景观相结合，建成长2公里的瀑布景区和9.9公里的游船通航区。

设计目标：打造韩城"金名片"之"百里画廊"，即打造"舟行碧波上，人在画中游"的5A风景走廊。景观打造时，利用澽河的生态效益，改善韩城古城至司马迁祠段生态环境，为韩城市创造优美的旅游投资环境，并致力于唤起都市人群对自然详图的回忆，展示土地生产功能，重建都市人与土地的联系，恢复自然的自我修复系统。建成具有水体净化、雨洪调储、生物生产、生物多样性保育等综合生态服务功能的河滨公园。设计在澽水河延岸从毓秀桥自北向南共设计了十二景十二园。十二景——以文化为脉络，十二园——以植物特色为脉络。

通过科学详实的设计，以河道生态修复为主题，结合当地深厚历史文化，力求将澽水河恢复以往树木丛生、水美草丰、鱼翔浅底、百鸟婉转、岸芷汀兰、郁郁青青，连片的浅滩、草甸，交错的水湾、芦草、荷花，与轻掠水面的水鸟相映成趣的景象。

项目自我评价：

根据"城市双修"理念，以修复澽水河生态为根本，融入韩城历史文化，对两岸进行景观设计。突破水利功能单一造河，充分将生态性、人文性相结合，同时融百里画廊的江南园林造景意境，打造陕西土塬胜景。

在满足行洪的基础上河道外拓，预留出动植物休憩空间。连接4A级文史公园与古城，打通城市文化脉络，推动城市发展。

项目经济技术指标：

	3149491立方米	
规划总面积	陆地面积	2098573立方米	占规划总面积66%
	水面面积	1050918立方米	占规划总面积34%
	建设预留地面积（商业水街）	157475立方米	占规划总面积5%包含在陆地面积之内
景观总面积	2256383立方米	
	绿化面积	1724596立方米	占景观总面积76.5%
	硬质铺装	486659立方米	占景观总面积21.5%
	管理用房	11281立方米	占景观总面积<0.5%
	公共建筑：厕所、休息、服务	33845立方米	占景观总面积<1.5%
		码头11个（4大7小）	
		观光车停靠站20个	

文化公园设计

设计单位：广东中绿园林集团有限公司

委托单位：光明区城市管理和综合执法局

主创姓名：王银英

成员姓名：徐建成、朱鹏、何娟、余妙琴、李瑞成、
钱汝佳、曹秀娟、陈瑞萍、贾远方、鞠靼

设计时间：2018年4月

建成时间：2019年7月

项目地点：深圳市光明区综合服务区城市广场南

项目规模：3.5万平方米

项目类别：公园设计

[A]

[A] 效果图
[B] 总平面图
[C] 鸟瞰图
[D] 效果图

[B]

[C]

设计说明：

项目位于光明新区综合服务区城市广场南，占地约3.5万平方米，文化公园与城市广场及新城公园组成一个服务综合体，形成一个连续的空间环境，将打造成富有魅力的城市生活空间。

设计愿景：融入多元的休闲娱乐和运动健身等功能，建设休闲乐活舞台、精品文化公园。

设计定位："文化之印，光明之源"，以文化公园为载体，印篆光明文化发展，展现光明文化精神，文化公园是整个光明新区文化的浓缩，是光明文化发展轴的源头。

深入挖掘岭南文化，其中广府文化是构成岭南文化的主体之一，在布局上讲究庭院组合轻巧通透，颜色以黑白灰为主调，其中镬耳挡风墙是岭南建筑最大的特点。

文化公园的建设进一步延续了片区绿色生态空间，使片区整体空间功能更趋完善，新城公园作为城市广场的绿色屏障，文化公园作为城市广场的展示平台。从轴线上作为城市广场的延续，形成城市客厅到前庭花园的功能关系。

景观布局为一轴三区，分别为活动舞台区、艺术庭院区、休闲草坪区。活动舞台区位于主入口，沿景观轴线布置活动广场、文化景墙、台阶绿地等景观。艺术庭院区为一组轻巧的半封闭式的亭廊组合，承担书吧、文化艺术展览等活动。休闲草坪区位于公园东侧，主要为儿童游乐提供场地，增加互动设施，体验休闲乐趣的景观。

[D]

项目自我评价：

项目是深圳光明区第一个以文化为主题的综合性城市精品公园，是光明区城市发展轴上重要节点。其中，广府风情的庭院式文化展览馆是最大的特色，在布局上讲究庭院组合，轻巧通透，颜色以黑白灰为主调，整体效果清新淡雅，是浓缩光明区文化发展的源头，展现光明文化发展精神。

项目经济技术指标：

项目主要技术指标：绿化 72.5%，游憩及服务建筑2%，园路及铺装24%。

连云港市经济开发区创智街区休闲公园

设计单位：天津泰达园林规划设计院有限公司

委托单位：江苏新海科产业投资发展有限公司

主创姓名：李维之

成员姓名：王兴达、索伦高娃、井艳彤

设计时间：2016年

建成时间：2018年

项目地点：江苏省连云港市经济技术开发区

项目类别：公园设计

[A] 鸟瞰图
[B] 效果图
[C] 效果图
[D] 效果图
[E] 效果图

[A]

[B]　[C]

设计说明：

项目地处两条主干道的交口东南侧，是街区绿化系统里集中且核心的重要区块，与新海连大厦隔路呼应，同时也是街区内中心开敞空间的延续，可以更好地连接居住、商业和公共区域的交流关系。立足于为自然宜居的城市提升生活品质；为盐滩变迁展现建设力量；为创意产业吸引高精人才与优秀企业；为生态与发展共生体现城市活力。因而定位为"创智山水、盐滩绿洲"。

在公园内部的功能区域划分上，应尊重自然，以人为本，所以依据地块内原有的"南北地势高，中央地势低"的地形，以及人群的参与方式和活动习惯，将主要的集散与活动空间布置在公园的东侧，在针对活动空间的具体划分上，将适合孩子与老人活动的空间放置在最为便捷的方位。

场地分为无心若水（综合服务区）、银盘云梦（滨湖景观区）、盐滩筚路（文化展示区）、曲径汇芳（林荫漫步区）、童声舞韵（综合运动区）五个主题区域。其中无心若水（综合服务区）位于场地北侧，北侧地势较高，依势塑造台地景观，且背山面水地设计小体量的功能建筑和活动空间，在人们安静享受一杯咖啡的同时，开敞的湖景也能尽收眼底。银盘云梦（滨湖景观区）则是根据原有的低洼地形，顺势而就地塑造面积较小的中央湖体，既可以缓解雨季过急的降水压力，又保证了公园内部小环境的湿度调节，同时创造了更多的景观和休闲空间。盐滩筚路（文化展示区）依托微微变化的地形，工整的树阵，间隔之中以小园景致填充，模仿盐滩和盐生植物，与现代园林融合，彰显城市的发展与变化，体现城市的文化延续。

曲径汇芳（林荫漫步区）没有过多的广场与铺装，在天然的林带间行走，静谧安闲，感受自然。童声舞韵（综合运动区）距离东侧与南侧的居住片区最近，人们来到公园内活动也最为便捷，是孩子的娱乐天地，年轻人的篮球广场，还有中老年人的集中活动场地。

项目自我评价：

项目作为连云港经济开发区重要的核心景观，承载着提升区域品质、优化环境生态和拉动社会经济的重要责任，在设计上合理地完善了周边区域的功能，集休闲活动、散步游玩、科普教育、前沿技术展示、盐滩绿化成果、学术会议开展等多种功能于一体，充分体现了其核心景观的地位。

项目经济技术指标：

	面积（平方米）	比例
建筑（占地面积）	909	0.58%
绿地	109786	69.51%
车位（118个）	1740	1.10%
铺装（广场和活动空间）	20389	12.915%
旱溪	1767	1.12%
水体	15581	9.86%
儿童活动空间	1362	0.86%
园路	6111	3.87%
总面积（总用地范围）	157945	100%

[D]

[E]

江西新余市袁河公园景观规划设计

设计单位：中冶京诚工程技术有限公司
委托单位：新余钢铁集团有限公司
主创姓名：邓涛
成员姓名：王浩、高星、赵勇、丁慧慧、张海斌、赖华洁、
刘茜茜、林文笛、陈大勇、李岩艳
设计时间：2017年9月
建成时间：2019年5月
项目地点：江西省新余市
项目规模：55.75万平方米
项目类别：公园设计

设计说明：

新余市为江西省地级市，位于江西省中部偏西，浙赣铁路西段，历史悠久。在市区东北部拾年山原始社会遗址出土的大量石器、陶器表明，远在5000年前的新石器时代，先人就在这里繁衍生息。

袁河公园是集生态保护、湿地观光、田园体验、休闲游憩为一体的休闲生态公园，是新余生态城市的重要组成部分。

通过对新余文化的研究，设计的灵感来自于天工开物、钢铁冶炼过程中迸发出的火花、飘动的丝带及著名画家傅抱石《江山如此多娇》图。天工开物的成就感、铁水成钢浇筑成型之前的律动感转化为现代设计理念的肌理，随风飘动的丝带以慢行绿道的形式，串联各个场所空间，将草坪、密林、水泡、湿地、雕塑、小品等有机地串联起来。

项目作为公园项目，应体现开放性的平面布置原则，以区别于收费公园的封闭性特征。但满足开放性要求的同时，也要注意组织人流交通，防止拥堵。道路的线型选择应充分利用所建设的各项内容。同时合理布置小品、景观等，为优美的自然景观增添情趣。项目景观布置应疏密相间，做到步移景异，一步一景。

整个项目着重打造生态景观：多层次的景观修复——让湿地自由呼吸，让土壤改善；多层次的景观修复——让湿地自由呼吸，让土壤改善；多元化的功能植入——让环境多样"休闲"；多片段的文化修复——让片区恢复记忆；植物色彩的造景对策——让四季色彩更加丰富。

项目自我评价：

这是一项民生工程，一方面可以使人民群众的身心得以放松；另一方面也将为城市发展带来巨大的环境效益和经济效益。袁河公园是集生态保护、湿地观光、田园体验、休闲游憩为一体的休闲生态公园，是新余生态城市的重要组成部分，将成为新余都市纵横向空间格局的生态之核。

[A]

[B]

项目经济技术指标：

序号	工程或费用名称	单位	综合单价	数量	合计
（一）	土方工程				
（二）	硬质	平方米			
（三）	水系项目	平方米	250	58451	14612750
（四）	排水工程	平方米	12	579630	6955560
（五）	景观绿化工程	平方米	130	363532	47259160
（六）	照明系统	平方米	10	579630	5796300
（七）	景观附属元素	平方米			2340500
1	垃圾桶	项			125000
2	雕塑	项			1230000
3	地雕	项			150000
4	砖雕	项			45000
5	景观置石	项			245000
6	标识牌	项			545500
（八）	民宿改造				
	民宿改造	项	5500000	1	5500000
合计	145639641				

[A] 项目实景图
[B] 项目实景图
[C] 项目实景图
[D] 项目实景图

[C]　[D]

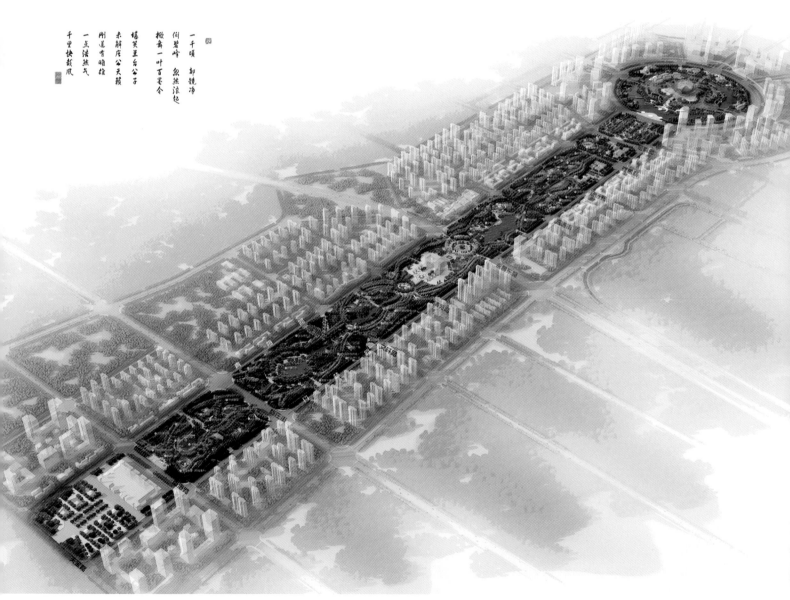

许昌市中央公园景观工程

设计单位：匠人规划建筑设计股份有限公司

委托单位：许昌市东城区市政管理中心、许昌市魏都区住房建设和交通运输局、许昌市城乡一体化示范区建设环保局

主创姓名：王志伟

成员姓名：刘献韬、刘闪闪、李翔、王佩佩、佘志源、马海玉、张伟妍、张雯、戴东晓、郑二浩、郝阳、焦阳、张博、范婷婷

设计时间：2017年

建成时间：2019年

项目地点：河南省许昌市许北城区科技广场北

项目规模：3300亩

项目类别：公园设计

[A]　鸟瞰效果图
[B]　鸟瞰
[C]　芙蓉湖
[D]　林荫道
[E]　水车

[A]

设计说明：

许昌中央公园位于许昌市城市核心区，南起天宝路，北至芙蓉大道（北段），西至青梅路，东至竹林路，南北长约4.8公里，东西宽约330米，北段东西宽880米，占地3300亩，是以自然生态为依托，融合观光游憩、康体娱乐、生态与文化展示为一体的城市综合公园。

设计从"以人为本"出发，以"休闲"为基，"文化"为赋，让市民更多地参与进来，满足市民对城市公园的多层次需求，是活力凝聚的载体。

整体环境从花海片林到湿地生境再到清水蓝天，是城市中的森林，调节了许昌的小气候；园内设置休闲广场、健身广场、亲水平台、林荫大道、蜿蜒幽径等，为城市居民提供了休闲好去处；儿童乐园、篮球场、足球场、门球场、乒乓球场、羽毛球场、慢跑步道等运动康体场地的融入，也为静止的公园注入了活力；配套便民服务综合体、公共服务综合体、智慧书屋、早餐奶工程等公共设施，便民利民，满足市民多方需求。

科技之星、幸福之门、未来之光三处城市地标，矗立公园南部、中部、北部林冠线之上，为公园增添人文气息。

[D]

[E]

中央公园秉持"城市公园，服务群众；绿色先行，生态文明"的理念，旨在打造"莲城央，荷市香，芙蓉佳境如画；百花洲，虹桥卧，莲城诗意人居"的美景。

项目自我评价：

以水文明城市、莲城文化为依托，延续水韵莲城的文化理念，从清潩河引水成湖，自下游退水至饮马河，水系连通，是为活水；以水为媒，播种水生植物，是为净水；整理自然驳岸，水与环境相融。公园融合城市绿道、休闲广场、运动场地、科普乐园为一体，多功能融合，凝聚城市活力。

项目经济技术指标：

绿道：12公里，路面宽3～5米；林木约3.7万株；公共服务综合体5座，便民服务综合体6座，智慧书屋3个，志愿者服务站2个，儿童游乐场4处，健身场地12处，体育设施（篮球场4个，门球场3个，排球场1个，乒乓球台5套，网球场2个），公厕10座，停车场9处（20个大巴车位、253个普通车位），公共自行车租赁点6个，还包括景观亭廊15个、景观廊椅5个、观景台1个、水车3个等。

[B]

[C]

深圳香蜜公园

设计单位：深圳市致道景观设计有限公司

委托单位：深圳市福田城管局

主创姓名：苏肖更

成员姓名：屈昭军、徐辰、李莘、程志浩

设计时间：2014年7月

建成时间：2017年7月

项目地点：深圳市福田区农园路30号

项目规模：占地42.4万平方米

项目类别：公园设计

[A] 花香花蜜湖-全景鸟瞰
[B] 自然展览厅
[C] 公园管理服务中心
[D] 中部栈道-夜景
[E] 糖果游戏场

[A]

[B]

[C]

设计说明:

香蜜公园是地处广东省深圳市福田区的一所市政公园,项目总投资为3亿元人民币,总用地面积为42万平方米,其中绿化用地面积高达33万平方米。整个地块呈南北向长条形。

香蜜公园遵循生态优先的原则,将自然途径与人工措施巧妙结合,通过雨水花园、生态植草沟、林间旱溪、水体景观、蓄水池、沉沙井等海绵措施"柔性"设施与"刚性"园建工程的有效衔接,打造出福田中心地段的"绿色海绵"。在突出景观效果和使用功能的基础上,因地制宜,落实海绵城市理念,通过多种生态手段促进雨水的渗、滞、蓄、净、用、排。

香蜜公园以"编织城市文化"为设计理念,通过休闲步道、生态水系和空中栈道等纽带连接运动休闲、山林果园、生态水系、花卉生活四大功能区,实现了"过去与未来""公园与城市""景观与生活"等多重元素的设计融合。艺术编织广场作为公园的主入口区域,以怀旧为主题,旨在唤起人们对公园的历史记忆。地面铺装运用跳跃的、对比强烈的彩带,具象编织文化的设计理念,牵引人们游走在记忆与现实之间,在似曾相识中探寻更多的欢愉和惊喜,充满独有的艺术魅力。

[D]

[E]

项目自我评价:

香蜜公园项目涉及钢结构、桥梁、室内外装饰、园建、绿化、水土保持、给水排水、铁艺、木艺等多个专业,共计32个专业队伍参与公园设计建设。园区植物品种繁多,其中乔木约80种,灌木约60种。在植物的设计、选种过程中,不仅注重外观搭配的美感,还考虑了地形、气候、植树生存习性等因素。

项目经济技术指标:

用地面积:424100平方米;

建筑面积:58500平方米;

体育设施用地面积:22886平方米;

绿地面积:336330平方米;

容积率:0.039;

绿化率:81.2%;

建筑限高:12米;

停车位:480个。

江油市明月岛公园

设计单位：中国电建集团成都勘测设计研究院有限公司

委托单位：江油市明月岛实业有限公司

主创姓名：方草

成员姓名：甯志鹏、唐胜田、黄欣、邓天成

设计时间：2017年4月

建成时间：2018年1月

项目地点：四川省江油市

项目规模：25公顷

项目类别：公园设计

[A]

[B]

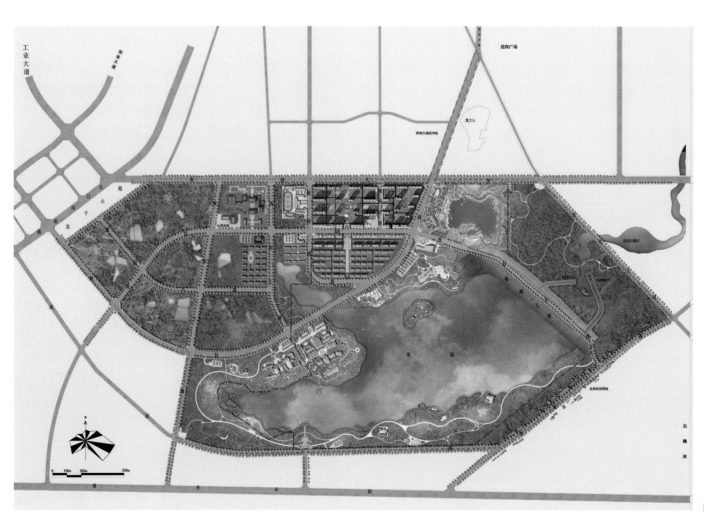

[C]

设计说明：

江油明月岛公园占地25公顷。园内打造有五大水主题活动区：都汇水街、鉴月溪、银光瀑布、水韵沙滩；四大陆地休闲活动区：晨曦广场、童趣乐园、阳光草坪、植物花园；两类功能配套：集中商业和服务管理；种植约3000余株乔灌木，涉及品种百余个。

基于公园两河交汇、电站回水区的独特地理位置，设计因地制宜地形成了3个特色亮点：

1．防洪防冲双堤设计，满足防洪及亲水需求。

公园闭合城市50年一遇防洪系统，设计采用上层景观化梯级防洪堤坝+下层防冲暗堤的双堤设计，形成两级台地景观。

2．电站与公园联合调度，打造库位回水区长滩型湿地公园。

公园作为江油市招商引资门户，两水相交的有利位置。设计前期引入"以电养景，以水造景"的规划思路。通过前端大水系规划，突破常规公园设计，以研究电站闸坝运行调度方式，利用电站回水区，营造多种场景。

3．就势布局、借水成景，恢复城市动态水岸记忆。

公园从涪江上游科光电站引水入园，一入商业地块，打造都汇水街，再现江油民国时期的繁华盛景；二入公园场地，结合现状坑塘，形成溪流、瀑布、沙滩、港湾等多样水景观；外围江水环绕，城水一体；内部活水涌动，人水交融，水、城、人在这里再次有机融合。江油，水由之地由此得证。

项目自我评价：

江油市明月岛公园是电站回水区城市滨水公园的重要探索，作为招商引资重要门户，结合"以电养景，以水造景"的规划思路，联动城市资源，从上游引水造景，并通过研究电站运行管控方式，结合公园联合调度，保障公园亲水安全，同时闭合城市防洪系统并保留城市的亲水界面，形成内部活水涌动，外围城水一体的长滩型亲水主题公园。

[D]

[E]

[A] 项目鸟瞰图
[B] 项目鸟瞰图
[C] 总平面图
[D] 项目效果图
[E] 项目效果图

项目经济技术指标：

公园部分指标：

公园总面积（平方米）	用地类型			面积（平方米）	比例（％）	备注
194366	陆地	绿化用地	142107平方米 85.59%	166029	85.42%	
		建筑占地	900平方米 0.54%			
		其他用地	0平方米 0			
		园路及铺装场地用地	23022平方米 13.87%			
	水体			28337	14.58%	

水街地块指标：

主要经济技术指标	
一、规划总用地面积	61860.29平方米
二、规划总建筑面积	61208.00平方米
地上建筑面积	30150.00平方米
地下停车场面积	31058.00平方米
三、容积率	0.49
四、基底面积	13721.75平方米
五、建筑密度	22.2%
六、地下停车位	600个
七、公园附属用房	900平方米

序园——第十届江苏省园艺博览会百变空间设计

设计单位：南京市市政设计研究院有限责任公司

主创姓名：李香云、戴德胜、李勉

成员姓名：吉鸿鑫、丁自立、柏安琪、任蓉、张福林、
高琰、沈磊

设计时间：2018年10月

建成时间：2019年4月

项目地点：扬州市仪征枣林湾园博园内

项目类别：公园设计

[A]

[B]

N

0m　1m　2m　3m

[A] 鸟瞰图
[B] 活动小院实景
[C] 总平面图
[D] 疏篱小径实景
[E] 树篱小径实景
[F] 斜阳壁雕实景

❶ 庭院入口
❷ 山水景墙
❸ 观景粉墙
❹ 斜阳壁雕
❺ 山石拟景
❻ 活动小院
❼ 西墙春水
❽ 疏篱小径
❽ 闲庭会客

[C]

设计说明：

序园作为2021年扬州世界园艺博览会有机组成部分，位于第十届江苏省园艺博览园内百花广场中的民俗文化村内，总面积约3000平方米。设计传承了《园冶》文化和扬州园林为代表的传统造园技艺，构造序列空间，广泛应用生态、环保、海绵等绿色科技，突出江苏特色文化景观表达，发挥场地优势和功能潜力，营造功能弹性、形式多样、情感丰富的序列空间。

序者，东西墙也。两墙之间容纳天地山水，四时四序，昼夜更替，喜怒哀乐。

序者，秩序也。园包万物，井然有序，随着轴线展开，由点及线再成面，娓娓道来。序者，始也。院与内室并非割离，是整个园子的开端，内外一体，一明一暗，一阳一阴，乃为始终。

序园以"序列空间"为主题，顺轴线展开十二个主境，以生态的自然变化为楔子，融入古典诗词中，把人融入四时变化中去，以丰富的空间和多样的活动娓娓道来，全园贯彻步移景异的设计理念，利用传统园林"借景、框景、对景、漏景、障景、抑景"等构景的表现手法，不拘泥于艺术表现，贴近生活，琢磨心境，构造有序而有趣的空间，打通室内与室外的边界，营造构成空间的起承转折，讲述了序列空间里的功能序列、结构序列、空间序列，以及情感序列的丰富层次：

[D]

[E]

[F]

前景——粉墙黛瓦月洞里，小门深向绿阴意。
铺垫——流光容易把人抛，小槛临清昭，高丛见紫薇。
转景——紫东阑天竹雅称清陪，看香客如云，仙乐悠悠。
主景——闲看庭前花开花落，任随天上云卷云舒。
尾景——绀滑一篙春水，云横千里江山。

序园的植物配置尊崇生态原则，在景观表现中展现自然规律性和"静中有动"的时空序列特点，孤植、丛植、片植等种植手法在园中恰当运用，做到四季有景、四季有境。

在序园中漫步，感受空间上的步移景异，心理上的波澜起伏，犹如潜读一首长诗和聆听一部乐章，人在与环境的交流中情感起伏激荡。

项目自我评价：

序园自2019年4月建成后，成为第十届江苏省园艺博览园内的游览亮点，并成为了2021年扬州世界园艺博览会有机组成部分。序园传承了《园冶》文化和扬州传统造园技艺，突出江苏特色文化景观表达，发挥场地优势和功能潜力，营造功能弹性、形式多样、情感丰富的序列空间。

珠海华发绿洋湾市政公园

项目景观设计

设计单位：深圳伯立森景观规划设计有限公司

委托单位：珠海华发实业股份有限公司

主创姓名：朱小松

成员姓名：葛昭昆、喻攀、马梁栋、魏凯、罗伟凤

设计时间：2018年4月

建成时间：2019年5月

项目地点：珠海

项目规模：10777平方米

项目类别：市政景观

[A] 项目实景图
[B] 珠海华发绿洋湾公园总平面图
[C] 项目实景图
[D] 项目实景图
[E] 项目实景图
[F] 项目实景图

[A]

珠海华发绿洋湾公园总平面图

[B]

[C] [D]

[E] [F]

设计说明：

绿洋湾公园——与大海一起狂欢。这个有趣的项目，位于珠海唐家湾铜鼓角情侣北，唐家港东路西侧，是绿洋湾市民的主要休闲公园。我们以"海"为伴，通过设计将此打造成集生态自然、健康活力、舒展身心及沟通交流等复合型空间。

整个市政公园分为六大功能区域：

丛林野趣：取山峦起伏之势，营造丰富地形空间，融合缤纷色彩塑胶地面，定制一组组合游戏设施放置于此，包括空中环形走廊、旋转楼梯、沙坑和滑梯等活动内容，从体验中感受"丛林之野"。

光影画廊：光是景观设计元素里唯一没有实体的，但同时也是可以倾覆铺洒于所有景观元素上的，随着时间的变化，光透过彩色玻璃行迹所过之处，精彩纷呈，与之结伴而行的，是影。

林下空间：结合植物造景，打造自然生态的绿化空间，静坐于此，海风拂面，是人们对身心的解压，自然的渴望..

潮汐广场：设计中，从视觉到身体的感知，创造者期望经过一种愈加直观的方法，给场所带入更多海的元素。"律动"雕塑的设计与"流动"的线性铺装，更好地诠释了层层叠浪的活动形态。

动感轮滑："U"形空间的设计，丰富轮滑体验感，在起伏的过程中，感受童真的快乐。

活力漫步道：依托场所，利用"水"的资源特征，提炼"流"的场所精力，源自大海，穿经公园，融入城市。

项目自我评价：

项目因地制宜，从周边环境出发，提炼项目的特色。考虑到以人为本，在功能的布局上充分考虑市民的需求。此项目得到了开发商、政府以及周边市民的一致好评，为城市增添一份色彩，为居民增加一份乐趣。

项目经济技术指标：

占地面积：10777.47平方米

福田区城中村环境综合整治提升工程（二标）上沙村

设计单位：深圳市汉沙杨景观规划设计有限公司

委托单位：深圳市福田区住房和建设局

主创姓名：王锋

成员姓名：陈梦、邓红

设计时间：2016年

建成时间：2019年

项目地点：深圳市福田

项目规模：22.65万平方米

项目类别：市政景观

[A]

[A] 实景图
[B] 上沙村整治总平面图
[C] 实景图
[D] 实景图
[E] 实景图

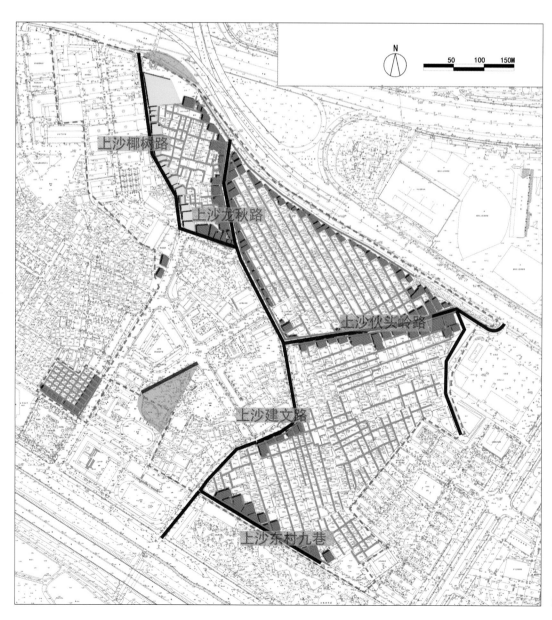

[B]

设计说明：

根据福田区"十三五"规划及深圳市城中村整治"五化"工作指引，为了提升城中村的整体市容市貌，解决当前存在的脏乱差问题，努力建设国际化、现代化城市环境，推动全面改善城中村市容环境、设施水平和人文气息，提升城中村品质。为响应政府号召，对上沙村进行环境综合整治提升。

上沙村东至沙嘴村、南至福荣路、西邻下沙村、北至滨河大道，与香港元朗隔海相望。整治面积约为22.65万平方米，其中绿地及广场面积约为5500平方米。

项目整治分为五大项，分别为：①安全及基础设施更新，包括消防、电力、燃气、电信、宽带、监控、给水排水官网的更新及修复。②交通梳理，现状区域交通梳理及建议。③市政设施优化提升。区域绿化及行道树、户外灯具、垃圾桶、休闲设施、座椅、花箱、标识、市政护栏、挡土墙等优化提升及市政道路地面铺装。④广场绿地整治，包括文化墙、绿化、公共设施整治建议。⑤立面刷新。首层门楣、建筑外立面、建筑屋顶更新以及外部构架更换及护坡装饰。

项目自我评价：

项目的建设提升了上沙村综合环境及基础设施，解决了安全隐患问题，改善了人居生活环境，打造了与深圳发展相适应的城市形象。有利于深圳城中村"净化、文化、绿化、美化、硬化"五化整治提升，带动改善城中村的整体市容环境品质，大大改善村民的生活环境质量，能够带来理想的社会效益。

[C]

[D] [E]

大同市御东新区西京街绿轴景观带建设项目设计

设计单位：北京易景道景观设计工程有限公司

委托单位：大同市城市园林绿化建设管理服务中心

主创姓名：季宽宇

成员姓名：丁建东、黄正慧、张帆、马金莲、翟俊杰、李岸林

设计时间：2017年3月

项目地点：山西大同

项目规模：212064.17平方米

项目类别：市政景观

[A]

[B]

[C]

[D]

[E]

[F]

设计说明：

1．项目概况

项目位于大同市御东新区西京街北侧，总建设面积212064.17平方米，绿轴景观带宽100米，长2.1公里。

2．总体设计思路

首先要明确西京街绿轴在御东乃至全市绿地系统中的作用，它是连接两大生态公园的绿色廊道，是重要的城市通风廊道，另外，设计引入"海绵城市"的理念，场地低洼处设置雨水花园，场地多用透水性铺装，提升整个场地的生态性；适当增加食源蜜源植物的数量和种类，为鸟类和其他小生物构建良好的栖息环境，使得西京街绿轴的生态系统逐渐完善。

西京街是一条城市主干道，是连接老城和御东新区的重要通道，设计时将西京街绿轴景观带分为五大区块,根据每个地块不同的性质赋予其不同的特色，由西向东依次为"平城映绣""养生花园""时尚走廊""活力花园""新城魅力"；为提升城市道路景观，保证城市界面的连续性，在靠近西京街一侧通过春季开花植物形成一条贯穿东西的花带，在其中点缀红色钢板剪纸景墙，统一了整个绿轴的景观风格；将自行车绿道系统设置在场地北侧，紧邻西京街北一路，将骑行者与步行者进行分离；沿西京街北一路则主要采用石笼景墙处理陡坎，其中分隔出休闲空间，与城市绿道相结合，形成统一的风格与界面。

项目自我评价：

西京街是连接老城和御东新区的重要通道，设计引入"海绵城市"的理念，提升生态性；适当增加食源蜜源植物的数量和种类，为鸟类和其他小生物构建良好的栖息环境。西京街绿轴景观带分为五大区块，由西向东依次为"平城映绣""养生花园""时尚走廊""活力花园""新城魅力"，使得西京街绿轴的生态系统逐渐完善。

项目经济技术指标：

总建设面积212064.17平方米，绿轴景观带宽100米，长2.1公里。绿化面积：152029.94平方米，绿地率69.55%。

[A] 总鸟瞰图
[B] 旱喷下沉广场鸟瞰实景图
[C] 花径游步道
[D] 景观园路
[E] 树池坐凳、休闲广场
[F] 特色铺装

大沙河生态长廊

设计单位：AECOM、深圳园林股份有限公司

委托单位：华润（深圳）有限公司

主创姓名：李立人、沈同生、李颐、顾为光、罗锦斌、
庄学能、David Gallacher、吴琨、蔡盛林

成员姓名：易可倩、Gesim Jose、胡睿珏、刘锡辉、梁丽、
邱晓祥、李军、达俏、孙璐、潘万祥

设计时间：2017年10月

建成时间：2019年底

项目地点：深圳市大沙河

项目规模：13.7公里

项目类别：市政景观

[A] 项目实景图
[B] 项目实景图
[C] 项目实景图
[D] 项目实景图
[E] 项目实景图
[F] 项目实景图

[A]

[B]

[C]
[D]

设计说明：

拥有一条穿城而过的河，对一座城市来说，是一种得天独厚的幸运，名城与河流之间，酿造了多少美丽与繁华、文明与梦想。深圳的大沙河，便是这样一条传承着南山记忆的"母亲河"，周边的居民还能记起儿时入水嬉戏的场景。然而，随着经济的迅速发展及人口的急剧增加，大沙河接纳的污染负荷远远超过其自净能力，致使污染程度急剧增加，河水发黑、发臭。居民也渐渐忘却了伴水而居的乐趣，河道也不再与城市有任何对话。

近几年深圳市各级部门大力治理河流污染，成效显著。随着大沙河的水质逐渐改善，如何提升河流景观，让百姓更加近水、亲水，成为河流污染进一步治理的着力点。项目中标后，AECOM对大沙河进行重新规划，以深圳的历史、文化以及城市特质为灵感，对现有的河道两岸绿化、构筑物及设施进行品质提升，并贯通两岸自行车道及漫步道，打造用于体验及享受景观的灵活公共空间，改善城市的生态环境景观，令深圳重焕动感与活力。

如今，大沙河生态长廊两公里示范段正式对市民试行开放，又再次成为居民记忆中那个舒适、宜人的滨河浪漫空间。AECOM的设计从乡愁角度出发，注重将人与水之间的关系重新联系起来。通过景观的提升，营造多样化的城市河岸景观序列和城市水岸亲水环境，将河流重新带回城市及人们的生活记忆之中。

项目自我评价：

从生态角度上看，大沙河还是深圳"四带六廊"基本生态格局中山脉支撑带（羊台山—梧桐山中部山脉）和滨海生态带之间的重要生态走廊。

大沙河的动人之处在于，它始终与深圳百姓的生活、城市的发展息息相关，AECOM的设计将河流、人与城市重新连接在一起，市民游客在这条文化之河的每一段能留下不同而又深刻的文化记忆。

项目经济技术指标：

大沙河生态长廊景观工程设计为大沙河全段，从长岭陂至入海口，全长13.7公里。

设计面积：约95公顷，上游30公顷，中下游65公顷

绿地面积：约68公顷

硬质面积：约27公顷

[E]　[F]

中新天津生态城河岸修复景观工程

设计单位：天津泰达园林规划设计院有限公司

委托单位：中新天津生态城市政景观有限公司

主创姓名：罗乐

成员姓名：王国强、项劲松、王军伟、蔡超、刘安琪、蒋新然

设计时间：2013-2015年

建成时间：2018年

项目地点：中新天津生态城

项目规模：130公顷

项目类别：市政景观

[A] 总平面图
[B] 蓟运河闸口湿地建成鸟瞰图
[C] 白鹭洲景观湿地及河岸修复部分建成鸟瞰图
[D] 闸口湿地建成实景
[E] 白鹭洲观景平台

[A]

[B]
[C]

[A] 总平面图
[B] 蓟运河闸口湿地建成鸟瞰图
[C] 白鹭洲景观湿地及河岸修复部分建成鸟瞰图
[D] 闸口湿地建成实景
[E] 白鹭洲观景平台

[D]

设计说明：

项目发展与上位规划对接，绿色核心激发城市活力。主题灵感为"碧水与长天一色、自然与城市共生"的景观形象，建成后形成"绿围宝地，花开新城"的美景。整体呈现：曲水芦苇荡，鸟栖绿树林。万顷碧波美，人鸟乐悠悠。

设计策略：分期建设，突出重点；尊重自然，立体生态；以人为本，顺承文脉。

形态整合：化零为整，辐射周边。激活场地内在属性，利用路径系统贯穿场地东西，形成景观体验连续性。

功能重构：集运动、休闲、娱乐、滨水等多种服务功能于一体。人性化的景观设计，满足停驻、漫步等功能，注重设计细节。营造低碳、环保、生态，营造低成本、低维护的生态湿地景观，少硬质、多软质。微地形营造空间围合，大草地、大乔木，疏密有致，大开大合。

修复示范：将原来的污水库、盐碱地滩涂等通过景观的改造，淤泥、水体的治理，整个西边线一片绿意盎然。保留现状滩涂作为林地向水域的过渡，局部补植芦苇等水生植物。为解决可达性问题，设计采取较小的人为干扰措施，道路行云流水般穿梭在草地林带，局部设置观景平台，形成一处优美的画面，增加了亲水性和观赏性，人可以坐在芦苇之间欣赏主体景观与水面交相呼应的美景，在不同的地方也可以躺在芦苇阴影下，边听着水声风声，边欣赏碧蓝的天空。

项目融合水岸绿地空间，从"绿地、水体"两种空间组合综合考虑，充分融入人的活动元素，将其打造成为结合绿地空间与滩涂湿地的特色区域。

项目自我评价：

1. 项目为2017年和2018年中新天津生态城绿化景观精品项目，重要迎检点位。

2. 荣获2018年度天津市"海河杯"优秀勘察设计风景园林工程一等奖。

3. 项目与天津泰达盐碱地绿化研究中心（首批省部级工程技术研究中心，实验室通过CNAS权威认证）合作土壤修复及污水处理措施，取得显著成效，对生态城其他裸露地及河岸修复有很好的示范作用。

项目经济技术指标：

用地面积：130公顷
绿化面积：85公顷
园建面积：15公顷
水域面积：30公顷

[E]

贵阳大数据·创客公园-原白鹭湖
滨水景观更新设计

设计单位：苏州合展设计营造股份有限公司

委托单位：贵阳高科控股集团有限公司

主创姓名：吴心怡

成员姓名：孙国祥、王静静

设计时间：2016年

建成时间：2017年

项目地点：贵阳国家高新区

项目规模：87000平方米

项目类别：市政景观

[A]

[B]

[C]

设计说明：

设计概念提出"白鹭飞来，孩童回来，创客到来，市民归来"四个策略。以白鹭湖自身强大的调蓄能力营造自然生境，针对性选择各类树木，创造能提供各类鸟类栖息的场所；鼓励孩童远离数码产品，回到自然，认识自然，学习自然，创造天然科普教学空间；结合西侧大数据、创客产业文化，打造智慧云公园，创造性将办公环境引入湿地公园，打造独一无二的户外创客空间；环湖布置无障碍环线，创造各种能提供市民休闲活动的场所，三季有花、四季有景的生态环境以及康体健身的环境。同时，结合地域文化，将竹元素运用在公共环境设施之中。白鹭湖原来常年水质不佳，水质调研报告显示水质目前为4类标准，底层淤泥平均厚度2米，内源污染严重，水质不能作为景观用水资源。所以，在方案设计中首先要根本性解决水质问题，采用水体自净化设计，运用现代的生物技术构建水下森林，创造具有自净功能的生态湖泊，以吸引微生物、动物到来并生活。

[A] 白鹭湿地公园景观规划鸟瞰图
[B] 白鹭湿地公园景观规划鸟瞰图-夜景
[C] 平面图
[D] 创客秀场
[E] 创客秀场远景
[F] 芦荻涵养
[G] 贵阳白鹭湖景观规划-白天创客方舟

项目自我评价：

在贵阳大数据创客公园游玩，欣赏白鹭湖、启林山湖光山色的同时，感受创新创业氛围，是一种独特的体验。2017年元旦，白鹭湖湿地公园亮相，白鹭湖的水清了，启林山的树绿了，鸟群回来了，公园游客大幅增加了，成为创客、创业者和广大市民休闲的好去处。

项目经济技术指标：

红线面积8.7公顷，绿地面积1.6公顷，硬质面积0.6公顷，水域面积6.5公顷。

[D]

[E] [F]

[G]

东营市河口区湖滨新区鸣翠湖景观设计

设计单位：艾奕康设计与咨询（深圳）有限公司上海分公司

委托单位：山东河口湖滨新区开发建设指挥部、东营市河口区水利局

主创姓名：梁钦东、顾为光

成员姓名：李军、刘晓丹、张之菲、吴琨、刘方齐

设计时间：2011-2013年

建成时间：2014年12月

项目地点：山东东营 河口区

项目规模：97公顷

项目类别：市政景观

[A] 平面图
[B] 项目实景图
[C] 项目实景图
[D] 项目实景图

[A]

[B]

[C]

设计说明：

东营市河口区位于山东省东北部，渤海湾南部，是黄河三角洲的前沿城市。

根据2009年国家发展改革委发布的《黄河三角洲高效生态经济区发展规划》，河口区未来将成为黄三角对接环渤海经济带的重要节点，以建成集生态休闲旅游为一体的综合型城市为目标，实现产业结构及城市功能跨越式发展。

顺应"黄三角"国家战略和东营市河口区未来发展空间的需求下，河口区西部的湖滨新区（李坨水库及周边）地块将由原来的城市边缘地带，一跃而成为连接湖滨新城、河口老城以及自然环境的枢纽，建成大型滨水开放空间——鸣翠湖。

在这样的背景下，如何在城市发展和生态保护中实现平衡成为规划设计的主要议题。为此为鸣翠湖设立以下发展愿景：一个集城市型水岸空间与生态保育、鸟类栖息地的大型滨水开放空间。

鸣翠湖将承担起提振城市形象、提升城市生活品质、促进城市转型的重任，成为河口区经济社会可持续发展的新引擎。鸣翠湖的建设将注重适度开发、生态修复、低碳环保，通过土壤去盐碱化修复及营造鸟类栖息地，起到生态示范作用。

[D]

龙岩西外环道路景观提升设计

设计单位：厦门路桥景观艺术有限公司
委托单位：福建省龙岩交通国有资产投资经营有限公司
主创姓名：王宇、易翠樱、吴姗艺
成员姓名：徐喜娟、吴成成、李安晖、方庆
设计时间：2016年5月
建成时间：2017年9月
项目地点：福建省龙岩市主城区内
项目类别：市政景观

[A]

[A] 交通岛绿化实景图
[B] 鸟瞰图
[C] 总平面图
[D] 高边坡挡墙
[E] 标识主雕实景图

[B]

[C]

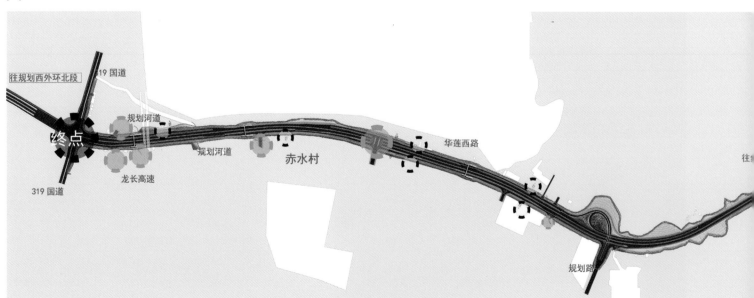

往规划西外环北段　319 国道
终点
规划河道
规划河道　赤水村
华莲西路
龙长高速
319 国道
规划路

[D]

[E]

设计说明：

龙岩西外环路位于福建省龙岩市主城区内，西起外环新罗区，北至龙门镇319国道，全长约7.8公里，是山地城市一级公路兼城市快速路，于2017年9月正式通车使用。

道路景观建设秉承展现龙岩特色山水为目标，以"玉龙绕岩城，一路读闽西"为主题，通过生态修复、景观提升、文化融入的设计策略，打造一条集景观生态、公路文化和工程美学相结合的生态景观文化特色路。

1. 生态修复：针对道路建设中自然山体及绿地破坏情况，运用现代技术手段对其进行植被生态修复。同时对较为突兀的硬质挡墙进行自然景观处理，形成环境融合的生态旅游观光路。

2. 景观提升：道路绿化以大绿量、低维护的景观手段，形成红、黄两大主色调，并对重要段落及节点进行彩化、亮化提升，融入闽西文化特色，形成一条具有红土情怀、繁阴绿野的环城景观大道。

3. 文化融入：设计巧妙地提炼龙岩客家土楼、公路精神、红色土地、奥运之乡等人文元素，装饰高边坡挡墙和下穿通道，打造景观地标，提升城市形象。

项目自我评价：

项目营造山地城市快速路立体景观空间，重构道路与山林的交融关系，彰显当地文化及原生植物景观风貌，并注重视觉空间节点及山体高边坡的生态艺术处理，打造富有文化内涵的生态道路景观。项目以生态修复、景观提升、文化融入的设计策略，打造一条集景观生态、公路文化和工程美学相结合的生态景观文化特色路。

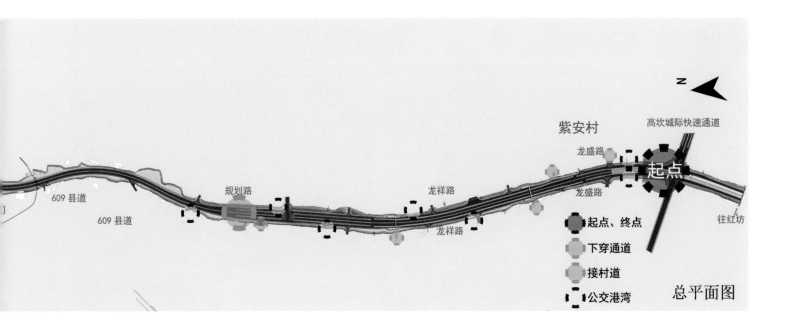

总平面图

紫安村　高坎城际快速通道

龙盛路

起点

609 县道

规划路　龙祥路　龙盛路　往红坊

609 县道

龙祥路

● 起点、终点

● 下穿通道

● 接村道

■ 公交港湾

武汉军运会主场馆周边道路绿化景观提升

设计单位：北京东方易地景观设计有限公司

委托单位：武汉市园林局

主创姓名：李建伟、魏琪沛、杨亮、赵放中、
田书燕、聂聪

成员姓名：徐硕、董丹丹、高百惠、李玲

设计时间：2018年10月

建成时间：2019年5月

项目地点：湖北省武汉市

项目规模：22.85公顷

项目类别：市政景观

[A]

[A] 车城东路L型绿地
[B] 体育中心平面图
[C] 行道树提升方案效果图
[D] 体育中心周边道路实景
[E] 东湖宾馆西门交通岛提升方案效果图
[F] 太子湖路媒体中心出口
[G] 车城北路与宁康路交叉口
[H] 东风一路小游园

[B]

设计说明：

第七届世界军人运动会于2019年10月在武汉举行。项目作为主场馆周边道路景观绿化的提升设计，很好地展示出大武汉的魅力，提升武汉的形象。设计通过打造现代化城市景观的目标，通过增绿补绿、绿化提升，打造出了绿荫环绕的美丽车都形象，并营造出开阔、舒朗、大气的国际化道路景观。

第一，梳理了道路整体绿化骨架，突出各段道路绿化主题，形成一路一景、节奏变化的绿化风貌；第二，沿线增加开花、色叶树种，突出绿色围城，秋色满城的生态环境；第三，采用立体绿化的形式进行增绿，锦上添花、色彩缤纷地体现花团锦簇的喜迎军运节庆氛围；第四，通过时花布置、花境营造、主题花坛或花期调控，甚至花海景观、道路上花、立交挂花等，来美化城市，营造热烈、祥和、欢乐的氛围；第五，围绕主场馆周边道路及东湖路重要保障线路重点时段，增加开花、色叶乔灌木和地被，营造色彩丰富、层次多样、季相变化的绿化景观。

[C]

[D]

项目自我评价：

项目作为在武汉举办的第七届世界军人运动会主场馆周边道路景观绿化提升的设计，能够很好地展示出大武汉的魅力，提升武汉的形象。通过换植主场馆周边道路及东湖路两侧分车带原有行道树，街边隙地，形成了"一路一树种、一路一特色"的景观大道。重塑道路整体绿化的骨架，实现了整体舒爽简洁、美观大气的目标。

项目经济技术指标（配合出版要求）

序号	名称	数量（平方米）
1	改造总绿化面积	375160
1.1	其中提升绿化面积	146630
1.2	其中新增绿化面积	228530

上海浦东滨江东岸21公里贯通项目新华滨江段

设计单位：同济大学建筑设计研究院（集团）有限公司、荷兰west 8

委托单位：上海申江集团

主创姓名：陆伟宏

成员姓名：黄清、贺爽、艾静、朱丹、张枫、邵佳、张竞成、朱然希、赵雅楠、徐媛

设计时间：2016—2017年

建成时间：2018年6月

项目地点：上海市浦东新区

项目规模：115998.30平方米

项目类别：市政景观

［A］平面图
［B］项目实景图
［C］项目实景图
［D］项目实景图
［E］项目实景图
［F］项目实景图
［G］项目实景图

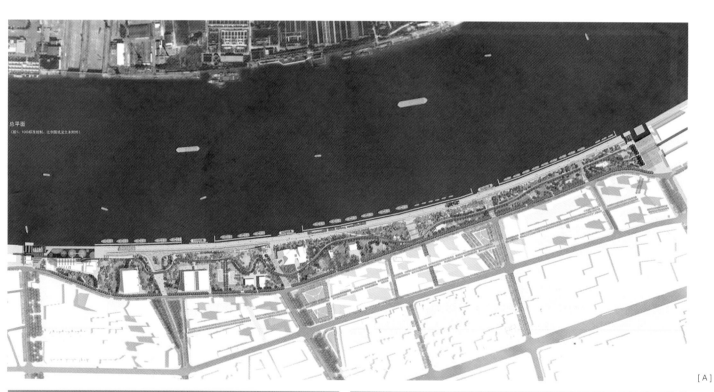

[A]

[B]　[C]

[G]

设计说明：

新华滨江绿地位于浦东新区黄浦江东岸滨江绿地东方路至民生路段，西邻其昌栈码头，东靠民生码头，被称为黄浦江东岸的一条黄金绿带，也是浦东21公里东岸贯通项目的重要组成部分。场地距陆家嘴仅2公里，与北外滩、自来水科技馆及渔人码头隔江相望，有良好的观赏浦江和对岸景观的视角。场地交通便利，地块两端现有轮渡码头，与浦西间轮渡往来；滨江路为规划路，地块东侧近杨浦大桥；临近14、18号轨道交通线。场地西侧为上海船厂，东侧为民生码头，新华滨江绿地成为连接它们的纽带。设计依托于四部分理念完成：

1. 缝合延伸——场地与城市空间的衔接。

着重绿地景观与城市肌理的融合，景观节点与城市道路相对应，形成由城市空间到滨江空间的流线。兼具绿道功能的主园路横向贯通东西，纵向呼应开发地块与绿地和城市空间紧密缝合。

2. 隐没弱化——防汛墙与景观地形的融合。

场地现状标高5.0左右，改造后防汛墙顶标高7.0。为了减弱防汛墙对景观视觉的影响，结合景观，部分防汛墙采用二级挡墙，通过地形推土、植物种植结合等塑造手法，将防汛墙隐没在景观中。

3. 流动交织——全角度空间形态的特色。

突出滨江活力、公共、健身的主题特色，以景观语言塑造空间的流动感。横向与主园路衔接串联节点空间；竖向上艺术地形结合乔木骨架，景观建筑构筑起天际线的变化。

4. 悦动复合——综合性多重功能的打造。

将码头记忆融入场地，实现对历史的传承。将现代艺术融入灯光雕塑等，结合配套建筑，为新华滨江注入综合性的服务功能和活跃动力。

[D]

项目自我评价：

项目基于缝合场地与城市空间，将景观融入场地现状，打造出具有综合性功能的滨江绿化带。在保留场地历史气息的基础上，将现代景观艺术完美注入。同时绿化带景观与城市肌理相契合，形成城市空间到滨江空间的流线，与园路串联。历史气息与现代艺术的碰撞，流动交织与城市肌理的联系成就了场地恰到好处的景观艺术气息。

深圳市龙华环城绿道羊台山段

设计单位：深圳市蕾奥规划设计咨询股份有限公司

委托单位：深圳市龙华区城市管理和综合执法局

主创姓名：姜萌、程冠华、赖继春

成员姓名：张忠起、文景茜、王霞、羽慧丰、薛莹、朱智欢、陈文斌、周慧、欧阳效福

设计时间：2018年6月

建成时间：2019年2月

项目地点：广东省深圳市龙华区

项目规模：19.82公里

项目类别：市政景观

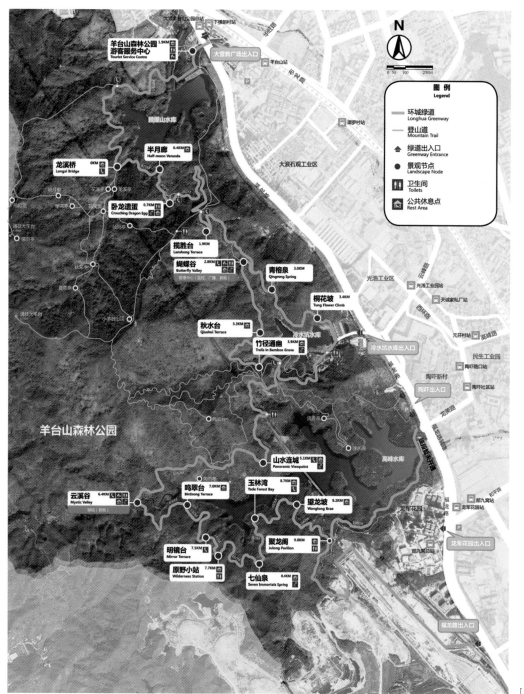

[A]　羊台山总平面图
[B]　老树叠泉
[C]　雨林秘境
[D]　南段鸟瞰

[A]

设计说明：

作为"深圳八景"之一，羊台山在2005年正式挂牌为深圳首家市级森林公园，成为市民观光、旅游、休闲、健身的好去处。随着深圳的快速发展，增加的城市人口和多样化的活动都促使羊台山需要在保持其良好自然环境的条件下，满足市民日益增长的需求。

龙华环城绿道改变了传统绿道单向贯通的方式，全线规划135公里，以"大环套小环"的长主线大环、短支线小环作为格局，连接7个森林或郊野公园、14个主要水库及水体，沿线途经八大景区和15处主要的文化景点，串联40处城市公园或社区公园。

环城绿道羊台山段贯穿森林公园南北端，同时绕赖巫山水库、冷水坑水库、高峰水库形成"小环"，全长19.8公里。设计团队创新性地选择了更大空间尺度，使绿道更适于应对高密度的城市人口以及家庭化的活动行为，并最大限度地利用原有的自然山溪、石景、水库等自然资源，以"大山大水，登高揽胜"为主题，沿途设置密度适宜、内容多样的景观节点，以点状放大的灵活空间和聚焦型的活动导向，完成了对森林公园原有山地游览系统的空间重构。

龙华环城绿道羊台山段自开放以来，深受市民喜爱。

项目自我评价：

1. 激活边缘，实现"大环套小环"脉络。
2. 高峰揽胜，发现别样"山水林城"景观。
3. 依山借势，突出"自然野趣"主题。
4. 关注生态，创新"海绵城市"理念。
5. 实施效果，开启深圳"绿道2.0"时代。
6. 社会反响，年百万客流成为游览打卡点。

项目经济技术指标：

总占地面积：33.9公顷
道路：79.28公顷
园林建筑（驿站）900平方米
停车场12000平方米

[B] [C]

[D]

江宁区秦淮河（将军大道-正方大道段）景观建设工程设计

设计单位：南京市市政设计研究院有限责任公司

委托单位：南京市江宁城市建设集团有限公司

主创姓名：吕海波

成员姓名：李康淳、孙晓舒、李春风、张明珠、夏嵩、邬蓓蓓、单梦婷、李露露

设计时间：2016年3月

建成时间：2017年9月

项目地点：南京市江宁区

项目规模：投资约10亿元

项目类别：市政景观

[A] 总平面图
[B] 杨家圩滨水空间
[C] 岸线改造后实景
[D] 滨水休憩亭
[E] 滨水休闲空间
[F] 岸线改造后实景

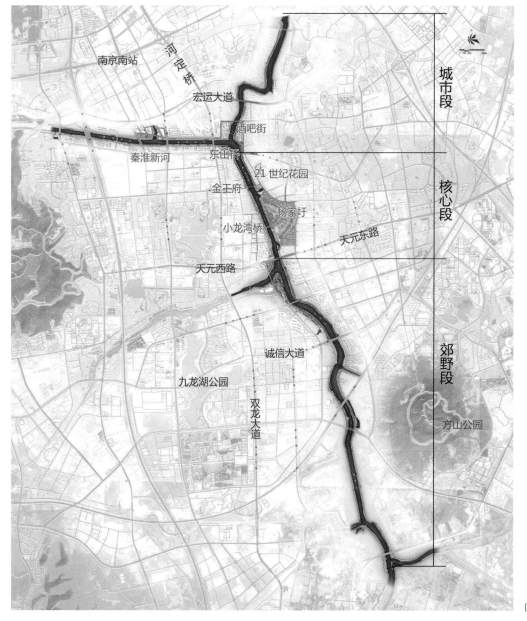

[A]

设计说明：

项目位于秦淮新河与外秦淮河在江宁区的沿线两侧风光带，总用地面积约为 668.9公顷，河道长度约20公里，项目一期投资额10亿。

设计以复兴秦淮河为设计理念，将城市与河道联系成一个有机整体，将秦淮河建设成具有区域影响力、独具特色的历史文化名河，打造成山水城林的自然体验基地、现代历史呼应的多元文化平台、观光度假为一体的休闲旅游社区。设计以保障水安全，改善水环境，美化水景观为目标。在水利工程方面，保证秦淮河防洪排涝能力，保障流域安全，提升了水质环境。在景观与城市空间规划方面，铸造城市滨水空间，优化生态核心廊道，提升河岸生态景观。连接两岸慢行交通，优化游览出行，融入文化活动，增强湖滨绿道活力，改善了秦淮河两岸环境、提高了沿线生活品质，提升了片区城市形象，建成后受到市民的广泛好评。

获南京市优秀设计一等奖，江苏省风景园林协会优秀风景园林设计项目优秀奖，正在申报江苏省优秀设计一等奖。

项目自我评价：

项目地形多变及周边用地性质复杂，体量较大，设计师们克服各项困难，提升了南京历史文化名城的品质，改善了人民生活环境质量，为南京城市形象锦上添花。工程取得了非常显著的经济、环境和社会综合效益，并获得了业主及社会各方认可。

项目经济技术指标：

项目一期投资约10亿元。

[B] [C]

[D] [E]

[F]

设计单位：西安稻禾景观设计有限公司

委托单位：大荔县关中水乡东府水城水生态综合治理开发有限公司

主创姓名：邵禹铭

成员姓名：王昌富、张明、朱旭、杜牧、邹李、邵卓、林依茜、时培文

设计时间：2016年8月

建成时间：2018年8月

项目地点：陕西省大荔县

项目规模：42000平方米

项目类别：市政景观

大荔县东府湖景观设计项目

[A]　平面图
[B]　医圣长廊
[C]　湖心亭
[D]　北区一角

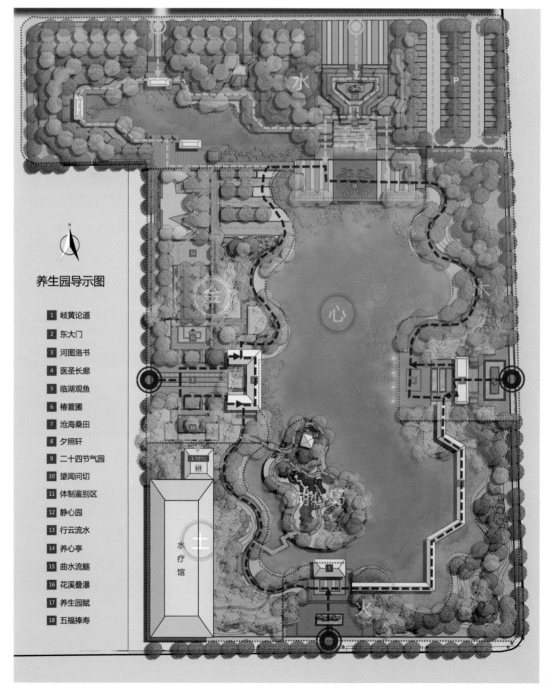

养生园导示图

1 岐黄论道
2 东大门
3 河图洛书
4 医圣长廊
5 临湖观鱼
6 椿萱圃
7 沧海桑田
8 夕照轩
9 二十四节气园
10 望闻问切
11 体制鉴别区
12 静心园
13 行云流水
14 养心亭
15 曲水流觞
16 花溪叠瀑
17 养生园赋
18 五福捧寿

[A]

设计说明：

设计初衷：我们要设计一处颜值高又养生的江南风格的公园。

当下的景观颜值以豪华奢侈的地产示范区最具代表性，但它是针对一定客户群、封闭式的景观空间，普通民众不可以随便出入。我们的第一个想法便是将漂亮的景观融入大众的生活中，不仅如此，还要照顾到老人、儿童、残疾人，让他们在这里能够自由地出入，满足最弱势群体的使用。

北方的公园大都呈现出气势磅礴之势，但是到了秋末春初的时候大都繁花落尽、荒凉凋敝，雨水丰沛、气候温暖的南方公园无论春夏秋冬都表现得景色宜人，非常适宜大众活动，我们的第二个想法就是将江南私家园林的布局形式和植物的搭配形式融入项目中。

项目运用"金木水火土"的设计构思，对应人体的肾、肝、脏、心、脾五个部位。以健康养生为主题，希望打造一个"黄发垂髫并怡然自乐"的景观意境。

项目中运用岐黄论道、紫气门、黄帝内经、河图洛书、椿萱圃、临湖观鱼、医圣长廊、夕照轩、二十四节气园、望闻问切、体质鉴别区、静心园、五福捧寿、东府湖赋、花溪叠瀑、曲水流觞等多个景观节点，吸引人的驻足，也是人们视线的汇聚区。

[B]

[C]

[D]

项目自我评价：

该项目以"金木水火土"为设计构思，符合春夏秋冬四季的变化，对应人体的肾、肝、脏、心、脾五个部位。

以健康养生为主题，希望打造一个"黄发垂髫并怡然自乐"的景观意境，并且将私家园林的布局形式、植物搭配融入其中。

整体设计照顾到老人、儿童、残疾人的出入，满足弱势群体的使用。

项目经济技术指标：

项目总面积：42000平方米。

建筑占地面积：130平方米；道路面积：4000平方米。

广场面积：8000平方米；停车场面积：2300平方米。

景观水体12000平方米；绿化种植面积：15500平方米。

文昌西路及周边环境改造提升工程

设计单位：江苏玺俊景观规划设计有限公司

委托单位：扬州瘦西湖旅游发展集团

主创姓名：赵庆

成员姓名：林浩、沈俊、嵇文慧、缪俣、杨春霞、赵庆、
　　　　　王堞凡、刘懿、焦圣哲、蒋晨玥、罗石莲

设计时间：2017年10月

建成时间：2018年4月

项目地点：江苏扬州

项目规模：1.58平方公里

项目类别：市政景观

[A]

[B]

[C]

设计说明：

以迎接两会为契机，打造城市主干道新形象。此次设计方案以省运会、园博会为契机展开，方案设计范围为文昌西路轴线以及扬州职大、体育公园、体育学校三个片区。围绕文昌西路中轴线打造西区新城核心区沿线绿地，整合范围面积共计1.58平方公里，其中文昌西路道路及两侧绿化带面积约0.27平方公里，省运会主场区提升面积约1.1平方公里，真州路互通匝道节点面积约0.09平方公里，扬州西出入口门厅板块面积约0.12平方公里。文昌西路景观提升,围绕文昌西路这一发展轴，这段道路自西向东被站南路、博物馆路和国展路分割成四个章节进行打造，分别为"扬州印象"门户段、运动休闲段、商业活力段和精致生活段。文昌路核心发展轴的定位为打造扬州公园城市公共活力对外展示样板区。扬州职业大学作为十九届省运会承办单位之一，受到了各界人士的高度重视。会务方精心组织，从场馆设施、园林景观等方面作了周到安排，确保比赛顺利进行。体育公园省运会主会场、主赛场、主战场，以绿色树种为基底，增加林阴树，利用原来的岗地丘陵特征，结合观赏草，形成震撼的丘陵大地景观。三大片区综合定位为打造集聚综合性、独特性，各种功能需求的大公园体系展示区。

项目自我评价：

首先从项目的总体规划来讲，这次的规划目的是举办好省运会以及园博会，在设计方案的同时兼顾到可持续的景观策略，使方案在两个盛会结束后仍可以持续地给予民众花园城市的体验。使两个盛会成为老百姓家门口的省运会，天天开的省运会，处处看得着的园博会，时时用得着的园博会。

项目经济技术指标：

总用地面积：1.58平方公里

其中：文昌西路道路及两侧绿化带面积约0.27平方公里，省运会主场区提升面积约1.1平方公里，真州路互通匝道节点面积约0.09平方公里，扬州西出入口门厅板块面积约0.12平方公里。

[A] 鸟瞰实景图
[B] 鸟瞰实景图
[C] 鸟瞰实景图
[D] 效果图
[E] 效果图

[D]

[E]

海安县火车站站前广场景观绿化工程

设计单位: 南通市市政工程设计院有限责任公司

委托单位: 海安县城建开发投资有限责任公司

主创姓名: 叶新、李颖、王慧

成员姓名: 宋德华、吴树立、秦虹、李春香、毛燕梅、马芳芳、沈敏、施智、严晓琴、
朱俊、徐娅、骆林娴

设计时间: 2015年5月

建成时间: 2017年3月

项目地点: 南通市海安县

项目规模: 占地5.6万平方米

项目类别: 市政景观

[A]

[B]

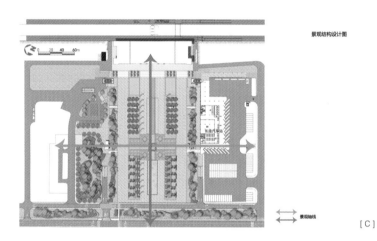

景观结构设计图

[C]

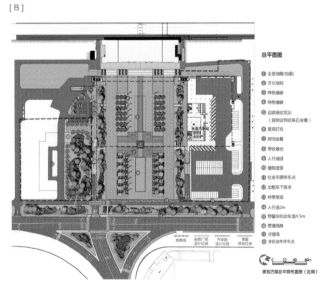

总平面图

① 主景地雕(地图)
② 文化地刻
③ 特色铺装
④ 迎宾纹饰花坛
(路侧刻纹条石坐凳)
⑤ 观景灯柱
⑥ 树池坐凳
⑦ 带状绿地
⑧ 人行通道
⑨ 植物造景
⑩ 社会非机动车点
⑪ 出租车下客点
⑫ 林带景观道
⑬ 人行道2m
⑭ 机非混行车道4.5m
⑮ 管理电房
⑯ 交通岛
⑰ 非机动车停车点

景观方案总平面布置图(近期)

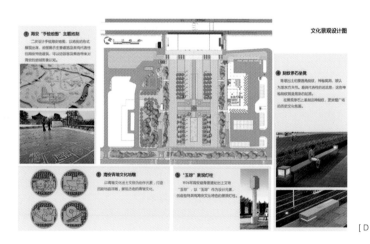

文化景观设计图

[D]

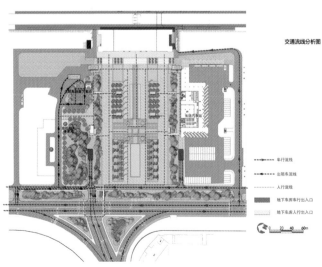

交通流线分析图

车行流线
出租车流线
人行流线
地下车库车行出入口
地下车库人行出入口

设计说明:

海安县火车站站前广场工程位于城东镇迎宾路(S211)与长江东路的交叉口东侧,与汽车站毗邻相望,交通便利,周边以商业居住用地为主。项目占地规模约5.6万平方米,其中站前广场面积达3.46万平方米,设计力求通过广场的景观效果展现海安风貌,树立海安城市客厅的美丽形象。

设计主题为"海安的城市会客厅"通过"承载历史,展望未来"的设计,体现"便捷、和谐、生态、文化"的景观特性。

为呼应火车站建筑设计风格，将站前广场总体风格定位为"新古典"中式风格的设计基调。通过正对火车站房的轴线景观处理，形成自东向西的景观通廊。结合站房台阶的绿坡，自然过渡至广场绿带，绿带的设计分隔了大面积铺装，既可引导人流，又可增加绿地空间，减少热岛效应。由于定位为"新古典"中式风格，则设计元素中考虑石、树的运用，石的运用体现在绿地内具有中式特色及韵味的景石搭配。树的运用则体现在轴线两侧香樟、银杏树阵及广场两侧绿化隔离带中植物造景的设计上。在小品设计上，轴线两侧的艺术景观灯柱、造型花池坐凳均进行定制设计，体现海安青墩文化，同时加强轴线感。

项目自我评价：

海安县火车站站前广场是"海安的城市会客厅"，通过"承载历史，展望未来"的设计，体现"便捷、和谐、生态、文化"的景观特性。"新古典"中式风格的设计基调，通过轴线景观处理，形成自东向西的景观通廊，体现海安文化，加强轴线感。听青墩远古的人类声音，展现海安美丽的城市客厅，开启海安全面发展新篇章。

项目经济技术指标：

总用地面积：56000平方米，其中站前广场面积34600平方米。

[E]

[A] 总平面图
[B] 交通流线
[C] 景观结构
[D] 重要节点
[E] 实景照片
[F] 实景照片
[G] 实景照片
[H] 实景照片

[F]

[G] [H]

锦城湖绿化设计工程

设计单位：四川省科源园林工程有限公司
委托单位：成都天府绿道建设投资集有限公司
主创姓名：胡明春
成员姓名：范芳玉、胡有红、朱锡文、周定川、张帮海、胡峻滔
设计时间：2017年9月
建成时间：2018年10月
项目地点：四川成都
项目规模：76.4万平方米
项目类别：市政景观

[A] 锦城湖
[B] 锦城湖
[C] 锦城湖
[D] 锦城湖
[E] 锦城湖

[A]

[B]

[C]

[D]

[E]

设计说明：

1. 基本概况：锦城湖位于四川成都市绕城高速路南段，西起成昆铁路，东至站华路，在锦城公园基础上扩建而成，总用地面积158.7平方米，湖区总水面66.9平方米，以剑南大道和外环路十字交割，划出四个湖区水面。

2. 设计主导思想：本次绿化设计主导思想以简洁、大方、便民、美化环境、体现公共服务设施设计风格为原则，使绿化和公共服务设施相互交融，相辅相成。

3. 设计特点：①充分发挥绿地效应，满足不同人群的要求创造一个幽静的环境，美化环境、陶冶情操，坚持"以人为本"，充分体现现代生态环保型的设计思想。②植物配置以乡土树种为主，疏密适当，高低错落，形成一定的层次感；色彩丰富，主要以常绿树种作为"背景"，四季不同花色的花灌木进行搭配，广泛进行垂直绿化，以各种灌木和草本类花卉加以点缀，使其达到四季常绿，三季有花。

4. 设计原则：①"以人为本"，创造舒适宜居的可人环境，体现人文生态。"人"是景观的使用者。因此，首先考虑使用者的要求，做好总体布局，提高环境质量等方面的功能要求。②"以绿为主"，最大限度提高绿视率，体现自然生态。设计中采用植物造景为主，绿地中配置高大乔木、茂密的灌木，营造出令人心旷神怡的环境。③"因地制宜"是植物造景的根本，充分反映出地方特色，只有这样才能做到最经济、最节约，也能使植物发挥最大的生态效益，起到事半功倍的效果。④"崇尚自然"，追求人与自然的和谐，纵观古今的环境设计，都以"接近自然，回归自然"为设计法则贯穿于整个设计创造中。只有在有限的生活空间利用自然、反思自然，寻求人与建筑、山水、植物之间的和谐共处，才能使环境有融于自然之感，达到人和自然的和谐。

项目自我评价：

丰沛的植物栽植设计，空间的景观规划，综合运用园林植物因地制宜地配置四季富有色彩的各种乔木、灌木、花卉、草坪，使人回归自然、亲近自然，创造一个空气清新、阳光明媚、舒适而安静的地方。

项目经济技术指标：

项目合同金额为62170625元，项目规模为76.4万平方米。其中包括锦城湖2号、3号、4号湖范围内绿化工程、湖心岛填筑、亭台楼阁及小林盘、亮化工程、运动场、一级、二级绿道及配套工程等；主要工程量有：乔木3832株、灌木117165平方米、湖心小岛填筑12座；羽毛球场8个、篮球场8个、乒乓球场12个；一级绿道（星光大道+宽6米平桥）1145米、二级绿道（宽4米平桥）445米、亭台楼阁4座、小林盘院落2座；亮化工程：变压器2座，LED灯带4263米，灯具5787套；涵洞装饰95米等。

南充印象嘉陵江·上中坝湿地公园景观浮桥方案设计

设计单位: 广州中土文旅规划设计有限公司

委托单位: 南充市市政工程公司

主创姓名: 张景棠

成员姓名: 李厚亨、莫舒淇、刘剑宏

设计时间: 2018年

建成时间: 2019年

项目地点: 四川省南充市

项目规模: 3269平方米

项目类别: 市政景观

[A] 上游浮桥节点效果图·竹帘皮影廊棚
[B] 上游浮桥节点效果图·休闲平台
[C] 下游浮桥鸟瞰图
[D] 上游浮桥节点效果图·百牛渡江小品
[E] 下游浮桥节点效果图·《嘉陵江号子》

[A]　[B]

[C]

[D]

[E]

设计说明：

作品整体设计追溯嘉陵江渐行渐远的船工号子历史，传承保护嘉陵江非物质文化遗产船工号子文化。作为停留在嘉陵江上历史的印记，这种努力为生活而奋斗的精神将让嘉陵江文化永久流传，生生不息。游客上岛参观探寻嘉陵江号子文化的根源，是对整个嘉陵江非物质文化遗产的深入了解。浮桥整体立面护栏造型模拟嘉陵江上纤夫拉纤时的动作，搭配柔和的太阳能地灯，呈现出浩浩荡荡的动态夜景效果。结合嘉陵江船工号子歌词，点缀于浮桥上，念着激昂的嘉陵江号子，昔日场景历历在目，给人带来生动有趣的视觉盛宴。《嘉陵江船工号子》的歌词是嘉陵江流域民间流传下来的文化遗产。嘉陵江号子，连接的是桥与岸，更是连接历史与如今。浮桥上转折的休憩平台由独特的嘉陵江文化剪影构成，游客光影与船工剪影，共同谱写嘉陵江新文明。非物质文化遗产元素在嘉陵江上交织出最美景观浮桥。

项目自我评价：

设计打破了传统普通浮桥单调的外观设计，整体以嘉陵江非物质文化遗产的概念植入，精神——记忆——文化——生生不息，通过节点的变化给浮桥整体增添趣味。浮桥整体的灯光效果配合护栏和舟体造型设计，朦胧灯光融景自然，在整体上达到审美高度与非物质文化遗产保护传承精神。浮桥由浮体支撑，不需要水泥基础，符合环保生态的理念。

项目经济技术指标：

项目地点：四川省南充市；
用地面积：3269平方米；
上段浮桥：469米；
下段浮桥：560米；
平均宽度：5米。

庐江县周瑜广场维修改造工程勘察设计

设计单位：安徽省交通规划设计研究总院股份有限公司

委托单位：庐江县重点工程建设管理局

主创姓名：杨兰菊

成员姓名：李杰、吴玉洁、武佳佳、刘汉雄、陈昊、丁珊、
陈丹丹、张青琳、方利娟、刘诗华

设计时间：2017年12月

建成时间：2018年4月

项目地点：合肥市庐江县

项目规模：40500平方米

项目类别：市政景观

[A]

[A] 项目实景图
[B] 总平面图
[C] 项目实景图
[D] 项目实景图
[E] 项目实景图

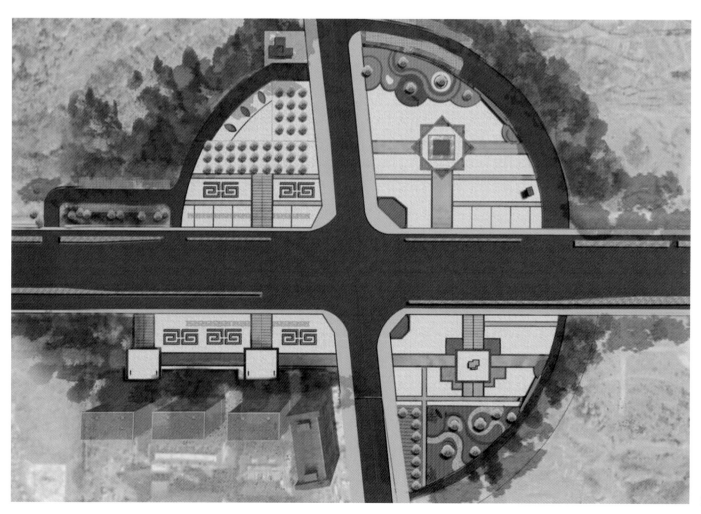

[B]

[D]

[E]

设计说明：

1. 理念及思路

项目为现状周瑜广场及周边绿化景观提升设计工程，项目主要设计范围为广场内铺装改造并增加绿化景观，广场周边地形改造及绿化的提升。设计以"历史沿革 文化传承；人杰地灵 周瑜故里；艺苑民风民俗之廊"为主题，在水墨丹青一般的严整格局之中潇洒写意，朦胧含蓄，浓淡相宜，呈现出画卷一般的视觉效果。

2. 方法及技术

在园建设计上：对现状人行道进行拆除，新建为花岗岩铺装，对现状雕塑基础进行绿化处理，对现状广场树池进行改造，对现状铺装进行局部拆除，设置树池和绿化。

在绿化设计上：提升整个广场周边的绿化量，形成多层次的绿化空间。

3. 特色及创新

在功能上：
可达性，视线增强横向联系，增加列阵时光城墙；
舒适性，增设亭廊，提供可供人休息停留的座椅。

[C]

在审美上：
丰富性，提升空间层次，增强主要节点空间的设计观赏性；
协调性，协调软硬空间比例，控制空间的节奏和韵律。

在文化上：
连贯性，以主题雕塑形成文化上的点睛，增强整体文化轴线的连贯性。

识别性：
协调软硬空间比例，控制空间的节奏和韵律。

在生态上：
绿化率，提升场地的绿化率，丰富植被空间层次；
可持续性，增强铺装、亭廊等材料的环保性。

项目自我评价：

项目是庐江县重要的文化性广场，对外展示的窗口，项目的开展对改善广场的环境，提升广场景观效果，丰富庐江旅游文化内涵，带动区域的人气，拉动地区经济增长具有重要意义。

项目经济技术指标：

周瑜文化广场位于庐江县合铜路立交桥以西，军二路和兆河路十字交叉口，项目总用地面积为65700平方米，其中广场改造提升面积为40500平方米。

[A]

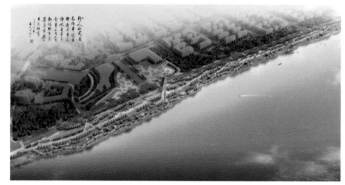

[B]

[C]

湘潭高新区段湘江防洪景观道路工程

设计单位：中国电建集团中南勘测设计研究院有限公司

委托单位：湘潭高新集团有限公司

主创姓名：黄立

成员姓名：李琳、刘胤虎、许必胜、曹良、李凯文、蔡倩、
　　　　　李开、孙晓斐、王永康

设计时间：2014年7月

建成时间：2018年12月

项目地点：湖南省湘潭市高新区

项目规模：全长11公里、景观面积68万平方米

项目类别：市政景观

[A] 湿地寻幽节点实景
[B] 新城乐活节点效果图
[C] 总平面图
[D] 湿地景观实景
[E] 聚日广场鸟瞰实景

[D]

[E]

设计说明：

湘江，湖南的母亲河，作为湖湘文化的纽带，见证了这片土地上辈出的英雄人物，传承与延续着这片土地散发的历史墨韵。

湘潭，别名"莲城"，是湘江边文化名城、山水绿城、红色旅游之地、伟人故里。

项目位于湖南湘潭高新区，以"科技之光"为主题，集城市防洪、市政交通、生态景观与一体，既是确保城市安全的民生工程，更是文化传承、两型科技展示的重要平台。

原场地位于湘潭与株洲交界地带，包含荒地、农田、苗场、采沙场、货运码头、水泥厂、垃圾填埋场等，周边毗邻省级森林公园、火力发电厂、高新科技园，基础条件较为复杂。

设计以功能性、可持续性、人文关怀为导向，将城市建设与生态发展相结合，将现代科技与传统文化相结合，将场地记忆与功能赋予相结合。以"大景观"的视角审视整个项目，从生态安全格局的基础出发，找到城市需求与自然需求的契合点，将堤防、道路、景观三者有机结合。同时，设计坚持山水林田湖草生命共同体的理念，在满足城市交通、防洪功能的基础上，通过对自然空间中生态廊道、生态网络的保护与修复，以及社会空间中公共服务、历史文脉、地域特色的扩展与延伸，为场地建立起一个更为和谐可持续的复合环境空间。

项目自我评价：

伴随城镇化的推进，与自然的和谐共融成为刚需。设计从反常规的角度，以生态安全格局为基础，寻找低影响的防洪与交通路线，将场地无序、碎片化的物质与文化重组，构建新的共荣空间。综合防洪、交通、景观的建设，最大程度上构建完整的生态体系，将城市发展需求融入自然基底，为后续的国土空间规划落地提供了参考。

项目经济技术指标（配合出版要求）：

项目总长11公里，总投资约13亿元。红线面积约为310万平方米，其中包含市政道路建设（用地45万平方米）、防洪堤新建（用地面积50万平方米）、景观建设（用地面积68万平方米），望江公园及狮子山公园保护（占地147万平方米）。

[A]

[B]

知识服务大厦（政法大厦）加固改造项目——室外景观

设计单位：深圳市森磊镒铭设计顾问有限公司

委托单位：华润（深圳）有限公司

主创姓名：徐天乐

成员姓名：李昱、雷洁新、郑燕彬、吴浩武

设计时间：2018年1月

建成时间：2019年1月

项目地点：深圳市南山区

项目规模：1141平方米

项目类别：市政景观

[A] 清风草坪
[B] 鸟瞰图
[C] 总平面图
[D] 清风竹林
[E] 竹林清风廊效果图

图例

1. 影壁墙
2. 旗台
3. 市政绿化
4. 廉史印记
5. 说文解字
6. 竹林清风廊
7. 雨水花园
8. 清风幕墙
9. 清风草坪
10. 休闲平台
11. 休息座椅
12. 迎宾通道
13. 管理闸门

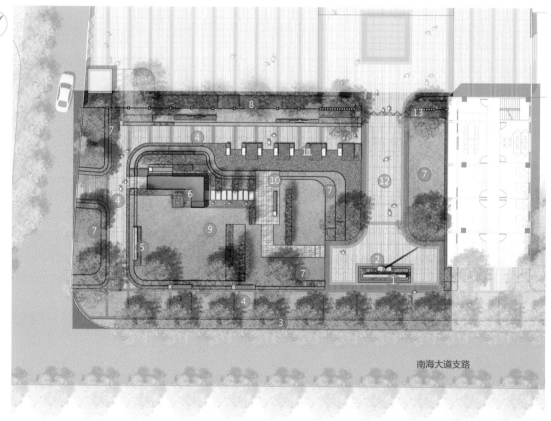

南海大道支路

[C]

[D]

[E]

设计说明：

项目属于知识服务大厦（政法大楼）加固改造工程——室外景观工程标段，位于深圳市南山区南海大道西侧和深南大道北侧相接处，占地面积约1141平方米。该场地在改造提升设计中，为提高园林景观的公共服务能力，最大限度地保留市政绿地的同时增加可供市民停留休憩的场所；同时引入优秀国学、廉政文化及先贤英雄等中国传统文化元素，结合现代造园手法，赋予场地丰富的人文内涵；在绿色生态方面结合海绵城市设计及低影响开发理念，最大限度地减少对原有生态环境的破坏。以生态、人文、公益、永续为原则，打造出一个传统与现代、艺术与实用融合的、符合现代审美要求、提升大众文化和精神品质的市政公共空间。

项目自我评价：

项目属于空间重构中的市政绿地景观改造，设计充分考虑场地现状、周边环境、使用功能、交通组织、竖向设计、材料运用、管理定位等多方面因素，坚持生态、人文、公益、永续等设计原则，并贯穿整个设计及施工全过程，赋予了场地更丰富的空间结构，营造出与设计理念相吻合的实际景观效果。

项目经济技术指标：

总占地面积约1141平方米，其中铺装面积约365平方米，绿地面积约776平方米，绿地率68%。

中海新城·熙岸

设计单位：深圳伯立森景观规划设计有限公司

委托单位：湖南省中海城市广场投资有限公司

主创姓名：王少波

成员姓名：赵黎明、胥艳超、马梁栋、朱金顺、罗伟凤

设计时间：2016年11月

建成时间：2018年

项目地点：湖南长沙

项目规模：11万平方米

项目类别：地产景观（大区）

[A] 长沙中海新城熙岸总平面图
[B] 项目实景图
[C] 项目实景图
[D] 项目实景图
[E] 项目实景图

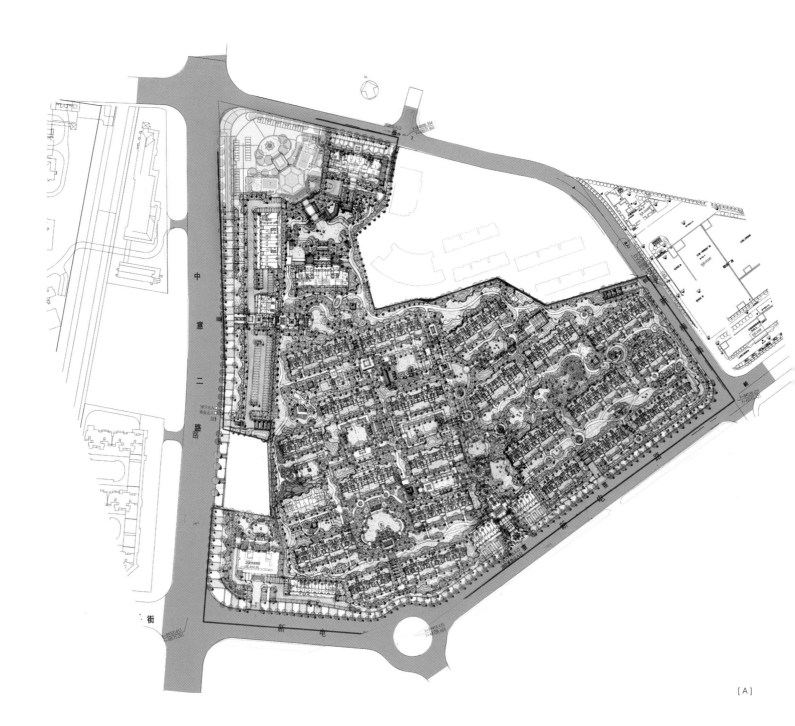

[A]

设计说明:

我们将法式园林风格与本地文化元素相融合,着力打造高端尊贵的居住环境及诗情画意的居住空间。

我们寻求的景观形式更具地域性、可识别性以及不可复制性,对基地传统生活习性再现和升华,让使用者有一种似曾相识的心灵归属感。

法式建筑以其特有的高贵典雅,赋予建筑华贵的基调,这种基调使整个社区礼序有秩,营造了一种沉静大气的社区氛围,让每一个归家的人都告别纷扰,回归宁静。

[B]

[C] [D]

[E]

项目自我评价:

在风格上创新,将法式园林风格与本地文化相融合,设计手法上通过更简洁的手法去诠释法式风格的精髓,使符合现代人的审美需求,保证风格持久性。以打造宜居的生态环境和便捷的功能空间为设计的出发点,在全龄化空间和室外会客厅等从功能方面做创新,又从适老性等关怀园林、温暖园林的角度出发,真正做到以人为本的设计宗旨。

项目经济技术指标:

总用地面积:158095.79平方米;

建筑面积:21795.25平方米;

景观面积:109864.54平方米;

硬景:33065.84平方米;

软景:76798.7平方米。

珠海恒荣城市溪谷

设计单位：贝尔高林国际（香港）有限公司
委托单位：深圳市恒荣置地有限公司
主创姓名：谭伟业
成员姓名：Mr. Jake Bacani
设计时间：2016年
建成时间：2018年
项目地点：广东省珠海市香洲区
项目规模：6.2公顷
项目类别：地产景观（大区）

最終景觀總圖 I FINAL MASTER LANDSCAPE PLAN

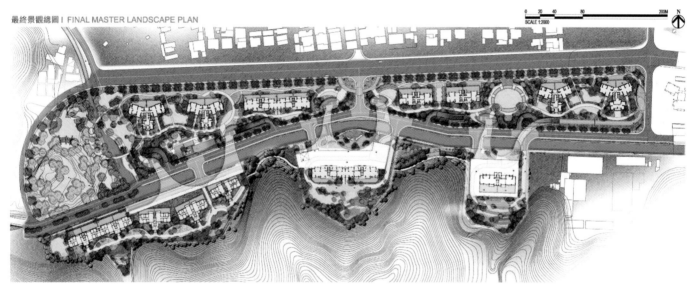

[A]

[B]

[C] [D]

[E] [F]

设计说明：

城市溪谷，以天桥和连廊作为依托，将小区人车动线分割，上有连廊，下有车道，令人与车分明处在同一空间，却像是置身于不同的时空。项目从北向南有一个高差倾斜的角度，主入口处特色石头雕塑位列中心，有水从高处缓流而下。车道边有特意预留出的休闲道，休闲道旁，4米高的瀑布飞流直下，在怪石嶙峋的山间飞溅，绿草丛生，百花盛宴。

在景观的轴线布置上，由于空间上下两层的特殊性，植物在各个节点的布置都需要精心雕琢。连廊周边大量采用了景观树木，多棵树木的高度几乎持平，高于连廊却不显得突兀，树木侧特设有灌木丛，既保证了车道面的视觉感受，也使得竖向面的景观有一个承接过渡的同时，上下两层均采用同一色调的草皮，将两个空间在视觉上联合为一个大的整体，再采用花卉点缀、树木搭配，把景观的节奏感控制得起伏有序，呈现出不同层次的韵调。

除此之外，连廊两侧设置了两个采光井，镂空的采光井中，一棵大树拔地而起，穿过采光井露出摇曳的身姿，打破了采光井空洞的设置，是连廊上下两个空间独特的交流方式。在叶影休息区的对面，是小区业主专享的游泳池。游泳池以深蓝色铺装为主，点缀着以淡蓝色铺装构成的叶子图形。

项目自我评价：

作为一个小容积率的建筑，城市溪谷的楼间距、绿地、景观配置被相应加强，而住户多为来自珠海、广州和我国港澳地区的都市精英，他们对于居住的私密性和舒适度也有更多需要考虑的方面。恒荣城市溪谷以天桥和连廊作为依托，将小区人车动线分割，上有连廊，下有车道，令人与车分明处在同一空间，却像是置身于不同的时空。

项目经济技术指标：

项目类型：住宅；
占地面积：6.2公顷；
总建筑面积：13.2公顷；
建筑面积：5.3公顷；
建筑设计：AECOM深圳。

泰禾·福州湾天澜

设计单位：浙江伍道泰格建筑景观设计有限公司

委托单位：泰禾集团

主创姓名：张岩

成员姓名：程志强、邵蕾、朱喆斌、宣海燕

设计时间：2017年

建成时间：2018年

项目地点：福建

项目规模：318400平方米

项目类别：地产景观（大区）

1 看房通道
2 入口台阶
3 灯光涌泉
4 水上种植池
5 沙滩吧
6 躺床
7 沙滩
8 种植池
9 书吧
10 岛屿景观
11 神意景观
12 上人口
13 苍崖
14 水园路
15 入户空间

[A]

[B]

设计说明：

海通天下，湾聚千帆——泰禾福州湾·天澜。

泰禾福州湾·天澜，以高端产品线升级力作为基准，打造城市中心+
滨水资源的"湾系"地标豪宅，将为三江口CBD带来崭新的人居体验。

作为全国首个亮相的"湾系"产品，泰禾福州湾·天澜延续泰禾一贯
的高端开发基因，打造立足城市中心资源加滨水资源的豪宅生活范
本。占据城市中心板块的区位价值，得天独厚的滨水资源，源远流长
的历史文脉和国际化配套资源，成为泰禾"湾系"的四大必备条件和
先天优势。

从建筑造型、园林布局到花木选材修型、景观铺装构图等细节，均不
断推敲琢磨。最终将其定义为，既结合三江口独特地理优势，又承载
雅奢现代滨水度假风格的湾系豪宅。

设计理念：

伍道设计"湾居"构思有两大场景：碧海蓝天（物境）、海阔天空（意
境）。以"海水""浮云"洒脱、缥缈、自在的外形作为笔法线条，勾
勒出整体景观框架。取"海水""浮云"的内在含义，结合景观注入
文化生命力。上法浮云，下像海流，以从容豪迈之姿，绘"我怀入天
地，放眼看世界"之磅礴画卷。以"行看流水，坐看云起"之手法，
将无限的"江、山、湖、岛"纳入有限的场地之中，营造出"千帆竞
渡""海天揽胜""蓬岛涵碧""仓崖闻涛"的独特园境，将自然风景与
现代手法巧妙融合，让业主一回家，即享世界级度假胜地的身临其境。

项目自我评价：

湾系豪宅是泰禾与时俱进的作品，它诞生的背景首先是基于当前上至
国家，下至福州推进的国家"海洋战略"。泰禾福州湾·天澜作为全
国首个亮相的"湾系"产品，延续泰禾一贯的高端开发基因，在设计
上构思新颖巧妙，将视觉享受和项目体验完美结合，打造出立足城市
中心资源加滨水资源的豪宅生活范本。

[C]

祥生湖州悦江南

设计单位：上海冉地景观设计有限公司

委托单位：祥生地产

主创姓名：朱双

成员姓名：蔡荟荟、赖玉萍、卢冰洁、欧小平、张莉君

设计时间：2019年1月

建成时间：2019年4月

项目地点：湖州

项目规模：67178平方米

项目类别：地产景观（大区）

[A] 平面图
[B] 项目实景图
[C] 项目实景图
[D] 项目实景图
[E] 项目实景图
[F] 项目实景图
[G] 项目实景图
[H] 项目实景图

图例

1 幼儿园景观
2 入口特色景观灯
3 景观水池
4 特色景观走廊
5 景观构筑
6 健康慢跑道
7 小园香径
8 休闲慢谈
9 林间露台
10 悠然草坪
11 置石漫步
12 休闲廊亭
13 缤纷童趣
14 东侧入口
15 迎宾大道
16 特色中轴景观

[A]

[B]　[C]

设计说明：

示范区分为前场展示区和后场体验区，由禅韵、奢韵进入雅韵。前场展示以奢雅门楼、镜面水景等场景结合艺术小品，从高端气势到细节入微，凝练出最高贵质感的空间品味，视域感官和心境转换相对展开，营造出精致、艺术的项目形象和品质。后场体验呈现出住区的理想生活：可沐光弈棋，可林下私语，可三两漫游，可亲朋欢聚，定义全新优雅生活。整个示范区注重空间层次和意境转换，打造了"一府"（悦江南府邸）"两境"（展示前场和体验后场）"三韵"（沿街立面营造的恢弘奢韵、前场空间形成的空灵禅韵和后场体验区的尊享雅

[D]

[H]

韵）、"九景"（墙垣画舫、镜花水月、方圆天地、天空之境、林荫低语、室外餐吧、沐光书吧、四季花径、童稚无忧）的空间境韵，在现代审美表达中体现一种文人隐逸的古典情怀。

项目自我评价：

景观巧妙地描绘和解释一个地区的特征和文化，并融入现代的、富有艺术的空间中。风味，将其融入空间设计，满足人们对艺术的品位。一个充满活力的城市，传统和现代景观包容并蓄，该设计将体现文化碰撞所体现的艺术，通过创造空间可以充分发掘项目内在的机会，通过各种活动内容的安排，使其成为具有灵魂的标志性设计。通过对空间细致的处理，与宁静优雅的环境巧妙处理营造出高雅空间。

[E]

项目经济技术指标：

总占地面积：67178.88平方米；
总建筑面积：214612.7平方米；
容积率：2.00；
绿化率：41.00%。

[F]

中南南通佳期漫

设计单位：中南置地苏中分公司

委托单位：中南置地

项目负责人：巴海涛

成员姓名：金良明、曹庆华、陈明明、向婷

设计时间：2017年

建成时间：2019年

项目地点：南通

项目规模：13万平方米

项目类别：地产景观（大区）

［ A ］ 项目实景图
［ B ］ 项目实景图
［ C ］ 项目实景图
［ D ］ 项目实景图
［ E ］ 项目实景图

［A］

［B］　［C］

设计说明：

佳期漫园区景观由上海水石景观环境设计有限公司具体设计，该公司拥有景观设计乙级资质，擅长地产住宅、城市公园、精品住宅、商业办公等领域的景观设计。项目位于南通市新东区板块，崇川区三大板块之一，环境人文双优，发展潜力巨大。项目为褐石风格，褐石街区是美国都市文化的巅峰，它阐述的是新名仕阶层的生活方式。

作为一处中高端社区级品质风尚大盘，整个景观以"尊享品质大社区，品味时光慢生活"作为概念，不仅注重景观的空间打造，更着重于营造一种生活方式。整个园区围绕景观概念，大体分为人文绿街、时光绿庭、慢生活街市、幸福花园四处景观主题，并且围绕这些主题，进行人性化、精致化的景观设计。

在具体的设计过程中，景观设计注重提升园区价值，以塑造新的城市地标。首先，基于景观视角对建筑规划进行优化。通过交通流线的梳理，优化车行系统，在满足消防、实用基础上为景观价值最大化创造条件。将滨水绿地、城市公共绿带、国安路氛围营造纳入项目整体景观化考量。在主入口重点打造，通过景观轴线串联组团，促成对位关系，形成整体层次分明的"点线面"空间关系。其次，尽可能使得景观资源价值最大化。景观功能空间的理性设计尤为重要。依据风光定位软件测算确定活动场地位置，以达到理性布局场地的目的。在对不同人群活动需求分析的基础上，科学合理设计活动场地，全年龄段儿童活动场地、景观会客厅、多功能阳光草坪、夜光慢跑道、四季植物课堂、多元动感地带、亲子果园、老年健康广场、宠物活动乐园等按需求合理分布全区。通过消防通道的功能复合化，使硬地面积得以最大化利用。通过对不同类型空间的情境化景观打造，使得五层情境的归家心理演绎得以实现。最后，园区内艺术小品的布置，尽可能提升园区的艺术氛围，创建人文社区。

项目自我评价：

通过结合佳期漫场域的特点与设计构思，以褐石建筑为背景，通过森之态、艺之雅、动之灵、童之趣、老之爱、花之园六大景观主题贯穿整个社区，做了一个生活家花园，这座充满活力又不无温情的花园里有艺术，有绿色生态，有儿童主题游戏天地，有全龄化的多功能活动场地，也有鸟语花香、生活味浓郁的私家小花园。整个设计有收有放，主次搭配，节奏明确，为业主呈现动静之间，漫享时光的褐石生活。

项目经济技术指标：

北地块占地66365平方米，南地块67693平方米。

[D]

[E]

获奖作品

悦榕湾

设计单位：风艺景观设计（广东）有限公司

委托单位：海龙酒店（惠州）有限公司

主创姓名：郑艺坛

成员姓名：曾惠光、刘惠龙、曾静君、谭仲强、郑晓慧

设计时间：2016年10月

建成时间：2019年8月

项目地点：广东省惠州市惠城区

项目规模：9400平方米

项目类别：地产景观（大区）

[A]

[A]　项目实景图
[B]　平面图
[C]　项目实景图
[D]　项目实景图
[E]　项目实景图
[F]　项目实景图

0 5 10   20   40

1. 车行出入口　　7. 组团植物
2. 车行道　　　　8. 休闲平台
3. 人行道　　　　9. 停车场
4. 休闲木平台　　10. 游泳池
5. 主入口水景　　11. 休闲平台
6. 中心广场　　　12. 枯山水景观

悦榕湾

[B]

[C]

[D]

[E]

[F]

设计说明：

项目位于城市主要江流旁，可俯瞰一线江景资源，因此，设计理念从城市核心出发，表达独一无二的意愿，设计主要遵循现代化风格特点，将其比喻为城市中的一颗璀璨之星——钻石，将钻石的构成特点通过现代化手法演绎运用到景观设计中，独特的钻石造型和璀璨魔幻的灯光汇聚一体，汇于一江的城市焦点，使住户能够感受到属于这座城市的独特魅力。

项目作为惠州滨江风情高端商务服务式公寓，拥有独特的地理优势——线东江景，为顶尖商务人士预留一处超五星级似家般温暖的栖息之所，在这里，拥城市、东江、尊贵、奢华而入眠。

项目设计运用钻石概念，主要提取蓝、绿钻石，以钻石项链的组合形式延伸至方案中，项目中的绿岛代表绿钻石，景观水景代表蓝钻石，其形式与元素在方案中得以延伸和融合，并通过将建筑线条进行变化与重组，运用到项目铺装设计中。

项目主要分为广场与屋顶花园两大区域，室外广场空间结合商业类型进行景观设计，如咖啡厅、西餐厅、便利店等，打造一个人文服务休闲型广场，屋顶架空层结合泳池设计系列一条龙服务设施，如泛会所、健身房、休闲吧等，使得在这里的人能感受到至尊的服务。

项目自我评价：

项目作为惠州公寓标杆，具有很强的可识别性，概念新颖，以钻石为概念，落地实景与概念吻合，拥有一线东江景，为东江湾上的一颗璀璨之星，升值空间大。

项目经济技术指标：

用地面积：8177平方米；

总建筑面积：35274.52平方米；

计容总建筑面积：24529.82平方米；

商业：4437.71平方米；

服务型公寓：19959.5平方米；

物业管理用房：67.21平方米；

消防控制室：65.4平方米；

不计容总建筑面积：10744.7平方米；

架空层：448.7平方米；

地下室车库：10296平方米；

总停车位：253辆；

地上停车位：19辆；

地下停车位：234辆；

容积率：3；

建筑密度：30%；

绿地率：30%。

东莞茶山镇海悦茗湾、海悦茗筑景观设计

设计单位：深圳市汉沙杨景观规划设计有限公司

委托单位：东莞市恒兆信业房地产开发有限公司

主创姓名：王锋

成员姓名：陈梦、黄剑锋

设计时间：2015年

建成时间：2019年

项目地点：东莞茶山镇

项目规模：64727平方米

项目类别：地产景观（大区）

[A] 总平面图
[B] 鸟瞰图
[C] 实景图
[D] 实景图
[E] 实景图

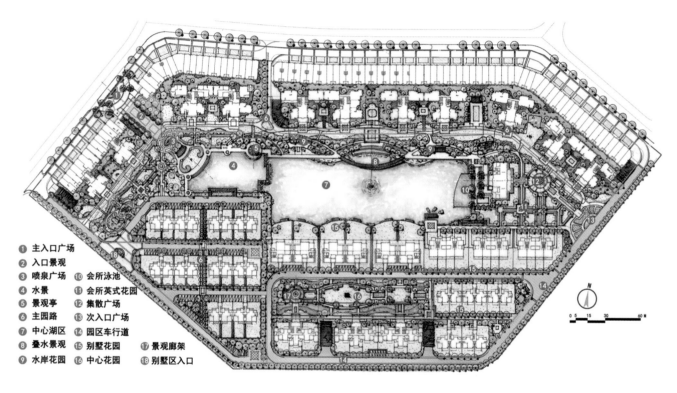

① 主入口广场
② 入口景观
③ 喷泉广场
④ 水景
⑤ 景观亭
⑥ 主园路
⑦ 中心湖区
⑧ 叠水景观
⑨ 水岸花园
⑩ 会所泳池
⑪ 会所英式花园
⑫ 集散广场
⑬ 次入口广场
⑭ 园区车行道
⑮ 别墅花园
⑯ 中心花园
⑰ 景观廊架
⑱ 别墅区入口

0 5 15   30   60 M

[A]

[B]

[C]

[D]

[E]

设计说明：

项目位于东莞茶山镇，分为海悦茗湾、海悦茗筑一区和海悦茗筑二区，三个区景观面积共64727平方米。项目地块周边分布茶山北路、安泰路两条主要交通脉络，项目东面已完成天恒·美丽湾畔的建筑工程，西南面伟隆国际花园工程已完成。项目整体建筑风格为ARTDECO风格，大气稳重，体现清新典雅的高贵社区追求。建筑色彩为淡黄色、暗红，少量白色糅合。

设计概念"境湖雅居"，一湖，绝无仅有水体湖区，拥自然入怀。五大精致花园，尊崇品质感受。四大功能模块，儿童、老年、中青年、宠物，囊括所有家庭成员的活动需求，满足运动、休闲、养生、交往各住区活动类型。营造一个空间感、尺度感、参与性等体验的轻松、减压的高端园林环境，来体验尊贵、高端、品质、自豪感及归属感。

项目自我评价：

设计以人为本，通过对居住人群的分析，使用不同的设计语言来满足不同人群的喜好。通过对周边楼盘以及场地现状的分析，打造与项目特点相匹配的设计方案，成为茶山标杆，也是东莞"养身养心"的健康公园式住宅，设计方案得到甲方的高度赞许。

设计单位：汇张思建筑设计咨询（上海）有限公司

委托单位：上海地产/融创中国

主创姓名：蔡翔

成员姓名：胡琼燕、欧阳夏华、刘钱玉

设计时间：2016年

建成时间：2018年

项目地点：上海

项目规模：17000平方米

项目类别：地产景观（大区）

[A] 总平面
[B] 建成图-水景
[C] 建成图-门头
[D] 建成图-鸟瞰
[E] 建成图-水景
[F] 建成图-鸟瞰

上海地产&融创中国陆家嘴壹号院

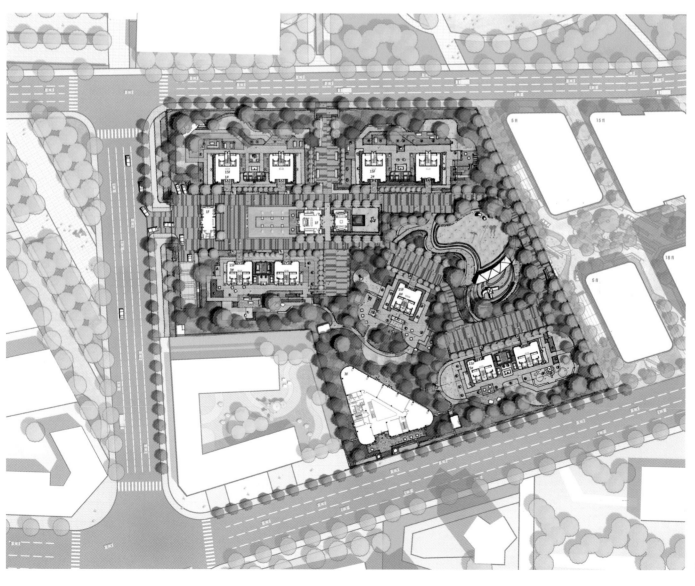

[A]

设计说明：

项目位于浦东陆家嘴边上，由5栋高层组成，项目规模22840平方米。考虑到项目正好毗邻黄浦江，属于顶级豪宅，最终确定的景观主题为——岛居。整体的景观空间设计相对简洁，主体铺装采用了一种灰色石材，四种渐变的肌理，看上去如同波动的水面，整个大区采用3层展开空间层层递进，前场体现尊贵仪式，后场放松自然，围绕五栋主体建筑架空层，打造了5个特色私属花园，作为每栋楼的业主独享的绿色岛屿。

大区入口门头考虑到空间进深较窄，景观处理上尽量提升入口展示面的延展面，整体材料与建筑立面统一。入口区域两栋高层之间两个巨大的全硬质登高面使景观设计比较受限，登高面之间有一个15米长6米宽的地下泳池采光天窗。在景观处理上把建筑周边地形抬升，加强灌木的绿化层次，同时保证架空庭院的私密性。然后结合建筑把泳池的采光天窗作为一个景观对景来设计，抬升了0.8米作为跌水池，保证景观的层次感。消防登高面的处理考虑了休闲木平台与移动景观，另外把一部分消防登高面改造成5厘米的静水面，增加了前场空间的仪式感、形式感，同时也满足了消防验收的要求。

岛居的理念主要体现在架空层设计，架空层与外围绿化结合打造了5个私属庭院。每个庭院都有一个时尚主题，分别针对不同户型

[F]

体验，作为业主的第二会所，满足交友、洽谈、休憩、阅读等不同功能。

项目自我评价：

全硬质消防登高面景观化处理，业主私属花园的打造提升了社区豪宅品质，精细化小品打造，绿化空间现代感十足。

项目经济技术指标：

占地22840平方米，景观面积17000平方米，绿地率30%。

[B] [C]

[D] [E]

中山雅居乐山海郡

设计单位：广州瑞华建筑设计院有限公司、广州市雅玥园林工程有限公司

委托单位：中山市雅诚房地产开发有限公司

主创姓名：杨硕宇

成员姓名：招锦婷、阳春霞、罗家欣、林伟娜

设计时间：2016年

建成时间：2018年

项目地点：广东中山南朗镇翠亨新区翠亨大道

项目规模：约33万平方米

项目类别：地产景观（大区）

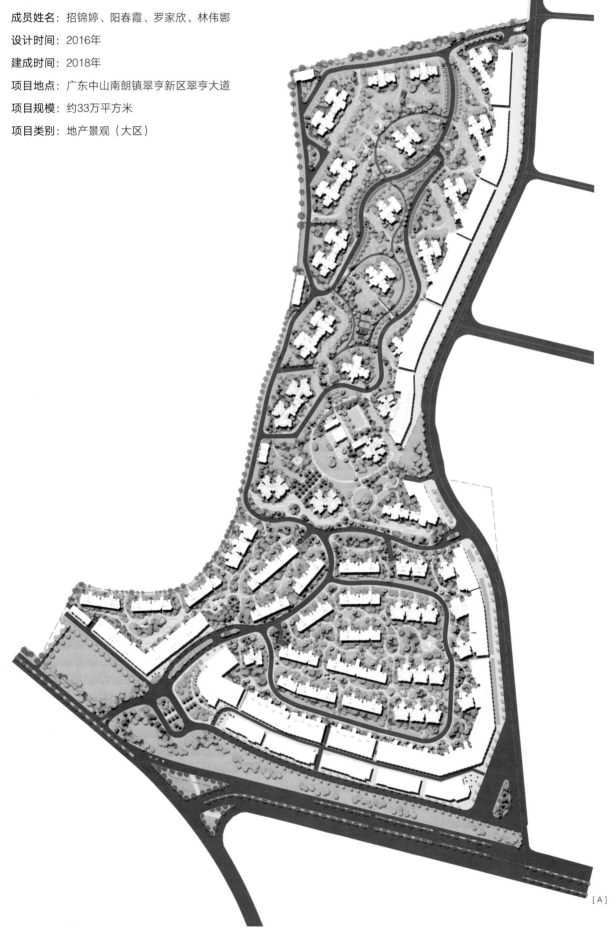

[A]

设计说明：

一、设计背景

雅居乐山海郡位于翠亨新区国际先进旅游示范区板块、新区城市发展轴上，坐享山海度假资源、伟人故居人文资源，更依托新区经济发展，打造新区休闲、度假、居住胜地。雅居乐山海郡的自然空间得天独厚，依傍翠亨村"国父山"槟榔山而建，同时又是五桂山脉穿越之地，山势资源明显；项目对面为珠江口伶仃洋，可谓背山面海，山海环抱。整个社区犹如生长在大自然中，与山、海的自然空间完美融合。

二、设计理念

自然空间，包括人、建筑、植物、动物、水、空气、阳光等自然元素。自然空间的重构，在于构建自然元素更加健康合理的生态关系。雅居乐山海郡利用丰厚的自然景观资源，重构自然与人居环境的空间关系，因地制宜，依山就势，打造原生态山居社区环境，实现"山、海、城"的共生互融。

[A] 总平面图
[B] 鸟瞰图
[C] 商业区
[D] 高层景观
[E] 园区

三、设计手法

1．项目价值最大化

结合项目地块特点，将多层、高层建筑采用由低到高、层次分明的排列形式展现于山水之中，使建筑与园林以最佳的观望姿态与山景海景融合，实现项目价值最大化。

2．借景入园

园区借景北向槟榔山茂密的山林景观带，让大自然渗入社区环境之中，弱化人工与自然的界线，打造原生态的坡地花园。

项目自我评价：

雅居乐山海郡利用丰厚的自然景观资源，重构自然与人居环境的空间关系，因地制宜，依山就势，园区利用开阔的草坪和灵动的自然绿岛组织空间，结合建筑、植物的收放开合，营造"远山、峡谷、平原"的空间意象，形成丰富的空间层次和景观视野；同时呼应了场地的山水关系，实现"山、海、城"的共生互融。

项目经济技术指标：

用地面积：约33万平方米；
容积率：2.89；
绿化率：30%。

[B]　[C]

[D]　[E]

镇江中南世纪城望江

设计单位：中南置业南京区域公司、棕榈设计有限公司、浙江飞友康体设备有限公司（苏州律动）

委托单位：中南镇江房地产开发有限公司

主创姓名：李远航

成员姓名：贺子明、刘远智、蒋晶晶、袁燕、韩一民、郑倩

设计时间：2014年

建成时间：2019年5月

项目地点：江苏省镇江市京口区焦山路与清流路交汇处

项目规模：47000平方米

项目类别：地产景观（大区）

[A] 总平面图
[B] 项目实景图
[C] 项目实景图
[D] 项目实景图
[E] 项目实景图
[F] 项目实景图
[G] 项目实景图

[A]

[B] [C]

设计说明：

景观风格：

法式风格在布局上突出轴线的对称，恢弘的气势豪华舒适的居住空间，体现贵族风格，高贵典雅。细节处理上运用了法式廊柱、雕花、线条，制作工艺精细考究。点缀在自然中，崇尚冲突之美。

景观氛围庄重典雅，园林气势恢宏，视线开阔，具有外向性特点；以建筑为中心，并通常位于最高处；花坛、雕像、泉池集于中轴线上；水景以静水为主，体现辽阔、平静、深远的气势。

植物配置多选用阔叶乔木，以丛植为主，模纹花坛多使用花卉营造。同时也运用自然式植物种植手法，形成规则与自然的对比。

设计愿景：

温馨、浪漫，实现每个人心中对"家"的美好愿景，一个完美的归家生活方式。

设计理念：

浪漫花园——设计灵感来源于印象派画家莫奈的作品，印象派注重于光影的改变，主要追求光色变化的色彩效果，在项目中通过景观的手法将印象派光色变化的特点展现出来。打造一个充满浪漫、温馨的景观空间。

景观总体规划原则：古典与现代的完美结合——"拥有一切"是每个人的梦想，景观设计为居住最大限度地提供实现健康身体和快乐的心情。

项目自我评价：

有时候，真正好的社区是一种健康的生活方式，与孩子的美好在一起，与有趣的邻居在一起，是有爱、有温度、有人情味的社区，中南世纪城望江就是这样的社区。

[G]

三亚复地鹿岛

设计单位：贝尔高林国际（香港）有限公司

委托单位：海南复地投资有限公司

主创姓名：许大绚

成员姓名：温颜洁

设计时间：2014年

建成时间：2019年

项目地点：海南三亚鹿回头

项目规模：7.8公顷

项目类别：地产景观（大区）

[A]

[B]

[E]

[F]

设计说明:

复地鹿岛位于海南省三亚市吉阳区鹿回头开发区,周边密布各种度假旅游资源,东侧为鹿回头高尔夫球场,南侧为鹿回头公园,依山傍水,自然条件得天独厚。

整体建筑布局空间呈"Z"形自由式分布,利用东西向景观表现出纵深感。在地块中央空地,设计师利用其地貌打造中央景观,在各个建筑群连接处设计适当的景观节点,同时,在地块周边利用软硬景将园内景色与院外景色融合,形成核心—次级—沿街—户前由里至外的景观结构层次。

贯穿于园区内部的镜面水景为行者带来一丝清凉,镜面间有白色铺装铺展出个性条纹,并与步道铺装上的条纹相互延续,独具艺术感的设计令人眼前一亮,也增加了行者在步道上漫步的趣味性。

坐落在园区中心的是两个叶形泳池,随着堆砌高差的不同,呈现出较大的层次感。池底呼应泳池轮廓,利用浅蓝色的铺装打造出叶子形状,与周围环绕的植株叶片相互配合,使泳池关于"叶"的主题得以升华。泳池边的会所空间承接了泳池休闲娱乐的功能,半封闭式的会所将休息的人们与屋外的炎热阻隔开来。

[A]　总平面图
[B]　项目场地鸟瞰实景图
[C]　泛会所空间实景图
[D]　小区内镜面水景实景图
[E]　儿童活动区实景图
[F]　儿童泳池泛会所效果图

[C]

[D]

项目自我评价:

项目意在打造为高端、洋溢人文都市活力的精品住宅,将城市空间和自然空间有机结合。针对项目地块存在的一些问题,设计师经过多次方案推演,从空间潜能、景观结构等方面确定了园区景观的构建。同时,从入口特性入手,根据不同人群的特征和周边环境进行本土化景观定位,既可以明确区分各种出入口,也赋予景观场所独特的性格。

项目经济技术指标:

项目类型:高端住宅;
景观设计风格:现代度假风格;
占地面积:7.8公顷;
景观面积:6.9公顷;
绿化率:41.80%。

中骏汇景城

设计单位：上海冉地景观设计有限公司

委托单位：中骏地产

主创姓名：彭礼琼

成员姓名：刘进秀、苏维、余思柔、卜泽皇、毛伟新

设计时间：2019年4月

建成时间：2019年8月

项目地点：徐州

项目规模：161137平方米

项目类别：地产景观（大区）

[A]

[B]

[A] 项目实景图
[B] 项目实景图
[C] 平面图
[D] 项目实景图
[E] 项目实景图

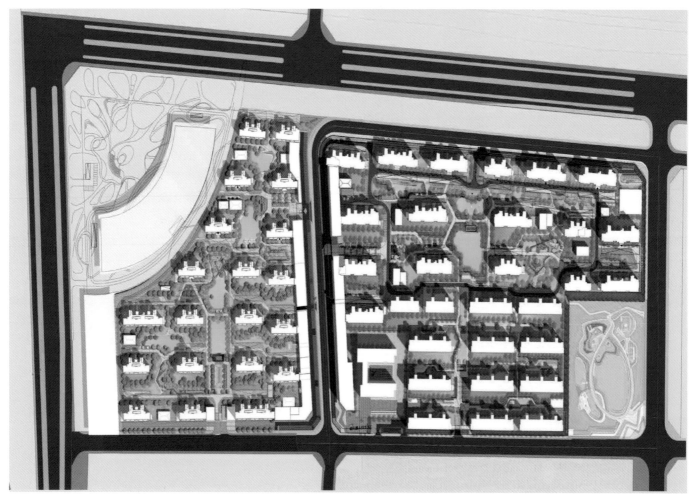

[C]

[D]

[E]

设计说明：

徐州，论古，五通汇流，楚风汉韵，南秀北雄；论今，国家"一带一路"重要节点城市，淮海经济区中心城市，长江三角洲区域中心城市。

在文化与区位上，徐州都是交汇之处，因此设计上借"汇聚"之意，诠释徐州丰富多彩的人居生活；"汇"徐州自然山水，"聚"传统历史文化与现代极简生活，实现古今交汇"汇景城"。

植根于传统文化的历史情韵，提取徐州传统的水袖文化（水袖是演员在舞台上表达人物感情时放大、延长的手法，也是汉文化继承与发展的一部分），故取其修长与多变的形态，以表达景观设计如水袖"行云流水"般的美感。借汉文化水袖之美感结合现代极简元素来表现古今意蕴相辅相成的韵律之美。

流连于徐州古景的精美绝伦，提取徐州古老记忆老景点刘备泉泉石形态，拾捡、拼合，还原出清晰的岁月。

沉浸于彭城诗词的馥郁芬芳，我们提取宋代杨万里咏紫薇花诗云："似痴如醉弱还佳，露压风欺分外斜，谁道花无百日红，紫薇长放半年花"中赞扬的徐州市花紫薇，提取简化，纹案运用于灯具、格栅及雕塑小品等。

以徐州"金美绝伦北雄南秀的调性"的古景元素点缀节点；以"馥郁芬芳，婉约、细腻、内秀"的花木精化细节，以水袖"内外兼修的表现力""行云流水"的美感贯穿全场，以现代的设计手法诠释古今交汇，打造汇景城丰富多彩的人居生活。

项目自我评价：

抛去一切设计技巧，从文化及地理位置上充分考虑设计元素，为全龄社群定制，回归生活本身，贴近徐州人生活，注重生活参与感，活力、自然、宜居，具有生活温度有归属感的社区。

项目经济技术指标：

总建筑面积：728960.06平方米；

景观设计面积：161137.00平方米；

容积率：3.20；

绿化率：30.00%。

仁寿·蓝光芙蓉天府

设计单位：四川蓝本数字建造科技有限公司
委托单位：蓝光集团四川区域公司
主创姓名：齐寄
成员姓名：李庆、谢伟、吴清梅、秦艺娟、张亮、张仁波、孟宪东、石高帆、李紫俊、陈晓燕
设计时间：2018年5月
建成时间：2019年5月
项目地点：四川省成都市仁寿县
项目规模：25561.2平方米
项目类别：地产景观（大区）

[A]　总平面图
[B]　二进空间-游园惊梦
[C]　五进空间-水木清华-下沉台阶
[D]　四进空间-芙蓉轩-别墅样板房

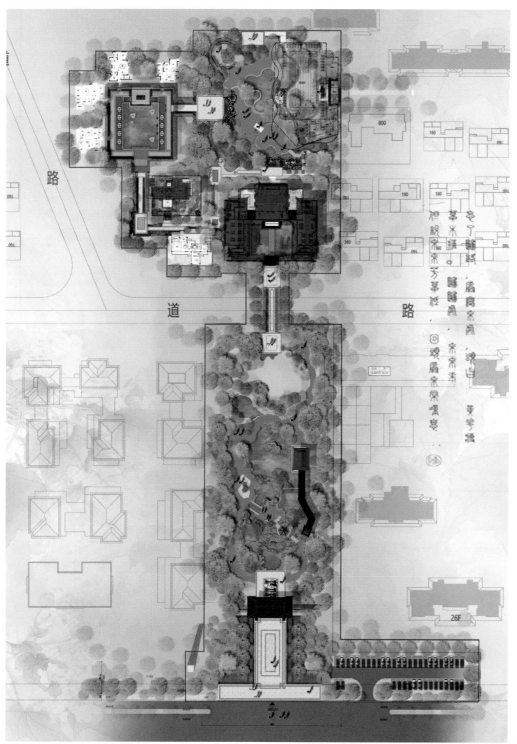

[A]

设计说明：

蓝光芙蓉天府坐落在美丽的天府新区核心地段——仁寿湿地公园旁，总占地500亩，示范区28000平方米。设计风格为传统中式，前场大门尊享奢华中式礼序，开门见山，而山后前场是9000平方米的永久中式花园，在这里很罕见地运用了双体验动线设计（一条观光步道，一条游览玩赏步道），两条动线互相穿插，步移景异，相辉相映。观光步道后退8米处是未来的商业内街。可以想象未来这里的生活场景，商业对面就是一个9000平方米的中式大花园，在这里吃饭、喝茶、聊天，这种场景的生活感受是多么美好。穿过竹林到达售楼处水院子。后场分为临时样板区域、实体别墅区域、下沉庭院会所区域。除了临时样板区域，20000平方米的中式花园都是永久的，都属于未来大区生活的一部分。所以在这里可以看出蓝光芙蓉系对于四川人民骨子里对极致生活追求的态度和对生活方式的诠释。秉承蓝光3.0产品的精神，更懂生活更懂你。

项目自我评价：

1. 全永久示范区，现今没有这么大体量的中式花园可以为川西民居的生活方式订上时代烙印了。

2. 从项目的销售量、访问量来看，当地居民认可度非常的高，是当地的网红标杆，通过项目的设计让这个片区人们的生活方式得到真正的改变。

3. 项目的造价不高，运用有限的资源做出最匹配的效果，最人性化的考量。

项目经济技术指标：

总占地面积：27205平方米；

建筑基地面积：1644.5平方米；

景观面积25561.2平方米；

绿化面积：15466.3平方米；

水景：3109平方米。

[B]

[C] [D]

中央首府

设计单位：长春中木园林景观工程设计有限公司

委托单位：九台天成房地产开发有限公司

主创姓名：季世伟

成员姓名：韩雪松、刘晓楠、王瑞鹏、佟啟华、姚笛

设计时间：2016年

建成时间：2018年

项目地点：吉林省长春市九台区曙光大街

项目规模：40000平方米

项目类别：地产景观（大区）

[A] 区鸟瞰图
[B] 区鸟瞰图
[C] 区中心景亭
[D] 区中心水景
[E] 区宅间景观
[F] 区中心水景
[G] 区中心草坪景亭
[H] 区中心景观

[A]

[B] [C]

[D]

[E]

[F]

雕细琢，线脚简洁大气。整个园区的软景设置层次分明，步移景异，将法式的尊贵优雅融入每一个空间和细节，沿路的花卉乔木和景观小品，让到场来宾纷纷驻足拍照，无不赞叹这内外兼修的古典优雅、广袤旷远的空间延伸和细腻华丽的艺术品位。项目不仅有法式风情的精致雕塑，还有充满童趣的可爱雕像，使得整个住宅区平添了一股童话般可爱灵动的色彩。舒缓的草阶，别致的花坛，这些设计落到细处丰富有趣，植被修建形象丰富，美妙中不失优雅有序，舒朗的草坪点缀着趣味的艺术小品，虚实之间丰富着竖向空间的层次，渲染着艺术氛围。

项目自我评价：

设计师调和建筑与场地关系，延续勒·诺特造园中开朗、华丽、宏伟、对称的组合元素，再现法式艺术的尊贵浪漫，力求打造简洁明快、轻奢典雅的人居环境。匠心营造每一处生活细节，无障碍呵护、灯光呵护、安全呵护、人性化呵护，所有的配备旨在为每一位业主打造一个安全的、人性的、舒适的生活家园。

项目经济技术指标：

景观面积约40000平方米。

[G]
[H]

设计说明：

繁忙生活中，很多人都在寻找与自然相和谐的家园。中央首府就是为业主打造了一种尊贵、典雅、浪漫的轻奢法式庄园生活。享受开窗即览绿意盎然的景观，于静谧之处，遍览繁华盛景；于自然之间，尽享优雅生活。中央首府的设计理念定位为法式宫廷御园、浪漫飘香的私家花园。营造"足不出户"便可置身于尊贵、雅典、浪漫的法兰西花园中，整个花园赋予尊贵典雅的仪式感，景观设计中遵循古典的比例与原则，打造的法式大水景。水系时动时静，时隐时现，整体空间融合自然与有机，洋溢法式尊贵气氛。整个水系基本贯穿全区，实现全方位的水景环境。法式雕塑、景亭充满了和谐，趣味与浪漫，细部精

厦门阳光城文澜府

设计单位：亿华尔设计顾问（厦门）有限公司

委托单位：阳光城集团厦门市晟集翔房地产开发有限公司

主创姓名：林峰、蔡龙煦

成员姓名：蔡江财、朱菁菁、张玭珊、殷荟

设计时间：2018年

建成时间：2019年5月

项目地点：福建省厦门市集美区景湖北路风景湖东侧

项目类别：地产景观（大区）

[A] 平面图
[B] 项目实景图
[C] 项目实景图
[D] 项目实景图
[E] 项目实景图
[F] 项目实景图

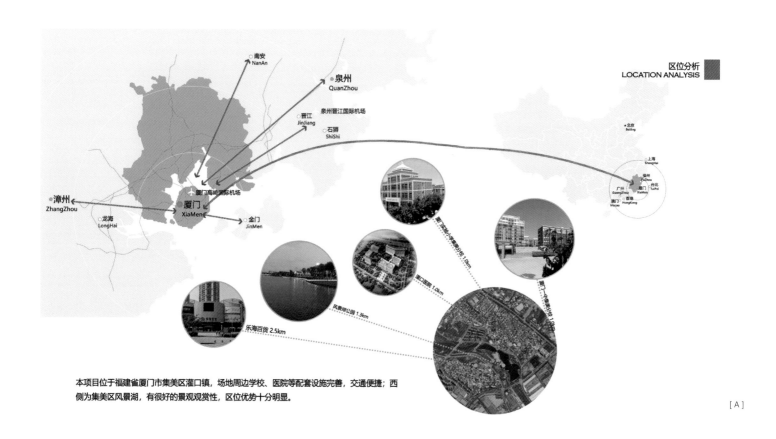

区位分析
LOCATION ANALYSIS

本项目位于福建省厦门市集美区灌口镇，场地周边学校、医院等配套设施完善，交通便捷；西侧为集美区风景湖，有很好的景观观赏性，区位优势十分明显。

[A]

[B]　[C]

设计说明：

阳光城·文澜府在景观设计上延续了建筑的风格色调，以新亚洲景观风格为主导，中式意韵为辅，呈现干净简洁的铺装界面及丰富的空间形态，从整体的动线上来说这是一个情绪与体验递进的过程。

项目分为东西两个地块，空间布局较为方正，为了削弱建筑的压迫感，提升视觉上的景观生动性，从枯燥的线性布局中跳出来，创造精彩的趣味空间，设计以自由流畅而具有律动的折线语言描绘勾勒，且丰富细化设计形态，希望传达场景的温度和生活气质。在材料的选择组织上，体现纯净、深厚、简练且克制的态度和情怀。设计师希望让空间流动起来，这些流动的空间吸纳来自白天的光线，在夜晚的水边，空间如蓝色琥珀般晶莹绽放。空间如流动的音乐随着光线变幻，空间转换，每一步转换都换来不同的音符，每个人心中不同的全景。

项目自我评价：

作为阳光城集团主打的精品项目，从开发商、建筑、景观、室内设计，都力求精益求精。亿华尔在设计上以简约现代风格中融入艺术的手法，通过对线性空间的突破，增加空间趣味感与灵动性，结合更多自然界的元素，将精品住宅景观重新定义与诠释。

[D]

[E]

[F]

中山市坦洲逸骏半岛景观设计

设计单位：中山市逸骏置业发展有限公司、中山市卓艺景观园林有限公司

委托单位：中山市逸骏置业发展有限公司

主创姓名：何丽君、黄锦明

成员姓名：翟欣怡、罗莹华、邓志成、吴代森、王梦莹、林翁虹、黄醒英

设计时间：2017年6月

建成时间：2019年12月

项目地点：中山市坦洲镇

项目规模：76000平方米

项目类别：地产景观（大区）

[A] 平面图
[B] 项目实景图
[C] 项目实景图
[D] 项目实景图
[E] 项目实景图

总平面图 GENERAL LAYOUT

① 山光水景
② 禅意花境
③ 禅思广场
④ 缤纷落英
⑤ 曲水流觞
⑥ 入口广场
⑦ 望云苑
⑧ 峰璟苑
⑨ 网球场
⑩ 入口水景
⑪ 漫步径
⑫ 阳光草地
⑬ 游乐小广场
⑭ 揽月苑
⑮ 观澜苑
⑯ 景观泳池及戏水池
⑰ 商业街
⑱ 小学
⑲ 公交车停车处

0 20 60m

3

[A]

设计说明：

逸骏半岛位于中山市坦洲镇，项目占地76000平方米，是当地大型的综合居住区。景观方案及施工图设计以"禅依苑中，乐林悦享"的设计理念，打造出禅意的居住美学，营造大型综合的新中式居住小区，是坦洲具有影响力的小区之一。景观设计通过重新解读规划空间，大胆打破与重塑，将原本刻板的小区外环境空间序列重新锻造，形成一轴，从单一的带状景观完善为丰富多样的主次轴空间交错形式。通过改造，整个小区形成节点节奏起伏，空间功能丰富的户外环境，成为真正满足业主需求的景观布局。

设计上，将"禅悟"的三大境界——"参禅之初""禅有悟时""禅中彻悟"作为主轴三大核心景点的主题，让人生的感受与自然之境完美融合，穿行小区，彷如漫步人生路，让人心境澄明。配合"禅依苑中"的格调，绿化软景、软装上重点打造，植物与场景彷如在对话与共融，进一步强化"禅"感。通过植物的形态相互呼应，同时考虑四季的变化，达到景与时光共生的概念，最终打造一处心灵的"净土"，真正家的港湾。

项目自我评价：

设计不甘受制于原有的规划，在满足规划需求的同时，重新塑造空间形象，将刻板的建筑布局形成新的效果。同时与"禅悟"的三大境界结合，形成独有的景观。现实项目中，景观设计师几乎都需要面对各种条件的制约，如何在客观条件内，合理并最大限度地加入景观设计的调性，这个项目总结出一个写实的心路历程——"空间重构"。

项目经济技术指标：

项目总用地面积：158996.6平方米，总建筑面积592807.7平方米。绿地率35%。

[B]

[C]

[D]

[E]

中科信静秀园景观设计

设计单位：青岛厚德环境设计有限公司

委托单位：青岛中科信置业有限公司

主创姓名：安晓华

成员姓名：栾玉龙、李珊珊、高妮、李康康、马亚妮、李嘉欣、荣娟

设计时间：2016年12月

建成时间：2018年10月

项目地点：青岛市高新区

项目规模：41000平方米

项目类别：地产景观（大区）

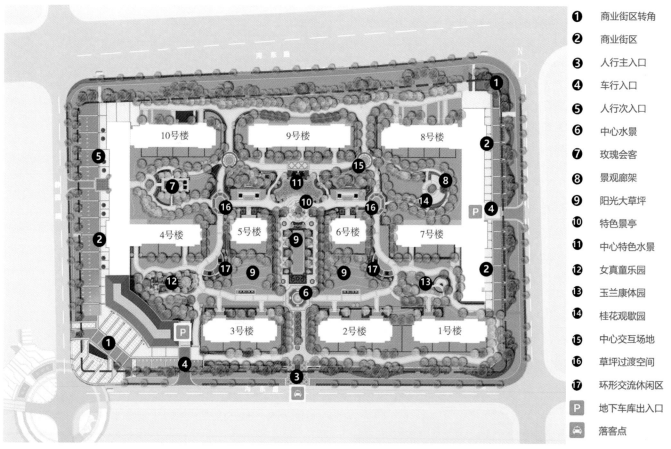

1　商业街区转角
2　商业街区
3　人行主入口
4　车行入口
5　人行次入口
6　中心水景
7　玫瑰会客
8　景观廊架
9　阳光大草坪
10　特色景亭
11　中心特色水景
12　女真童乐园
13　玉兰康体园
14　桂花观歇园
15　中心交互场地
16　草坪过渡空间
17　环形交流休闲区
P　地下车库出入口
🚕　落客点

设计说明：

"一毫米"见真章·匠心礼赞——中科信·静秀园。静，不受外在滋扰而坚守初生本色、秉持初心。分布五色，疏密有章，则虽绚烂之极，而无洴澼不鲜，是曰静。中科信·静秀园位于高新区智力岛板块。智力岛板块是未来新区核心区域，北接河东路，城北精英白领聚集于此，是城北主场。设计团队以中轴规整，宅间舒缓的法式构图、致敬美学的生活哲学，赋予项目新的定义——"静秀园"。

园区采用"古典韵味的形态，融入归心禅境的景观"新式理念，大区空间的景观展示通过"礼""悦""雅""融"四个部分的景观空间，层层递进，引导人与空间互动，运用古典造园意境中的"静"文化体验，营造有设计感、情景感和归属感的空间氛围。礼——序列迎宾礼学。

从入口至水法中庭至林荫亭廊，古典的轴线关系强化规整对称式美感，一品水法，一方静水，一座亭廊，此时此刻，此情此景，惬意悠然。秉承初心的匠心精神悦——一见钟情，再见倾心，豁然开朗的"静"水湖岸，采用马赛克拼出层层水纹，从选材到拼贴方式，材质纹理到细节的苛求，终得完美呈现。雅——归心禅境，松影山石。融——公共会客厅提供了互动交谈的休憩空间，营造洽谈、会客、小憩等理想居住区的公共空间交流模式。以"静"之名，揽芳亭中会

友小聚，品茗畅聊，给孩子们一片存放秘密的迷宫小世界，摒弃生活压力，打造恬静、休闲之所，分布五色，疏密有章。各园区特选植物主题，绚烂之极。一毫米的执着，秉持初心，匠心执着。

项目自我评价：

从方案到施工过程中，通过入口大门的仪式感，到中轴设计的尊贵感，以及到达中心水景所营造出的画面感，将整体大空间关系干净利落地展现出来，通过小型空间的设计，展现出对空间的充分理解，以及赋予它的舒适性、功能性与趣味性。将大尺度感的中轴设计与小尺度感的空间设计有机地结合在一起，充分体现出设计的美感。

项目经济技术指标：

总用地面积：43937.9平方米，总建筑面积：115206.08平方米，住宅：82799.36平方米，商业：4411.71平方米，物业：580.21平方米，公厕及门卫：84.52平方米，地下建筑面积：27330.28平方米，首层建筑面积：9117.48平方米，容积率：2.0，绿地率：30.0%，建筑密度：20.8%，总户数：593户，大于144平方米217户，小于144平方米户数376户，机动车停车位规划要求：217×1.5+376×0.8+5076.44/100=677.1平方米。机动车停车位680个，地上停车位120个，地下停车位560个。

重庆·蓝光芙蓉公馆

设计单位：四川蓝本数字建造科技有限公司

委托单位：蓝光发展重庆区域

主创姓名：张婷婷

成员姓名：曾妮骊、曾晓玲、田凤、孙伟、李沅忆

设计时间：2019年1月

建成时间：2019年5月

项目地点：重庆市

项目类别：地产景观（大区）

[A]　总平面图
[B]　一进空间-仪门万千-大门
[C]　二游-微观之境-锦绣园
[D]　三坐-登台入世-承平阁
[E]　四观-渐入佳境-枯山水
[F]　五感-诗情画意-状元阁
[G]　松风鹤骨
[H]　石灯笼摆件

[A]

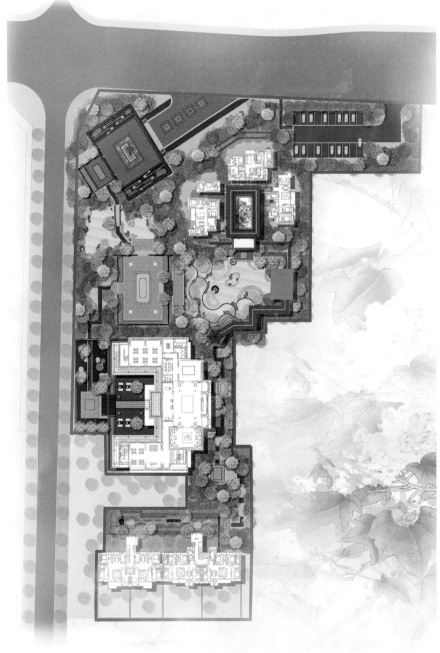

[B]

[C]

[D]

[E]

[F]

[G] [H]

设计说明：

"古典、真隐、艺术、文化"……蓝光·芙蓉公馆以不凡的气质亮相在世人面前。项目崇尚古典园林天人合一、自然和求真，一景一物的置入加工，皆为自然的回归和延续。承载在精致的现代工艺上，结合自然元素，传递质朴的东方静泊之美。移步院内，铺装、古树、绿叶、繁花……风雅生活的画卷渐次铺陈开来。

一进·仪门万千

贵气临门：门，是院落礼序的象征。镂空回文栅格门将内景霁山园框于其中，起框景之意；内景又羞于显露，若隐若现，又为漏景之意。

二游·微观之境

锦绣前程：穿门入园，行数十步，豁然开朗，淡雅拱桥横于枯山水之上。白沙绿岛石为山，苍翠劲松子然立，是对中国古典园林"一池三山"造园模式的继承和沿用。

园子的尽头是三进门——锦绣园，锦绣山河，前程似锦之意。锦绣园门内是静谧合院，视线所及对景处是芙蓉绢画景墙。东处有一亭，上有匾额"流云苑"，踏台而观，缥缈云雾穿风引露，仿佛步入画卷。

三坐·登台入世

荷塘月色：庭院四角置四个芙蓉锦鲤水钵，水中莲花，更是文人墨客追逐咏叹之物，"出淤泥而不染，濯清涟而不妖"，寓意清雅、高洁。整个搭配完美契合中式景观中连年有余，招财纳福，趋吉避凶的美好寓意。

莲升三级：由中式拱桥步入府邸，脚下的莲花福纹呈一序列，一步一生莲，有莲升三级，前程似锦之意。

四观·渐入佳境

花好月圆：中式六角亭——弄月亭，"拈花弄月须乘少，问水寻山莫待迟"。此处是观赏景色的绝佳之处，置于园中，为点睛之笔，看与被看的手法运用得恰到好处。通过爬山廊与戏台相连，戏台上名为"花间乐集"。花间集乃文人贵族为歌台舞榭享乐生活需要而写的词作，置于其中，古琴、白墙黑瓦、松竹石鹤，枯山水之境——被戏台栅格包裹，形成一道仙风道骨的框景。

五感·诗情画意

四水归堂：通过"状元堂"进入一合院内，被誉为"画状元"的清朝著名画家唐岱的《瀑布慕秋图》画卷以现代技法在回廊中庭呈现，与回廊"四水归堂"之意境营造一方内庭天地，穿廊入院，造一处避世之地。

项目自我评价：

在造园手法上，将中式造园中的技法精妙地融合展现，巧妙利用自然地形，师法自然，达到"虽由人作，宛若天开"的自然效果，而整个园区里无水胜有水的枯山水营造，也是整个项目的亮点之一，更是中式意境中"见山非山，见水非水"的真实写照，在世界淡水资源极度匮乏的当下，禅意静思的主题意味更加悠长。

项目经济技术指标：

项目名称：重庆·蓝光芙蓉公馆；
项目地点：重庆市渝北区；
开发商：蓝光发展；
建成年份：2019年；
风格：中式；
景观设计面积：12000.00平方米。

兆信·铂悦湾

设计单位：成都澳博景观设计有限公司
委托单位：兆信集团
主创姓名：何美霖
成员姓名：罗小波、冯玉林、吴夏汀、张瑜玲
设计时间：2018年
建成时间：2019年
项目地点：广西北海市
项目规模：61956平方米
项目类别：地产景观（大区）

兆信·铂悦湾

设计单位：成都澳博景观设计有限公司
委托单位：兆信集团
主创姓名：何美霖
成员姓名：罗小波、冯玉林、吴夏汀、张瑜玲

设计说明：

以植物与水系为脉络，重新梳理景观空间与建筑、室内的关系，让观者在社区中处处感受到被自然温养的舒适状态，实现建筑与景观的和谐连接，打造出"逆向世界，幻境空间"的度假滨海世界。不断寻找海景元素与场地的契合点，期望实现滨海而居，观海生趣的意境。

项目自我评价：

有效处理建筑的硬朗与水景柔软的关系，城市与自然的关系，不同肌理和尺度的对比，在景观设计上有所突破，满足功能的同时，更新颖前卫、更具艺术美学，让场地与自然环境相因相生。

[A] 项目实景图
[B] 项目实景图
[C] 项目实景图
[D] 项目实景图
[E] 项目实景图

[B]

[C] [D]

[E]

南京世茂璀璨睿湾

设计单位：上海栖地景观规划设计有限公司
委托单位：南京世茂房地产开发有限公司
主创姓名：郭俊、聂柯
成员姓名：纪俊燕、王宁、罗莹、郑爱钻、梁安琪、王龙
　　　　　专、王文宇、仲亚鑫、严新伟、于春歌、张珍珍
设计时间：2019年5月
建成时间：2019年7月
项目地点：江苏省南京市
项目规模：34082平方米
项目类别：地产景观（大区）

[A] 项目实景图
[B] 项目实景图
[C] 项目实景图
[D] 项目实景图
[E] 水景夜景

[A]

[B]

[C]

[D]

[E]

设计说明：

世茂南京璀璨睿湾位于城南西善桥片区，预判客户主要来自河西南和软件谷的安家落户、城区改善客户，属于典型的品质类刚需、改善性客户，潜在客户以中青年为主。整个项目包括居住用地、商业用地、幼托用地，配套齐全。场地内有两个较为开阔的中庭空间，社区进行人车分流，人行出入口与车行出入口距离较远。园区消防登高面较多，分散排布。初始采光通风井的位置与各个节点冲突较大，影响较重。调整后采光通风井位置与景观节点结合，对景观影响较小。根据项目分析，打造青中年客群向往的自然舒适—健康安全—童趣共享—生态艺术的现代景观。

项目是以中青年群体为目标客户的社区，年轻人对于生活的定义是自然、艺术、健康、社交，而分享生活、SHOW出生活是现代年轻人的生活态度。那么，怎样将年轻人的习惯和生活方式引入到场地中是我们思考的主要问题。在这次设计中，尝试将秀场引入到场景中，用SHOW台化的轴线将几个活动场地链接，让年轻人在场景场地中SHOW出自己的生活。

将时尚的文化引入社区，通过场景化的场地，打造SHOW生活。通过不同的艺术性主题空间，给居民提供丰富的生活体验，从而从室内走出室外，打造社区场景SHOW生活。

项目自我评价：

项目通过西柚"SEE YOU"跑道将社区的所有场地进行串联，复合型中心社区结合廊架，将空间细分到工作日和休息日，三个空间BOX：室外会客厅、四点半课堂、活力健身仓，两个大型空间交流景观；林下空间，阳光草坪满足不同人群的需求。其他小型活动场地如几何运动场BOX、波普乐园，则是从波普艺术和蒙特里安中获取灵感。

济南奥体金茂府（示范区）

设计单位：北京昂众同行建筑设计顾问有限责任公司
委托单位：中国金茂济南公司
主创姓名：杨柳、赵霞、徐刚
成员姓名：张乐、姚慧法、吴泽瑜、孟小艺、施京儒、
李孟颖、左雪、王鹏宇、闫梅杰、朱芳娇
设计时间：2018年5月
建成时间：2018年
项目地点：济南
项目规模：10000平方米
项目类别：地产景观（大区）

[A]

[A] 项目实景图
[B] 项目实景图
[C] 项目实景图
[D] 项目实景图
[E] 项目实景图

[B]

[C]

[D] [E]

设计说明：

项目以济南著名词人辛弃疾的传世经典作品《青玉案·元夕》作为主线展开设计，"东风夜放花千树。更吹落、星如雨。宝马雕车香满路。凤箫声动，玉壶光转，一夜鱼龙舞。蛾儿雪柳黄金缕。笑语盈盈暗香去。众里寻他千百度。蓦然回首，那人却在，灯火阑珊处。"辛弃疾的这首《青玉案·元夕》渲染出了元宵节绚丽多彩的热闹场景。东风还未催开百花，却先吹放了元夕之夜的火树银花，吹落了如雨的繁星，灯月交辉的场景如仙如幻。全词点睛在一个"寻"字，千百度的寻觅，终见自己内心的理想。整个示范区以售楼处为中心，景观分为前场与后场。前场从入口开始，共有三进院落，尽显大宅风范。

一进院落，主题为星雨观棠。设计师将传统府苑大门的元素，叠涩、门楣、匾额均通过现代的设计语言来表达，而门上的装饰来源于《元夕》中的"元"字。"元"字释义为"开始，开元"，运用"元"字提取变形成为景观符号，暗含奥体金茂府是金茂进驻济南的开山之作的深刻内涵。

二进院落，主题为余音绕廊。廊架的设计，巧妙地将中国传统风格揉进现代时尚元素，既保留了传统文化的精髓，又体现了时代特色。

三进院落，主题为双泉映月。庄重大气的中轴水景，两侧对称式的景观水池层层叠落，景墙上的鱼鳞纹铜板，夜晚会发出星星点点的灯光。灯光倒映在水面，微风徐来，如星火摇曳，清澈透亮的水面能倒映出月亮的模样，如此意境，不禁让人联想到《元夕》中的那句"玉壶光转"。

项目自我评价：

在设计中如何延续府系产品一脉相承的精神，将济南优秀的历史文化与人文精神渗透到设计中，传承济南特色文化、展现济南奥体金茂府独有的时代性格，以中国传统园林的设计手法为基础，并结合现代景观的设计手法，营造非凡的景观空间体验成为项目设计的核心思考。

项目经济技术指标：

一期示范区（占地面积：12656平方米，景观面积：11106平方米）；
二期示范区（占地面积：1600平方米）。

武汉阳逻万达广场·御江

设计单位：广州弥芥间景观设计有限公司

委托单位：武汉新洲万达地产开发有限公司

主创姓名：汪乐勤

成员姓名：贺鹏、陈广锋、冯奇健

设计时间：2018年

建成时间：2019年

项目地点：湖北武汉市新洲区

项目规模：7527平方米

项目类别：地产景观（大区）

[A] 总平面图
[B] 入口广场鸟瞰图
[C] 实景图
[D] 实景图

总平面图 General layout

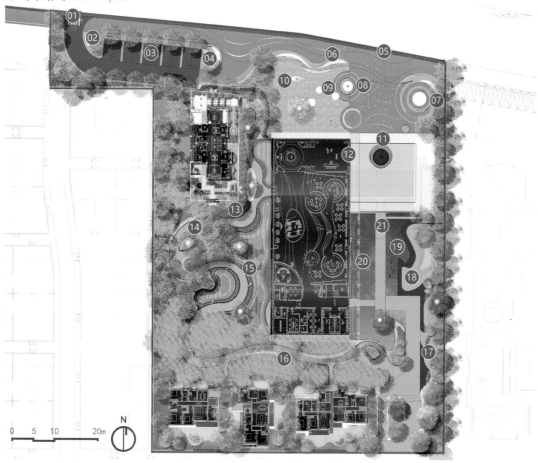

图例 Legend

01. 停车场入口
02. 停车场标识
03. 停车位
04. 精神堡垒
05. 展示区入口
06. 特色景墙
07. 滴水不屦
08. 互动涌泉
09. 水上汀步
10. 千帆竞渡
11. 枫桥夜泊 (水幕帘)
12. 售楼中心入口
13. 竹荫疏影
14. 休闲空间
15. 闲云野鹤
16. 竹荫夹道
17. 层级绿化
18. 怡然自得
19. 群鱼戏水
20. 镜面水景
21. 拱桥

0 5 10   20m

N

[A]

[B] [C]

[D]

设计说明：

以新时代的设计风格与思维表达，赋予场地全新的内涵与意境。

结合武汉"江城"的地理区位以及本地文化，诠释着一种全新的生活美学。通过曲线的元素讲述了一个关于现代活力城市的故事，将其运用于整个示范区，向人们展示了未来美好的城市生活。

前场区域：打造新的入口方式、全新的外围界面以水为媒，诠释自然与都会交融的美域，开敞式的入口空间，以水面为镜，通过拉长体验动线及局部地形抬升，不仅丰富了入口空间，同时也更好地烘托了建筑效果。开敞空间灵活性大，在空间上是具有收纳性和开放性的，外向型的入口，加强了从外向内的景观视线，竖向线型的铺装设计使空间具有强烈的延伸感及引导性。以水为魂，通过空间转折演绎艺术与功能的结合；一池静水倒映着无垠的天空，围合的建筑，水中的倒影，虚实结合，相互联系，生生不息，无限延伸，透过平静的水面，能够看得清楚水中人、植物、建筑的每一种姿态，让人们共同追寻都市的灵魂。

中场区域：以线串点的手法来丰富其体验动线，赋予每个节点不同的主题思路，每一个转角都是惊喜。流畅的线条灯带以及层级树池加一喷雾装置营造了一种时光梦境，仿佛置身于浪漫的烟雨江南。整洁有序的竹林也隔挡了样板间的外立面以及轰鸣的车辆噪声和飞扬的尘土。

后场区域：未来大区的主入口，永久性的示范区，考虑后期与大区的衔接关系。运用现代的设计手法，丰富场地竖向上的变化，架起一座连接幸福生活的桥梁。

项目自我评价：

整个项目设计周期短，后场未来大区的入口衔接关系与临时展示区动线恰到好处地结合；景观设计的语言与建筑室内的语言和而不同、交相呼应；体验动线上以线串点、分不同的体验主题，营造更美的山水禅境；时间可控、材料选择、后期施工跟进，我们都做到了高效沟通与品质把控。

项目经济技术指标：

分区	绿化（平方米）	木平台（平方米）	铺装（平方米）	水体（平方米）	总面积（平方米）
广场区	278.5	0	825.5	336	1440
体验区	2898.7	0	1690	686.3	5282
停车场	295.8	0	509.2	0	805
合计	3473	7	3024.7	1022.3	7527

金地·阅千峯项目示范区

设计单位：北京园点景观设计有限公司

委托单位：金地集团

主创姓名：李健宏、李华雯

成员姓名：周子钰、张文强、王开源、赵锦华

设计时间：2017年5月

建成时间：2019年8月

项目地点：天津市南开区双峰道

项目规模：5800平方米

项目类别：地产景观（示范区）

[A]

[A] 水之交响乐花园实景图
[B] 总平面图
[C] 前场流光镜厅实景图
[D] 艺术水庭水雕塑艺术之庭窗景实景图

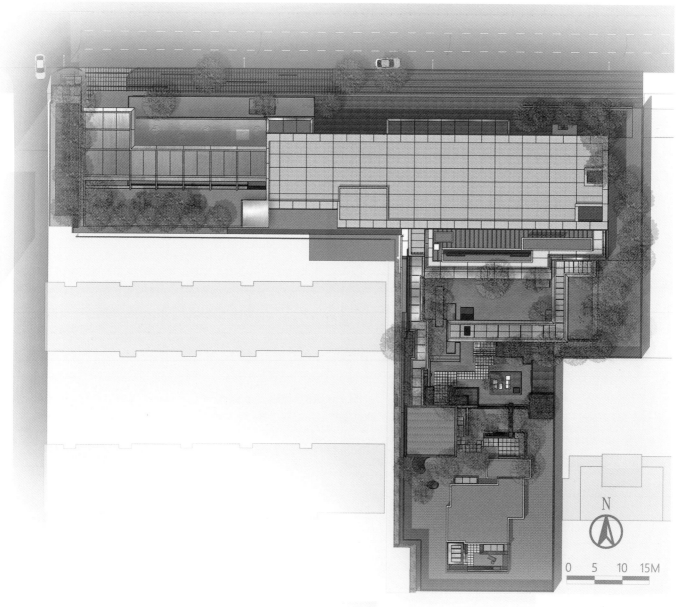

N

0 5 10 15M

[B]

设计说明：

金地·阅千峯项目地处天津市南开区中心，地处老城区，项目周边环境嘈杂。项目北临双峰道，占地5800平方米。

项目是金地峯汇系产品景观的初始之作，产品着力营造纯净而又富于艺术感的高品质城市生活情景。以"海河之水"作为设计的灵感来源，以"凝固与流动的水"作为设计元素贯穿整个庭园，形成一系列富于艺术气息的场景。项目设计时引入了微气候测算系统，通过对风、光、湿度的测算，指导设计布局。种植设计、高程设计、休息节点的位置布置均是通过数据分析得出——在需要遮阴的地方种植大树，在需要通风的地方设置窗口。遵循科学布局的同时，也通过一些景观装置——雾窗、通风窗等，达到调节局部空间温度和湿度的作用。

在景观规划中，以售楼处建筑为中心将园区分为"流光镜厅""艺术水庭"与"秘境花园"三个区域。前场的"流光镜厅"面向城市街道，以壮阔的水庭、光墙形成临街的展示形象。后场"艺术水庭"以一条风雨走廊为核心，形成流动的空间序列，勾画出水庭、沉院、竹廊等一系列形成富于个性的"园中之园"，给人带来丰富的庭院生活感受。围绕样板间打造的"秘境花园"，以绿色幽静的精致环境展示真实园区景观形态。其中特意设计了一座"四季花厅"，让人们可以体验在未来真实园林中的"四季生活"情景。

[C]

[D]

项目自我评价：

在"大水面、孤植树式性冷淡展示区"流行的当下，设计本着切实改善环境的想法，逆流行营造纯美高绿量的展示庭园，并尝试了多种新型材料和技术，如发光墙、3D热熔玻璃及幕墙动态投影等。值得自豪的是，项目建成后，项目外市政路周边气温高达36℃，而展示区庭园内仅30℃，通过景观设计，确实达到了调控微气候的效果。

项目经济技术指标：

硬质景观			
区域	数量（平方米）	单价（元）	小计（元）
前场	1213	100	2366400
后场	1586	100	4039700
种植统计			
区域	数量（平方米）	单价（元）	小计（元）
前场	1213	300	363900
后场	1586	600	951600
		种植景观总计	1315500
照明水电及其他杂项			
数量（个）	单价（元）	小计（元）	
5000	100	500000	
		园区整体景观造价（元）	1815500

中南南宁紫云集

设计单位：上海澜道环境设计咨询有限公司
委托单位：中南置地南宁区域公司
主创姓名：孙瀚
成员姓名：卫晨光、吴凡、国策、方良、杨涛、戴庆华
设计时间：2018年10月
建成时间：2019年3月
项目地点：广西南宁市良庆区凤凰路182号
项目类别：地产景观（示范区）

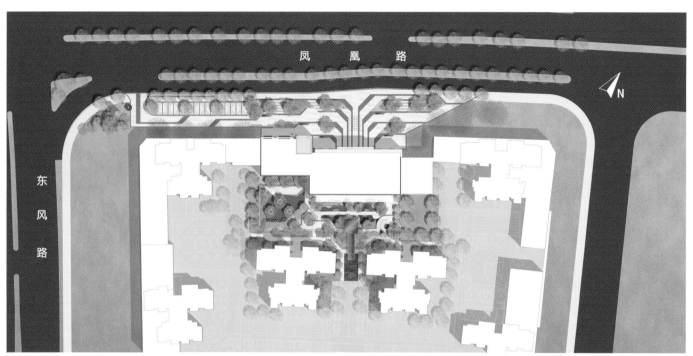

[A]

[B]

设计说明：

文化森林，是精神世界与现实世界的结合，是生活的本质，是人们对美好生活的期许。大众对文化、艺术的不断探索，如同树木不停地生长繁衍，最终生长为一片茂盛且多样的森林。这是一个融入自然的生活环境，它将空气、树木、水、土等都融入设计，使人们感受自然的浑然一体，用心去倾听。

设计将森林的概念植入，种植高大的乔木，打破过大的硬质面，既有宽敞的活动空间，又有满眼的翠意盎然。抛开忧愁与羁绊走到街上，坐在树下，感受时间、季节、文化艺术给这片土地带来的改变，生活如同书本一样，不同的时间，不同的心境总能读出不同的感触。

云间栈桥的设计初衷是解决未来大区与展示区之间巨大的高差，空间推敲时发现空间带给我们的感受就如同书本一般，站在栈桥之上我们看到的是漂浮的云朵与广阔澄澈的天空，感受到的是读书解惑时的开朗与豁达；栈桥之下我们看到的是绿意盎然的私密花园，感受到的是书中细腻文字带来的温柔与舒适。听虫鸣鸟叫，待繁花盛开，环境与建筑结合，文化与生活融合，我们身处其中，静谧而愉悦。

[E]

[F]

[A] 总平面图
[B] 项目实景图
[C] 项目实景图
[D] 项目实景图
[E] 项目实景图
[F] 项目实景图

[C]

项目自我评价：

我们表达所谓的"尊重"也并非任由其自然发展、蔓延，而是在现有的基础之上将景观进行升华，将它与我们未来生活息息相关的方方面面放大并表现出来。既是浑然天成的亚热带生活环境又是我们精神生活的现实写照；既是森林，又是精神文化的延续，因此我们确定了项目的定位及概念方向——文化森林，只属于紫云集的文化森林。

项目经济技术指标：

示范区建筑面积：1928平方米；
示范区景观面积：5350平方米。

[D]

佛山华发四季

设计单位：深圳市柏涛环境艺术设计有限公司

委托单位：华发置地

主创姓名：柏涛景观

设计时间：2018年

建成时间：2018年

项目地点：广东佛山

项目规模：7703平方米

项目类别：地产景观（示范区）

[A]　佛山华发四季平面图
[B]　佛山华发四季实景
[C]　佛山华发四季实景
[D]　佛山华发四季实景

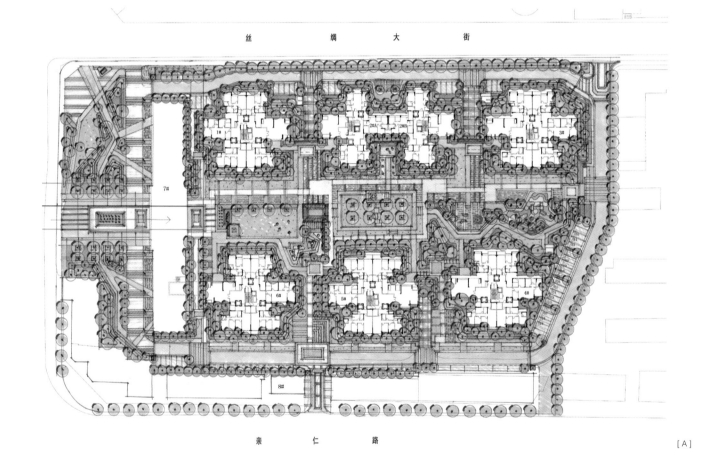

丝　绸　大　街

佛　山　大　道　北

亲　仁　路

[A]

[B]　[C]

[D]

设计说明：

项目位于岭南四大名园清晖园所在区域，毗邻佛山六中、燕山小学等优质教育资源，紧挨通信商贸、生平百货等便利商圈。

通过传统岭南建筑风格与现代城市景观的融合，重新定义了人与自然的关系，通过岭南风格的小品，体现了佛山的传统文化，同时融入线性等现代表现形式，体现未来城市居住的前卫性，达到景观与建筑的和谐统一，各个元素相呼应，创造出一个未来生活的艺术花园秀场。

不同于其他的地产项目，华发四季这组融合了岭南园林传统元素的景观项目，更希望能使人们在繁华的城市之央，感受传统园林的韵味。同时我们希望以传统的山水文化与现代化的社区进行碰撞，从而形成一种以文为脉、承古造今的新型社区。

项目自我评价：

市场上千篇一律、乏善可陈的地产项目，已经无法满足人们对品质居所的需求，我们深信每个城市乃至每个区域都有自己独特的底蕴和气质，唯有带着对景观设计的深刻领悟，才能呈现高品质的产品并获得市场和消费者的认可。

项目经济技术指标：

华发四季占地26908平方米，绿化用地面积9420平方米，项目设计力求新颖、美观、大方，实用性强，同时还要体现时代特征和人文关怀，成为地产景观设计的一个新亮点，故此：

1. 结合功能性要求，景观总体规划设计要营造回家氛围，充分利用自然条件和周边环境做好景观整体规划。

2. 回归大区设计，因为商业住宅最重要的目的是实现居住功能，所以最终要体现其居家的特色，并符合整体氛围。

3. 景观、道路等设计结合使之成为一体，特色鲜明。

4. 该项目已经实现容积率4.0，绿化带面积占总面积35%。

阳光城·檀悦府

设计单位：浙江青坤麦肯景观设计有限公司

委托单位：阳光城浙江区域公司

主创姓名：邱斌、陈阿瑞

成员姓名：孙俊杰、李瑞琪、和慧中、施红清、韦莹、魏丹娜

设计时间：2018年7月

建成时间：2019年5月

项目地点：宁波慈溪

项目规模：3800平方米

项目类别：地产景观（示范区）

［A］ 总平面图
［B］ 项目实景图
［C］ 项目实景图
［D］ 项目实景图

［A］

设计说明：

项目位于慈溪市，项目基地内部空旷平坦，地块西侧隔道路临近宝林禅寺；东侧临河道；南侧隔道路临近农场；北侧隔道路临近河道湿地。

示范区总面积4558平方米，景观用地面积3851平方米。景观成本800元/平方米。

项目整体气质简洁典雅，以带有指示性的景观园路，串联四个不同氛围的空间，给人带来丰富的观景体验与互动，一步步酝酿情绪，引导探寻隐藏在都市中的秘境。项目包含天光壁影、竹林清风、水流云在、芳草如茵四个部分，从而打造"起、承、转、合"的空间氛围的变化，突出步移景异的感官节奏变化，强化体验感。

在方案的呈现上，前场以对称门头作为起点，以一汪镜水面向内开启狭长的通道空间，接着，简洁的铺装将潺潺的跌水切割成三个不同的水景，中庭向外一侧不设围墙，形成一个向外打开的空间。这些景观在正对建筑入口的由镜水面与雕塑结合构成的景观对景处达到高潮，最终以一方鎏金鱼池结束前场景观空间。后场景观空间延续流线型的设计，大面积的绿茵草坪结合线性水景与圆形景观亭，打造一处静谧休憩空间作为整个示范区的收尾。整个示范区意图打造"静——动——静"的景观节奏变化以丰富观景体验。

项目自我评价：

在方案上，秉承着"Less Is More"的设计原则，通过简洁流畅的流线型设计结合建筑总体的布局规划来协调与自然景观的融合关系，最终打造出富有变化的趣味人居体验空间。

在选材上，项目多采用玻化砖、仿石PC砖、仿石涂料、铝板、不锈钢等新型绿色环保材料，最大限度地减少了天然石材等非环保型材料的应用。

[C]
[D]

[B]

城建北方涿州德信御府
展示区景观设计

设计单位：优地联合（北京）建筑景观设计咨询有限公司

委托单位：北京城建北方德远涿州房地产开发有限公司

主创姓名：由杨 、李泉松

成员姓名：李安丽、张华、张哲琦、崔敏、王宇琦、周任远、何磊

设计时间：2018年12月

建成时间：2019年7月

项目地点：河北省涿州市

项目规模：8794.79平方米

项目类别：地产景观（示范区）

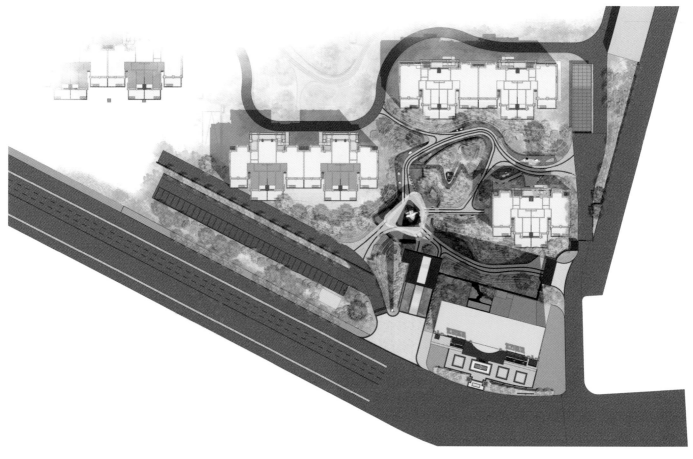

[A]

[B]　[C]

设计说明：

项目位于河北省涿州市中部东关社区，属涿州市老城区，探究老城文化，中国花灯史上素有"南有扬州，北有涿州"的赞誉；而"涿州影"也是中国皮影史上不可或缺的一笔。于花灯、皮影中浮现出"光影"的设计灵感，意图以现代设计方式演绎传统地方文化。空间则借助不同材料实现灯影、光影、倒影、趣影的连贯记忆点，升华为"花灯初上""浅影归人""清辉树影""半日浮光"四个形象节点，陪伴客户体验一段深刻难忘的光影之旅。

项目自我评价：

项目巧妙扭转了周边不利环境，基于老城文化探究场地精神，以精炼的景观语言讲述浪漫有趣的"光影"故事。设计上的创新之一是依托不同介质来捕捉光影之变换，或是应用新型材料如冲孔板、玻璃砖；或是借助自然元素如水上倒影；亦或是通过立体设计如中空廊架、金属格网。

项目经济技术指标：

景观设计总面积：8794.79平方米；
种植用地总面积：4177.08平方米；
道路广场等用地面积：4149.06平方米；
水体面积：468.65平方米；
绿化率：47.5%。

[A] 总平面图
[B] 入口日景
[C] 入口夜景
[D] 浅影廊日景
[E] 绿岛、浅影廊鸟瞰

[D]

[E]

美的合景·公园天下展示区景观设计

设计单位：优地联合（北京）建筑景观设计咨询有限公司

委托单位：合肥美富房地产发展公司

主创姓名：由杨

成员姓名：李安丽、李柯柯、王滕、张哲琦、周任远

设计时间：2017年12月

建成时间：2018年

项目地点：安徽省合肥市庐江县

项目规模：5500平方米

项目类别：地产景观（示范区）

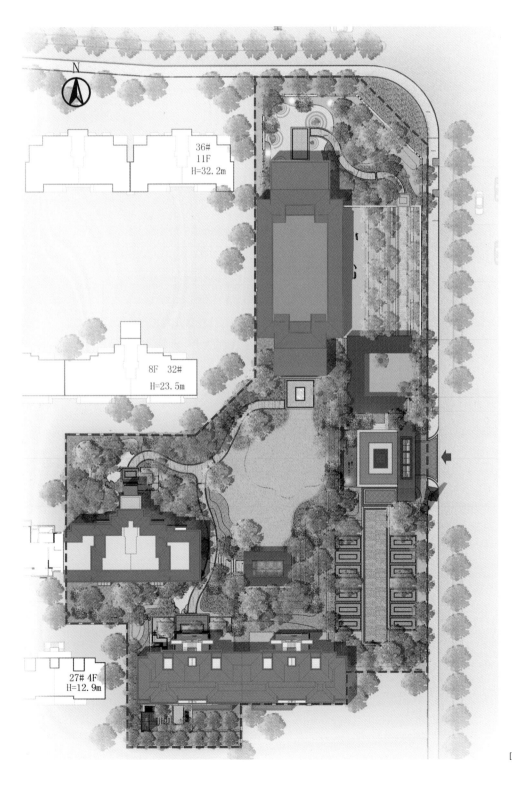

设计说明：

美的合景公园天下（示范区）以西式的匠人技巧工艺，东方气韵的品质细节，外部彰显礼仪尊贵，气韵雍容，内部钟灵毓秀，自然怡人。将府邸气韵、雅致轻灵、禅意静心、清幽怡人设计为四个空间景观特质，利用中式园林对景、框景等手法，结合幽香桂花、飘逸红枫、灿烂时令花卉打造花园式软景，吸取中式园林精髓，打造简约又不失中式韵味的主题园林。

设计从项目的场地条件如内部构筑物类型、功能、位置、风格特点、绿地性质、与市政道路的关系等出发，将看房节奏划分为前场迎宾及后场体验两部分，其中又将前场迎宾节奏细化分为三个节奏，分别从迎宾体验、气质传递、禅意感受三个方面，突出项目不同的三个品质，利用不同的空间场景和感受分散前场流线过长的不利影响，整体前场强调品质和仪式感。主要应用元素为特色的水景墙，很好利用光影变化的折转廊架，高差层叠的林荫树阵、雾气氤氲的禅意沙庭及如梦如幻的喷绘景墙等硬质元素。而对于后场景观来说，则从休闲和惬意出发，利用后场空间营造舒适的放松空间，主要以绿化为主，构筑为辅，前后场景观对比强烈，共同营造引人入胜的生活场景。

[A]

[A]　美的合景公园天下平面图
[B]　禅庭夜景
[C]　雅庭日景
[D]　廊架入口对景
[E]　窗景雅庭雕塑
[F]　廊架光影

项目自我评价：

设计利用场地的现状条件打造出不同以往的参观流线，化劣势为优势，打造出多重感受的不同空间，让客户在变化的空间中感受项目的品质。

项目经济技术指标：

景观设计总面积：5500平方米；

种植用地总面积：4169平方米；

道路广场等用地面积：1316平方米；

水体面积：15平方米；

绿化率：40％。

[B]

[C]　[D]

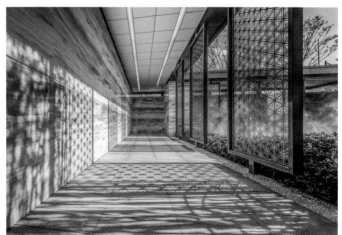

[E]　[F]

南京东原·盱眙朗阅

设计单位：深圳奥雅设计单位有限公司
委托单位：东原集团南京公司
主创姓名：李鑫
成员姓名：樊迪、刘道明、袁华东、毛家怡
设计时间：2018年6月
建成时间：2018年12月
项目地点：盱眙中学地块西侧淮河明珠路18号
项目类别：地产景观（示范区）

[A]

[B]　[C]

设计说明：

前区广场设计口袋公园，礼仪大堂强化中轴入口府门形象，典雅而不失雕琢的细节，精致内敛的泛光设计，品味尊贵的礼仪归家体验，体现了"阅"系品质美宅产品系的标识性。

大堂内部布局流线灵动；后场空间光影斑驳错落，空间虚实转合；样板间从"功能+"到"颜值+"都充满了生活的场景感。

童梦童享以东东马为主设备，通过盒子的堆叠、拆分、组合，创造了爬网、滑梯、瞭望台、竖向筒网等丰富空间，同时在儿童活动场景中融入轻教育元素，增加家长的黏性。童梦本身的多元性和趣味性在满足学龄前儿童的感知、体验、探索、锻炼需求的同时，保护儿童对知识的兴趣和想象力。

[A] 项目实景图
[B] 项目实景图
[C] 项目实景图
[D] 项目实景图

项目自我评价：

盱眙朗阅项目追求"出则繁华，入则自然"的公园人居，承载着都市人的居住梦想应运而生。

PARK——公园、蕴含景观、资源、生活、视野、标识

IN——隐寓意回归、归隐、文化、鉴赏、调性

整体理念打造自然人文的高端社区公园，让家住在公园里，让公园住进你心里。

项目经济技术指标：

项目位于盱眙县盱眙中学地块西侧，紧邻淮河明珠路，北侧为宁宿徐高速路，西邻湿地公园，南侧为现状小区。占地面积为80014平方米，容积率2.6，总建筑面积257924平方米。

[D]

天津世茂国风雅颂项目展示区

设计单位：天津市东林筑景景观规划设计有限公司

委托单位：天津世茂新领航置业有限公司

主创姓名：王东

成员姓名：韩毅、刘颖、白可、周培、李奇、王凌涛、
          刘朝、银强、孙宁

设计时间：2018年2月

建成时间：2018年7月

项目地点：天津市武清区龙凤河风景区滨河道

项目规模：5000平方米

项目类别：地产景观（示范区）

[A]

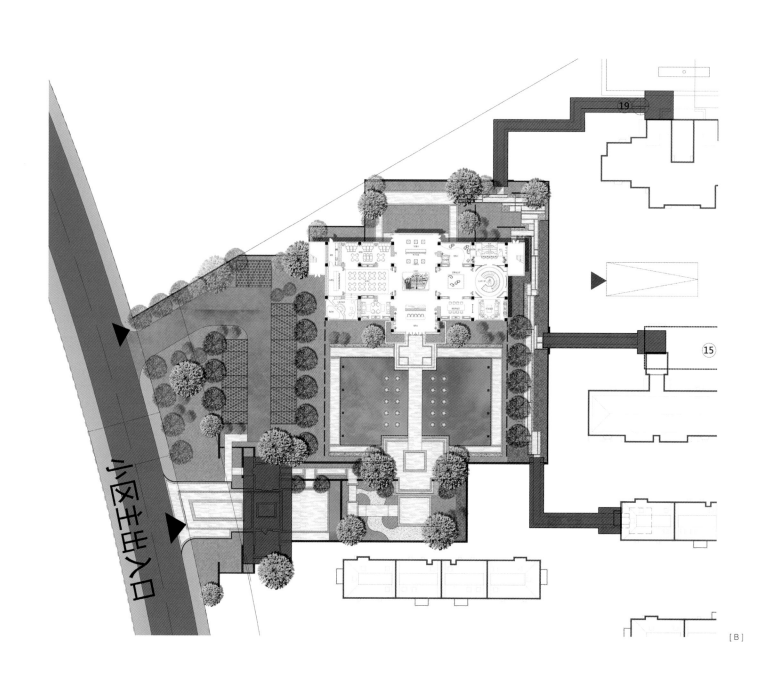

小区主入口

[B]

设计说明：

设计主题以诗情画意为载体，庭院深深为意境。

空山新雨后，天气晚来秋。
明月松间照，清泉石上流。
竹喧归浣女，莲动下渔舟。
随意春芳歇，王孙自可留。

唐代诗人王维的《山居秋暝》，全诗将空山雨后的秋凉，松间明月的光照，石上清泉的声音，融合在一起，给人一种丰富新鲜的感受。

景观概念《玖境》，风格采用现代中式的设计风格。将传统中式分析提炼，以中式手法为主，艺术文化为点缀，实现现代与传统的碰撞，打造区域独有的景观风格。空间上借鉴传统院落形式，多重院落形成层层递进的空间，形成"五园九境"的别致格局。

[A] 实景照片
[B] 总平面图
[C] 实景照片
[D] 实景照片

一境——月到风来：迎宾大门；
二境——群鹤朝月：宋徽宗《瑞鹤图》掐丝珐琅景泰蓝影壁墙；
三境——曲巷汇坊：曲径道路；
四境——流泉石涧：周臣《春泉小隐图》背景墙；
五境——桥影流虹：拱桥；
六境——新雨：售楼处前广场静水面；
七境——空山：钱选《山居图》主题景墙；
八境——春歇：文徵明《品茶图》售楼处后广场公共区域；
九境——小径竹喧：马守真《素竹幽兰》别墅区看房通道。

项目自我评价：

项目以"鹤"为主题，"景泰蓝工艺画"主题影壁墙为设计的最大亮点，设计灵感来源于宋徽宗的《瑞鹤图》，整个画面生机盎然，构成一幅精美的仙鹤告瑞的景象。将传统技艺与现代材料相融合，传统中式分析提炼，空间上借鉴传统院落形式，多重院落形成层层递进的空间，形成"五园九境"的别致格局。

项目经济技术指标：

景观面积：5000平方米。

[C]

[D]

中南樾府

设计单位：上海朗道景观规划设计有限公司

委托单位：中南置地西安区域公司

设计时间：2017年9月

建成时间：2017年12月

项目地点：西安市灞桥区东三环和世博大道交汇

项目规模：5100平方米

项目类别：地产景观（示范区）

［ A ］ 景观总平面图
［ B ］ 项目实景图
［ C ］ 项目实景图
［ D ］ 项目实景图
［ E ］ 项目实景图
［ F ］ 项目实景图

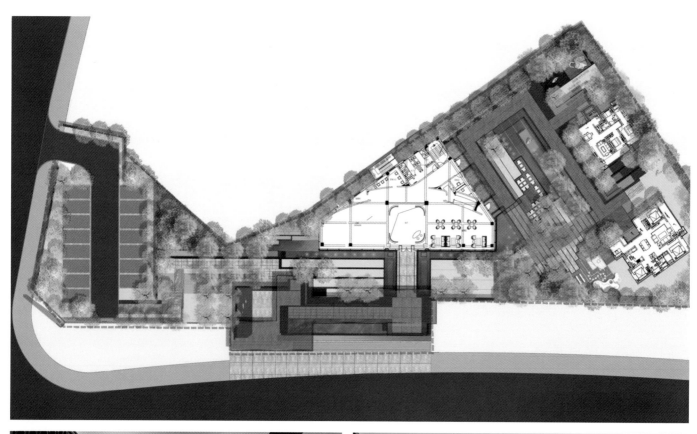

［A］

［B］　［C］

[D]

[E]

[F]

设计说明：

西安中南樾府位于灞河东岸，临近世园会，示范区面积约5100平方米，自然条件与城市区位条件十分优越，颇有"一迳抱幽山，居然城市间"的感觉。从市政主入口侧进入展示区，穿越树影林荫，进入展示区前场，可以看到主入口的展示界面与城市景墙界面徐徐展开，形成了舒展大气的轻奢住区展示界面。主入口色调厚重沉稳，以深灰与金色为主要基调体现西安的文化基底，石材与金属的质感搭配体现了项目轻奢的定位，给人都会新住宅的期待。

拾级而上，穿越迎宾廊架，进入售楼处主入口礼仪广场，景观水景与建筑一层对接，将建筑空间感进一步提升。进入大厅，以看到用西安市花石榴花作为元素设计的幕墙与隔栅，他们将一个大空间分隔围合，形成渐进的空间层次，用细节体现西安文化之"雅"。

项目自我评价：

西安中南樾府的展示空间不是很大，但却很丰富，道路的设计参考了古典园林设计中的幽深之感，穿越其中，总是有柳暗花明的惊喜感。风雨廊围合的空间可以看作一个开放的天井，"开"与"合"遥相呼应，水景作为核心景观很好地体现了中式园景的特点。可行、可坐、可观、可参与，精致而丰富，有积淀又不失轻松，在城市中有这一方静园，西安中南樾府的展示空间可谓是"隔断城西市语哗，幽栖绝似野人家"。

金鹏·壹品天成

设计单位：深圳市柏涛环境艺术设计有限公司

委托单位：安徽金鹏地产有限公司

主创姓名：柏涛景观

设计时间：2019年2月

建成时间：2019年6月

项目地点：安徽合肥

项目规模：6670平方米

项目类别：地产景观（示范区）

[A]

[B]

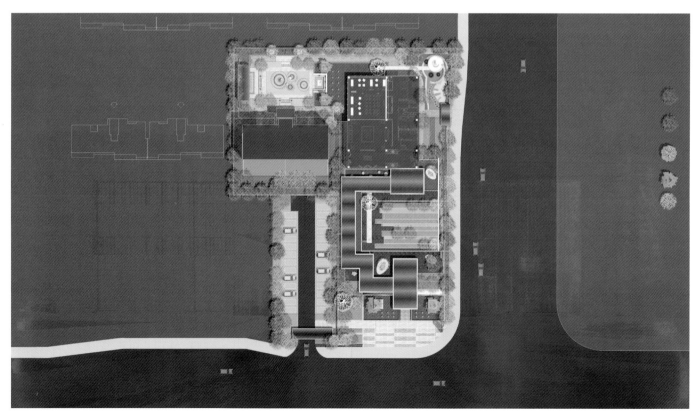

设计单位：深圳市柏涛环境艺术设计有限公司

委托单位：安徽金鹏地产有限公司

主创姓名：柏涛景观

[C]

[D]

[E]

[F]

设计说明：

项目位于安徽省合肥市的滨湖新区，是政府重点开发区域。地块南临贵阳路，东抵贵州路，北靠嘉陵江路，位置与省政府相隔，直接享受政府办公周边完善的配套设施，区域价值尤为明显。新区兼包并容、现代多元化的特性决定了项目景观可以大胆顺应时代潮流，求新、求变。但由于是新的开发区域，政府重点投入，周边楼盘林立，竞争压力大。项目如何在众多知名度都较高的楼盘中体现自我特色，在设计中找出差异化，体现项目的昭示性、创新性，才能从众多楼盘中脱颖而出，是设计的一大挑战。

整体项目以创新性和震撼力为目标，大胆展现场地的优越感，创造一场尊贵的精品之旅。因为场地条件限制，前场不能设置具有昭示性的精神堡垒，为了弥补这方面的不足，设计在入口的门楼上下足功夫，以一个造型上具有艺术特点的、视觉上具有震撼力的构筑，高大别致的空间又不失宜人的尺寸。开阔的前广场空间与震撼的门楼构筑形成本案独有的节点印象空间。

进入中庭是以流水为灵感的艺术造型，种植池与意境水面结合，让人感受空灵的潺潺的素雅之境。搭配回廊，将游园贯穿场地入口和售楼处路口，曲折有度地达到移步异景的空间体验。在种植上以本土品种为主，通过色彩对比、造型对比和质感对比搭配出极具意境的空间软景层次，如入口处的迎宾感、中庭的观赏性、后院的休闲化等，表达新潮现代和浓郁传统特色的融合。

项目自我评价：

项目力求新潮、震撼、大方、品质，同时结合合肥当地的水墨文化特色，体现时代特征和人文关怀，将现代的简约潮流和传统的文化相结合，赋予产品一个文化主题，使产品能更具内涵地存留于市场。

项目经济技术指标：

项目位于安徽合肥市的滨湖新区，地块南临贵阳路，东抵贵州路，北靠嘉陵江路。设计以"一池山水，皖如画境"为设计亮点，结合当地合肥徽派的风格特色，提取了徽派的水墨印象与宁静致远，但又不仅仅是它的黑白灰，而是提炼了徽派特有的淡雅傲立之格。滨湖新区作为加快现代化滨湖大城市建设的重要一环，既拥有天然的巢湖水资源，又承载着世界的新时代要求。

[A] 项目实景图
[B] 项目实景图
[C] 项目实景图
[D] 项目实景图
[E] 项目实景图
[F] 项目实景图

增城·峰尚九里

设计单位：深圳市柏涛环境艺术设计有限公司

委托单位：华友股份与华华润置地

主创姓名：柏涛景观

设计时间：2018年12月

建成时间：2019年8月

项目地点：广东广州

项目规模：50327平方米

项目类别：地产景观（示范区）

[A]

[B]

[C]

设计说明：

项目位于广东省广州市增城中新镇三迳工业园组团，处在增城西部仅有两个居住组团——福和组团和中部城镇发展区的中间位置。北面有河景、南面有居民区、西面有村落及山景、东面是S118，临近省道，生活方便，环境幽静有生活气息。

项目设计的出发点和落脚点是以城市的人文情怀和自然环境为基点展开来的，广州车水马龙，灯火璀璨，它的都市性、生态性、开放性给人以亲切感，项目位于三迳工业园，身处绿谷中，设计旨在打造一个有温度和活力的绿谷栖息居住地，柔和的轻风流动出愉悦的波纹，带着和谐斑斓的树叶来到一个茂盛的绿色峡谷中，归根栖息，落叶无声，水荡波澜，绿岛浮翠。

展示区位于项目大区东侧，展示区在外场场地有限的情况下采用曲径通幽的流线设计，使场地展示面精细化，场景多样化。入口处设停车位，下车可直达展示入口，入口处精神堡垒，扩大昭示性，场景以涌泉水景和穿孔折板为主，元素为自然树形，光影斑驳，植物种植加入本土特色，以岭南式园林植物风格为主，置身其中，仿佛身处大自然；同时为贯穿环保理念，流线道路中部保留原有树木；园区主入口展示面以叠级水景和造型树展示，加入阵列树阵，加强归家仪式感，简约大气，同时倡导环保理念。展示区一侧加入了儿童活动场所，丰富了场地的功能性，增加了场地的互动性。

项目自我评价：

项目设计以自然人文理念为主，旨在为居民打造一个自然生态且极具人文情怀的温馨居住场所，通过调整人居环境生态系统关系，使之成为具有自然生态和人居生态，物质文明和精神文明高度统一，可持续发展的理想城市居所，同时设计打破传统格局，以人为本，在注重设计的同时加入情感设计，营造出温馨的适居场景，有归家之感。

项目经济技术指标：

峰尚九里占地50327平方米，属于中新科创园核心区域，未来将引进新一代信息技术、智能制造及生物医药三大产业，建设大数据交易所等，资源前景良好。

小区入口以展示区打造，增加回家幸福感；其次还有以运动为主题的"韵动里"景观打造，增加全区的生机与活力，同时还配有以童趣飞扬为主题的"欢乐里"和以华灯璀璨为主题的"繁华里"。

为了体现回家居住的舒适感和幸福感，小区还配有现代式入口景观，走在似水流年般的景观里，时间都似静止般，打造尊贵之感。同时采用下沉式草坪打造轻松舒适景观"绿谷里"。小区整体以归家景观节点进行打造，全小区采用人性化无障碍设计，营造植物空间，减少高层压迫感。

为了方便儿童玩耍以及成年人休憩，采用多种智能互动设备，更多人性化关怀，同时配备四季健康跑道，融入人文关怀之中，并将自然式会客厅融入会所功能区，尊享林间会客的舒适感。

[A] 项目实景图
[B] 项目实景图
[C] 项目实景图
[D] 项目实景图
[E] 项目实景图

[D]　[E]

临安绿地亚洲公园展示区

设计单位：上海水石景观环境设计有限公司

委托单位：绿地集团浙江事业部

主创姓名：RAYMOND

成员姓名：叶海淑、刘小军、汪骏、梁丽辉、刘佳

设计时间：2018年10月

建成时间：2019年3月

项目地点：浙江杭州临安

项目规模：3200平方米

项目类别：地产景观（示范区）

［A］项目实景图
［B］项目实景图
［C］项目实景图
［D］项目实景图
［E］项目实景图
［F］项目实景图
［G］项目实景图

［A］　［B］

［C］　［D］

[E]

[F]

[G]

设计说明：

项目位于杭州市临安滨湖新城青山板块，属城西科创大走廊的重要组成部分，是杭州城市西进的战略核心板块。临安融杭门户区，山水资源禀赋优越，静气养生之所，历来是宜居、养生、长寿之福地。绿地浙江深耕临安大地，以城市文化为笔，致敬临安骨子里的"养生寿文化"，以创新性人居作品，塑造城市标杆的人居环境。

绿地亚洲公园从全屋净化、全居智能、全域安全、全区颐养四大方面出发，以和谐人居为理念打造健康社区，小至空气监测、水质净化、环境降噪，大至老年关怀、运动健身、社区安全，全方位打造绿地临安的首个健康宅中高端项目。

项目自我评价：

在有限的空间中展现无限的风景，在有形的实体中展现无形的意境，力求实现物境之空灵、情境之真切、意境之深远，使自然与人工达到和谐、统一与融合，此即为设计意在营造出的"印象临安，心之归宿"的东方意境怡养雅居空间，我们不断寻求内心理想的诗意居所，可以依山靠水，可以诗情画意，可以怡然安居养心之所，或者在这里，就是理想中的健康诗意养生之所。绿地浙江以匠心造佳品，以产品力致敬城市。

项目经济技术指标：

项目地址：浙江杭州临安；
项目面积：3200平方米；
甲方单位：绿地集团浙江事业部；
全过程设计：上海水石景观环境
　　　　　　设计有限公司事业
　　　　　　三部景观五室。

禹洲·璟阅城

设计单位：上海艾联景观设计有限公司

委托单位：禹洲地产股份有限公司 联发集团有限公司

主创姓名：余瑶莹

成员姓名：周小卫、颜萍、陈琳、江城亮、李志佳、周俊

设计时间：2018年

建成时间：2019年6月

项目地点：厦门市集美区安仁大道与学府路交界处（厦门一中集美分校旁）

项目规模：4332平方米

项目类别：地产景观（示范区）

[A] 总平面图
[B] 星光广场效果图
[C] 同享花园效果图
[D] 童享花园效果图
[E] 星光广场实景
[F] 童享花园实景

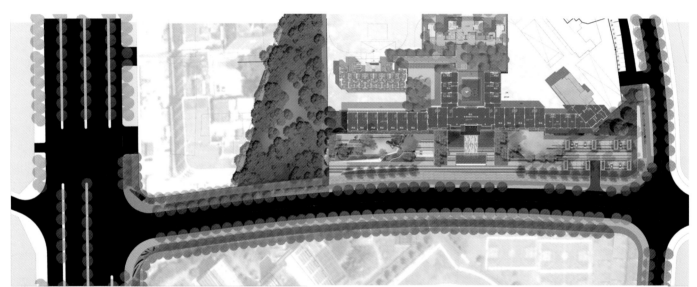

[A]

[B]

[C]

[D]

[E]

设计说明：

项目位于厦门市集美区，厦门一中集美分校旁，北面紧邻地铁出口，前场以商业和市政公共空间构成。根据周边业态，确立了"绿色童话体验"的设计主题，融合海绵城市理念，让社区亲子互动升级，五感（色、声、味、触、嗅）体验，设计主旨：1. 引领绿色实践；2. "设计的每一个过程每一步都为确保最终呈现的更好体验"。

绿色：海绵城市悄无声息地融入互动空间

"下凹空间"成为儿童活动的理想童话空间，雨水搜集提供了树林灌溉和互动旱喷广场的来源，市政人行道透水路面通过景观表皮肌理的梳理变得更加融合而且精致。

童话：童话主题，五感互动

故事的主题围绕西面家里生气的"鹿小姐"和懒虫"冬眠熊先生"展开。分布各种互动设施，如树屋、万花筒、攀爬墙、钢琴台阶、月亮泡泡船、魔镜熊森林等，构造出独特的童话世界。

五感：趣点1. 在五彩缤纷的万花筒里用不一样的方式看世界，会喷气的长颈鹿鼻孔需要小朋友的安抚才能平息；趣点2. 月亮船儿一起摇出的泡泡飘满天；趣点3. 在脚下也能"奏出"优美旋律的钢琴台阶；趣点4. 魔镜群里有玄机，内藏无数"猪小屁"，能看到自己和听到自己，千万别"发声"……

项目自我评价：

1. 绿色可持续和海绵不只是概念，哪怕很小，我们至少已经"在认真实践"。

2. 再好的理念如果不能完美地呈现一定充满遗憾，我们每一步都在强调"呈现的最佳状态"。

[F]

东原南京印长江示范区

设计单位：RDA景观设计事务所

委托单位：东原集团

主创姓名：任轶男

成员姓名：杨祥全、孙艺璇、蔡仕伟

设计时间：2018年12月

建成时间：2019年6月

项目地点：江苏南京

项目规模：4582平方米

项目类别：地产景观（示范区）

[A]

[A] 入户空间实景
[B] 平面图
[C] 转角logo景墙实景
[D] 入口门头实景
[E] 入口空间水景实景
[F] 林荫夹道实景
[G] 体验区入口空间效果图

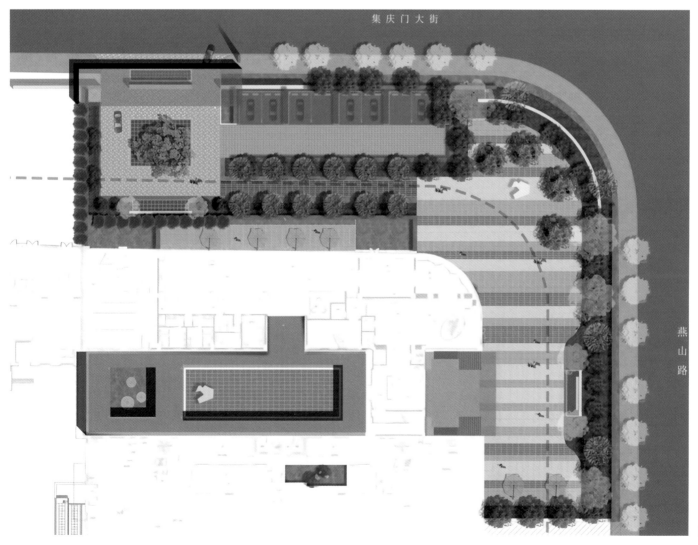

[B]

[C] [D]

[E] [F]

[G]

设计说明:

设计尝试用景观的手法,软硬结合犹抱琵琶,将体验区整体围合,并统一考虑室内外流线。同时,设计还为未来的住户规划好了归家动线。在有限的场地尽量拉长体验流线以增加体验区故事线,为打造记忆点提供空间。酒店仪式感的营造,落客入户的设计,以及东原"印长江"系列元素的延续等记忆点皆在该故事线一一呈现。"印长江"系列的核心价值点着重体现在艺术感及定制化的表现,每一座

"印长江"都是一次自我淬炼和精神延续。此次围绕"时空·永恒·无限"策划定制了一场梦幻的艺术盛宴。

项目自我评价:

此次打造的是一个大隐于市的"印长江"系列高奢公寓。在空间有限的情况下,营造满足体验区功能的游览故事线,建立令人印象深刻的记忆点,同时充分展现东原"印长江"系列的品质与核心价值。

世茂北京·国风长安·云棠

设计单位：上海道田景观工程咨询有限公司

委托单位：世茂集团

主创姓名：屈鸿麟

成员姓名：顾四强、秦之军、韩克、祝周颖

设计时间：2019年3月

建成时间：2019年8月

项目地点：北京市石景山区

项目规模：500平方米

项目类别：地产景观（示范区）

[A] 花境漫步
[B] 小院入户门
[C] 儿童趣乐
[D] 儿童趣乐
[E] 花境漫步

[A]　[B]

[C]

设计说明：

项目位于北京市石景山区，中式风格高层、叠墅居住区，设计为此居住区的叠墅样板庭院，两院合一整体设计，总景观面积约为500平方米，展示结束后在现有景观基础上安装围栏随叠墅售出。

国风长安·云棠秉承世茂国风系，"传承与再造"的核心理念，履迹长安街百年风华，承袭千年西贵文化，结合老北京独特的院落文化，对经典建筑内涵进行提取与再造。以贯通盛世文化精髓的意境人居，礼献当代士族。

向往自然、回归生活是繁华都市的理想。国风长安以北京院落文化为蓝本，将两户成功的六口之家作为上下叠住户的模拟定位，针对具体客群的实际需要，在喧闹的城市中打造出一片可以治愈身心的私家花园，让居者坐看庭前花开花落，笑望天边云卷云舒。庭院将日式禅意与现代东方通过景观手法碰撞、融合，庭院内四季皆景，春暖花开，夏听夜雨，秋风习习，冬赏雪景。庭院由六大板块组成，为男主人量身打造了静思品茗空间，冥想放空功能是女主人瑜伽放松的首选，闲玩休憩空间供孩子创造自己的童真天地，有机菜园可以让家中长者重温收获的喜悦，治愈花园与静心步道则是全家人分享、交流的空间。

庭院注重软景的打造，多重植物层次与花境的结合亦是未来实景生活场景映现，移步异景的空间打造，愿每个人都能在城市里找到自己的疗愈花园。

项目自我评价：

样板庭院设计在满足展示功能的同时，重视庭院的实用性与参与性。多处景观节点的设计均为日常实际生活所需。将品茗、聚会、烧烤、蔬菜种植、树屋、花境等元素糅合归一，客户可以在展示期间参与庭院的未来生活。丰富的功能空间即使在未来展示结束庭院拆分后，两院也分别具有其独特的韵味。

项目经济技术指标：

用地面积：499平方米；

总户数：2户；

建筑占地面积：299平方米；

西院面积：133平方米；

东院面积：327平方米；

通道面积：39平方米。

[D]　[E]

万科温州中央展厅

设计单位：RDA景观设计事务所

委托单位：万科集团

主创姓名：任轶男

成员姓名：诸昌晶、ALESSANDRO、章任珅、平米

设计时间：2017年12月

建成时间：2018年5月

项目地点：浙江温州

项目规模：6700平方米

项目类别：地产景观（示范区）

［ A ］平面图
［ B ］中央展厅入口实景图
［ C ］中央展厅实景图
［ D ］中央展厅入口形象展示实景图
［ E ］中央展厅入口效果图
［ F ］中央展厅内庭实景图
［ G ］中央展厅细节实景

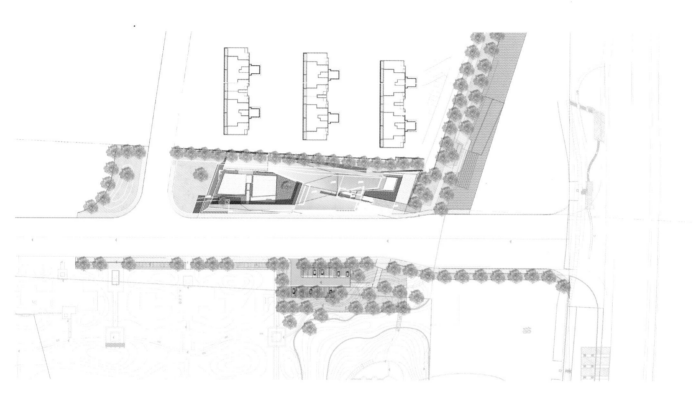

［A］

［B］

[C]

[D] [E]

[F]

设计说明：

项目位于温州市鹿城区三友路，与"市政府—世纪广场"城市中轴线紧紧相邻。场地细窄狭长，东西宽30米，南北长120米，面朝绿意葱茏的绿轴公园，背靠高层住宅小区，作为城市客厅，城市的文化标志，成为来往反复的焦点。项目特点在于：用折纸作为建筑主体结构特征，在与城市的对话中，打造流通于间隙之中的叙事与抒情的空间，景观在建筑线条的抑扬顿挫中烘托起伏的场地情绪。入口水景将建筑和悬浮的景墙托起，引起行人的关注，通过室内抵达中庭，枯山水由建筑的线框框景，游者的关注度也被集中在场地内，最后在抵达场地后部的街角处，建筑打开狭长洞口，与之相应的静水面烘起城市的山，场地内外对话强烈，从建筑外部可以看到水面倒影般极具雕塑感的建筑棱角，由内向外看到城市森林，延展了场地本身的局限。整个场地看上去像一只纸鸢，掠过森林，俯冲水面。

项目自我评价：

景观在与城市的对话中，营造流通于间隙之中的叙事与抒情空间，在建筑线条的抑扬顿挫中，景观烘托起属于这片场地独有的气质。面对强烈的建筑语言及地标属性，为了平衡整个场地氛围，景观需要扮演一个配角：避免用力过猛的设计，在有限的空间里谦和地退后，让建筑和景观相互成就。

[G]

南通红星·天铂

设计单位：深圳伯立森景观规划设计有限公司

委托单位：红星美凯龙房地产集团有限公司

主创姓名：朱小松

成员姓名：葛昭昆、郭维、马梁栋、朱金顺、罗伟凤

设计时间：2018年1月

建成时间：2018年7月

项目地点：江苏省南通市青年路北

项目规模：8430平方米

项目类别：地产景观（示范区）

［A］ 南通红星天铂总平面图
［B］ 项目实景图
［C］ 项目实景图
［D］ 项目实景图
［E］ 项目实景图
［F］ 项目实景图

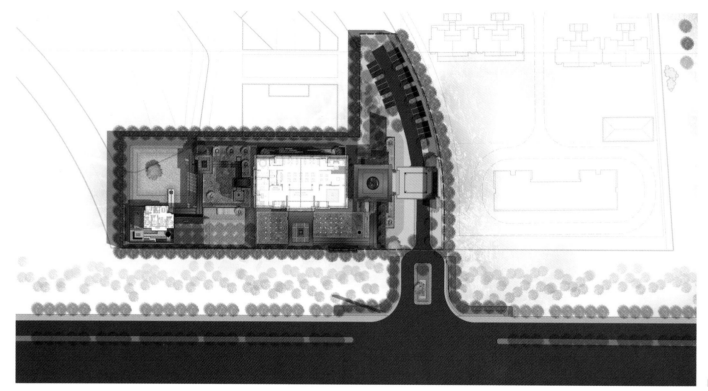

［A］

［B］

设计说明：

淡彩墨痕浸染，一园水韵天籁——南通红星·天铂。

设计手法：绘形（实绘）：绘山、绘屏、绘镜、绘咫尺山林貌。绘意（虚绘）：绘声、绘色、绘影。

功能分区：分为五重奏，洗·水（洗礼昭示）——遇·水（礼遇迎宾）——得·水（得水之境）——止·水（止谈风月）——居·水（日与水居）。

第一进空间：洗礼——城市界面，礼水涤尘。抵达展示区入口，在市政道路的一个转角处，郁郁葱葱，斑驳的树影撒在地面，隐约的淡香轻抚过鼻尖抵达心灵，穿行在这惬意的道路中，仿佛洗去了外界的风尘，缓解了日常的疲惫，过滤了世界的喧嚣。

第二进空间：入境——遇水礼宾，青天画屏。"入口一门楼，青天扫画屏。"入口门楼处打造四水归堂之境，水从四面流入天井，汇聚于中央的水景中。水聚天心，美好的事物源源不断地流入汇聚。门楼右侧接着一处小景，点点拳石与造型考究的景观树别有一番伊人临屏而立的风采，竹子与屏风结合，形成一面虚与实的对景墙，增加空间的景深与层次感。

[E]
[F]

[C]

[D]

第三进空间：融合——得水之境，水陌曲廊。"人在廊中行，境借水而活。"前场以长廊小景打造景观，形成以廊为中心的独特景观通道。严整空间与富有情趣空间的对比，空间的藏与露，多层次空间的渗透、借景、框景、对景三合一的表达，呈现出富有趣味的体验空间。

第四进空间：转换、写意——缘止碧汀，风月无边。运用写意的手法，树木、岩石、天空、土地等寥寥数笔即可刻画出蕴涵极深的画面，人们在草阶上休闲、玩耍、聊天，描绘出一幅令人流连忘返的画面。

项目自我评价：

设计之初，为了充分了解当地文化，设计师收集了大量南通当地文化的资料，并实地考察南通水绘园，融诗、文、琴、棋、书、画、博古、曲艺等于一园的特色。水绘园，便是我们的主题概念。通过实与虚的绘图技巧，形成南通红星天铂独特的语言。"绘者，会也"园以水为贵、倒影为佳、既秀且雅；而其以园言志、以园为忆。

项目经济技术指标：

项目名称：南通红星·天铂；
项目地址：江苏省南通市青年路北、通富路东侧地块；
项目规模：总用地面积为112300平方米，异地示范区占地面积8430平方米；
项目风格：现代典雅风格。

开封中南林樾

设计单位：析乘（上海）景观设计咨询有限公司

委托单位：开封晖达中南置业有限公司

主创姓名：陈滨

成员姓名：补怡、王俊杰、牛泰、邓虎、孙长路

设计时间：2018年8月

建成时间：2018年10月

项目地点：河南省开封市龙亭区开封市

项目规模：78947.7平方米

项目类别：地产景观（示范区）

[A] 会客厅廊架
[B] 多功能聚场

[A]

设计说明：

河南开封中南林樾，历史文化的现代演绎，人文精神的当代延续。

严格有序的中轴规划布局，经纬分明的街道间气韵纵横贯通，充满贵族仪式感，自然与艺术交融，步入园区，仿若行走在一副优雅尊贵的画卷之中。

中南林樾在设计中，把内部场地通过民间喜闻乐见的吉祥双鱼图，展开了"双鱼潜水，珠嵌方圆"的设计构架，通过营造良好的空间感，打造住区二径三道、六园七珠轴线及地标，使社区空间有序和谐。

景观中的两横三纵轴空间结构主脉络，以及两个由阳光大草坪、儿童乐园、室外小剧场等多功能空间组成的社区核心组团空间，配合每栋建筑前结合消防登高面均设置了宅前多功能复合场地，形成了社区超大尺度的景观核心，以及丰富多级的景观空间。

同时，将明堂、藻井、水院等中式特色的构造装饰运用在景观处理中，希望建立一个新中式风格的社区井里空间，提供给邻里交流活动的舒适场所，打造一个不一样的新中式人文艺术居所。

项目自我评价：

项目在设计过程中，是在有限的造价成本条件下，把此次设计的重点放在景观对居住区人与人的互动影响上。通过内容社交化、场地生活化、循洄式景观等核心理念的落地，真正实现"以人为本"的住区景观。

项目经济技术指标：

总用地面积：78947.7平方米；
计容建筑面积：297096平方米；
容积率：3.76（北地块3.5 南地块4.0）；
户数：2743户；
幼儿园：3145平方米（9班）；
地面停车：274辆；
地下停车：2469辆。

[B]

新城·香悦公馆

设计单位：广州域道园林景观设计有限公司

委托单位：新城控股

主创姓名：叶倩彤

成员姓名：欧阳雪冰、赵炳超、邓子裕、刘考、陈香、
刘敏杞、林焕珊

设计时间：2018年6月

建成时间：2018年11月

项目地点：恩平市锦江大道边（金坑金屏山）

项目规模：6085平方米

项目类别：地产景观（示范区）

[A]

[B]

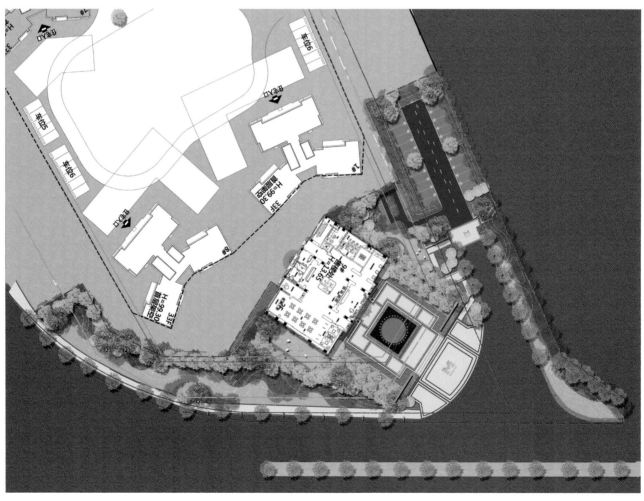

[C]

设计说明：

项目以"侨乡文化，都会生活，着重体现奢华与内敛雅致的主题"为出发点，通过景观设计手法营造极简、雅致、轻奢的都会居住氛围。设计师将设计的功力集中在社区真实的使用需求之上，设计师提出五大生活理念：尊崇&礼仪、公园&休闲、人性&关怀、运动&社交、生态&私密，设计完善一个交融多元社交体验、多维活动的居住空间。功能区设计上无论是儿童游戏区的营造还是健身跑道的布局，都表达出和睦、舒适、健康的生活方式。架空层小区内首层建筑架空，多元化的架空层布局，可以开展多种活动，如阅读、健身、瑜伽、品茗等。在绿化种植上，运用丰富的植物搭配，清晰的乔灌关系，加之精致的草坪灯做点缀，形成自然放松的归家路。绿化率高达56%，社区内植物景观力求做到三季有花，四季有景可赏，让业主每天都能置身园林中。入户空间设计上，景观串联起建筑和室内，形成收放有致、从热闹到安静、层层推进的景观序列，让业主从喧闹的城市一步步踏入心灵的家园，营造一方具有文化底蕴的空间。暖心的临时等候平台、便利的礼仪出口区、无干扰的入户道路、专属空间与私密入户。社区内组团空间为住户提供一个户外欢聚的场所，趁着明媚的午后时光跟朋友或家人在户外开放式休闲平台坐坐、聊聊，让生活的片段变得美好。

[F]

[A] 总平面图
[B] 项目效果图
[C] 项目效果图
[D] 项目效果图
[E] 项目效果图
[F] 项目效果图

[D]

[E]

项目自我评价：

项目设计考虑到满足每个年龄阶层的需求，每个家人对房子的梦想。根据不同年龄段使用人群，划分出几大功能区，在环线与节点的交织中，整个区块的景观气质得到了连续与统一。当侨乡文化邂逅都会生活，当传统与现代碰撞，共同演绎出高品质的社区——自然、宜居、雅致、轻奢的都会生活圈。

项目经济技术指标：

建设用地面积：33589.8平方米；

容积率：3.00；

限高：100；

总建筑面积：131582.7；

地上计容建筑面积：100706.25平方米；

住宅面积：97475.0平方米；

商业面积：2131.3平方米；

地面停车位：90个；

地下停车位：非人防车位数675个；

人防车位数：136个；

地下建筑面积：27836.5平方米；

建筑占地面积：6426.0平方米；

建筑密度：19.1%；

绿地率：30.0%；

机动车停车数量：900；

人防面积：4886.0平方米。

合景泰富·领峰

设计单位：上海阿特贝尔景观规划设计有限公司

委托单位：合景泰富地产

主创姓名：吴国伟

成员姓名：董思建、许雅倩、潘雯、李海洋

设计时间：2018年

建成时间：2019年

项目地点：江苏扬州高邮

项目规模：197842.4平方米

项目类别：地产景观（示范区）

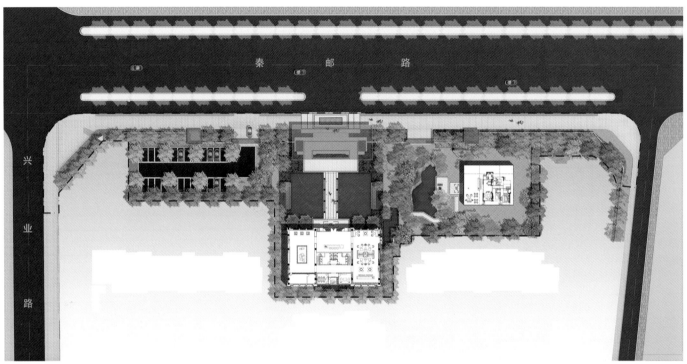

[A]

[B]

[C]

[D]

[A]　高邮示范区方案一总平面图
[B]　售楼处前院水景
[C]　景墙
[D]　展示区入口

设计说明：

高邮作为西园雅集发祥地，为突出雅集"文"之趣，追寻文化上的认同感。设计师取《西园雅集》为设计灵感，通过当代造园手法将"雅集"之趣嵌入合景·领峰的社区园林空间之中，结合隐喻的秦邮美景主题，在古城之上匠心再造文化大宅，通过一幅动态的雅集长轴，重现西园雅集盛况。

合景·领峰集千年文化之大成，烙上深深的文化礼制印记，使文化与时空交融碰撞汇集于此。合景·领峰，以新中式大宅问鼎高邮人居巅峰，传承古代王府大宅规制精髓，于当下吸取现代园林造园之所长，既符合现代审美，亦不失大家风范。

在一个院子里，如何设计让它处处有惊喜？处处让人有感悟？设计巧妙将名门望族的大户院子与文人墨客的园子统归于一宅内，颇具"一方笔墨纸砚，一方达观天下"之势。让院子与园子不仅是一种居住形式，更是千百年来中国人的精神归属。去除张扬，用心打造的院子意境，方能给居住的人带来安宁、安定和安全感。

项目自我评价：

整个展示区依据文人造园思想序列，由入世—顿悟—出世为景观框架，逐一呈现。手法上通过"楼外楼，山外山，天外天"三重空间构架哲学，赋予场地耐人寻味的细部考究，雍容华贵而不失文化内涵，是合景·泰富对千年秦邮新生活方式的定义与诠释。在享尽世间繁华后，回到领峰，探幽林泉野径，得物我两忘，安居其下，终得天伦之乐。

项目经济技术指标：

用地面积：82751平方米；
绿化率：30.10%；
总建筑面积：197842.4平方米；
景观设计面积：74249.11平方米。

[A]

禹洲·福州朗廷湾

设计单位：上海艾联景观设计有限公司

委托单位：禹博房地产开发有限公司

主创姓名：余瑶莹

成员姓名：周小卫、颜萍、陈琳、江城亮、李志佳

设计时间：2018年

建成时间：2019年1月

项目地点：福建省福州市闽侯县乌龙江西岸橘园洲大桥北侧

项目规模：2850平方米

项目类别：地产景观（示范区）

[B]

设计说明:

项目位于福建省福州市高新区,景观占地面积2850平方米,展示区为新中式风格。景观设计采撷福州当地"三坊七巷"和"三山一水"的文化底蕴,将山水文化渗透园林意境,以东方礼韵营造园林之上的生活居所,打造富有福州特色的场地属性,是传统山水意境与现代生活方式的结合。

朗廷湾以"东方礼序,山水朗廷"为主题,通过精巧布局将承续的儒家归家之礼巧妙地运用到景观设计中,打造出引、迎、鉴、品、留"五重体验空间"和递进式的归家情感,营造尊贵、大气的氛围。并活用中式园林借景、点景、对景等设计手法,融合中式景观布局意境,精筑高新区新中式美学展示区。

展示区以群鱼雕塑、水帘结合屋顶满月式的开洞,为访客呈现出一番别有韵味的空间体验,引人入境。归家连廊作为项目的景观特色,以五重归家礼序吸引客户,将自然光影与景观空间结合,使人游走在流动的光影空间中,体验光影的斑驳和时间的流逝,感受"儒家礼制"归家体验。

群鱼雕塑和梦之螺旋装置无疑是展示区的设计亮点,增加住户归家趣味。罗汉松矗立园中,谦送友人笑迎宾客,诠释高品位的广阔心境。在此,沉淀百年灵气,守护一方宁静祥和。禹洲·朗廷湾,不是建造一座复制化的建筑园林,而是通过每一处设计,创造出园林之上的生活共鸣,敬献居者。

项目自我评价:

1. 项目为地产展示区景观,设计结合当地山水文化,以东方礼韵营造园林之上的生活居所,打造富有福州特色的场地属性,是传统山水意境与现代生活方式的结合。

2. 归家连廊作为景观特色,以五重归家礼序吸引客户,采用群鱼雕塑引人入境,将自然光影与景观空间结合,使人游走在流动的光影空间中,感受"儒家礼制"归家体验。

[A]　鱼乐鉴池实景照片
[B]　总平面图
[C]　幽竹夹道效果图
[D]　幽竹夹道实景照片
[E]　幽竹夹道实景照片

华发华润万象天地展示中心

设计单位：RDA景观设计事务所

委托单位：华发华润

主创姓名：任轶男

成员姓名：王哲赟、诸昌晶、ALESSANDRO、章任珅

设计时间：2018年1月

建成时间：2018年6月

项目地点：江苏南京

项目规模：7000平方米

项目类别：地产景观（示范区）

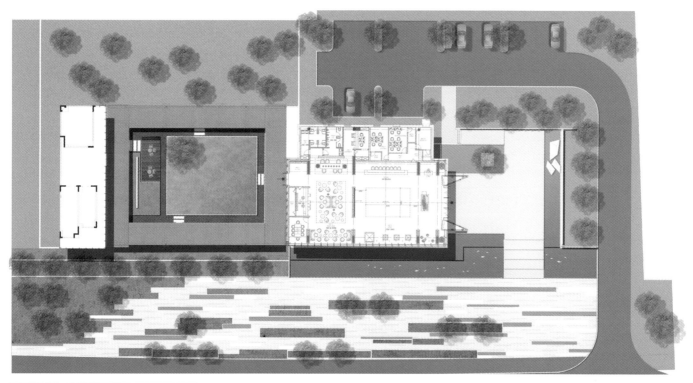

[A]

[B]

[C]

[D]

[E]

设计说明：

项目周边交通条件便利，场地周边环境优美，有多个风景名胜区，山水人文资源丰富。精致的景墙，有序的铺装设计，"悬浮"的入口汀步，结合水景、灵动的鱼群雕塑和植物共同营造现代而不失意境的空间感受。建筑立面具有非常明显的序列感，设计的两组景墙，一片简洁挺拔，一片是半透明的U形玻璃，围合出的广场化成为建筑的延续空间，而小鱼儿摆尾便成了入口空间十分灵动的点缀，在克制、理性的场地中，带入了纯净与空灵。

项目自我评价：

比起传统的设计手法，几何形式更具张力，内敛、纯粹的设计语言，简洁的几何草坪和树池，点睛之笔的孤植树，至此空间上归于平静而又充满了秩序。行人漫步在连廊间，领略空灵悠扬之美，唤起归家的渴望。

武汉庭瑞君悦观澜景观展示区

设计单位：武汉墨林景观设计有限公司

委托单位：庭瑞集团

主创姓名：林晶、彭宇

成员姓名：张聪、毛小杰、孟雅、夏晨、刘帅、刘洋、李晶

设计时间：2017年4月

建成时间：2018年6月

项目地点：湖北省武汉市汉南区纱帽正街西段

项目规模：2.5万平方米

项目类别：地产景观（示范区）

[A]

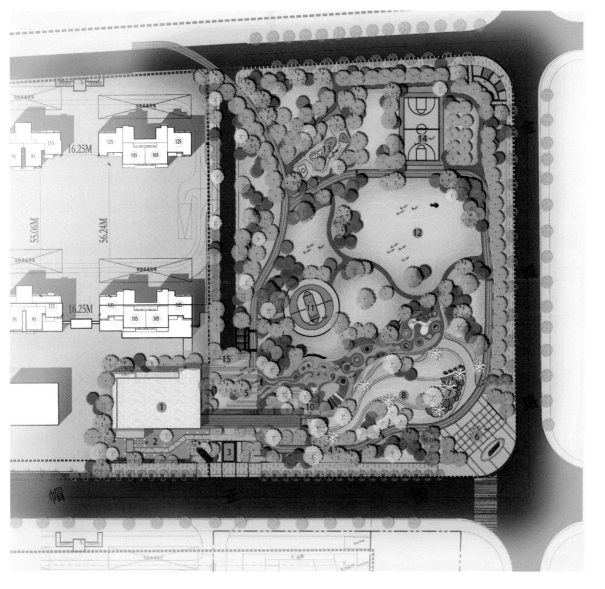

1 售楼部

2 镜面水景

3 入口水景

4 环形跑道

5 特色铺装道

6 乐活舞动点阵广场

7 立体花园

8 台地景观

9 儿童活动场地

10 儿童海盗船

11 三对三斗牛场

12 阳光大草坪

13 多功能户外运动场

14 篮球场

15 特色景墙

[B]

设计说明：

庭瑞君悦观澜项目，位于汉南区纱帽正街西段，马影河桥头。此处既是马影河蜿蜒回转之地，又是原始地貌、生态环境极佳的土地，水陆汇聚于此，极具灵气与生命力，是纱帽向西发展的最活跃的地块之一。庭瑞君悦观澜将打造成联排别墅、叠拼别墅及高层为一体的墅质社区，项目自带2.5万平方米运动主题公园引擎，联结商业空间和幼儿园，启动庭瑞君悦观澜全区，为纱帽城西居民提供富有活力的城市开放空间。建成后将成为汉南区最高端的住宅生活区。

以传统院落空间为形态；以极简美学精神为气韵；以现代材质工艺为语言；构建一处精致、内敛、诗意的场所。极简东方美学为法，在场景中植入自然山水、文气书法等符号，营造"山水入境，诗意栖居"的示范区观瞻体验。通过"镜、树、水、石"四个元素将示范区场地紧密结合，体现设计美学的精妙之处。儿童主题游乐园以"大航海时代"为主题游乐，和未来开放的主题运动一起，让更多的居住者共享爱与陪伴。

[A]　鸟瞰图
[B]　总平面图
[C]　实景图
[D]　实景图
[E]　实景图

[D]

[E]

[C]

整体设计中界定出静谧水池，水池以特色景墙围合，波光粼粼，水声潺潺，含蓄雅致，清幽澹逸，乐而忘俗。规避都市熙攘喧嚣，营造静谧如诗境界。和谐有序·礼乐之美，空间入口处，严整方正的对称布局，居住者拾级而上登堂入室，尊贵感和礼序感兼备，穿行于敞亮的前厅景观区域。整体景观序列呼应建筑及室内空间，昭示出收放有致、交互渗透、虚实结合的景观空间形态。围合的中庭禅意、雅致的空间，可作独自静心放松的舒适花园，利用不同种类、颜色的植物巧妙搭配，形成层次鲜明、错落有致却形式统一的植物景观，引导步入样板庭院。在有限的空间里创造多重体验和感受，观赏一草一木的诗情画意。整石雕刻地铺，匠心独刻的精致户外休闲吧，显露出沉稳大气的文化底蕴，高贵而低调，高雅而温良。

项目自我评价：

项目的开发，为附近居民提供了富有活力的开放空间，不断织补城市功能，为市民提供了新的公共文化娱乐空间，成为周边居民休闲的场所，为城市建设作出长足的贡献。

杭州联发·藏珑大境

设计单位：杭州玖鹿景观设计有限公司
委托单位：联发集团
主创姓名：许凯灵
成员姓名：张嘉元、程志、赵阳、章玮、叶于民
设计时间：2018年
建成时间：2019年
项目地点：杭州良渚
项目规模：首开区面积：4660m²
　　　　　总面积：94927m²
项目类别：地产景观（示范区）

设计说明：

距今5300～4500年前，良渚文化发展达到高峰。其中手工琢制的玉器，是先民美学的智慧结晶。借由器物以礼天地，是先民"天人合一"观念的体现。出土的玉石质地温润，其表面布满细如发丝的几何图形，显得简约质朴。藏珑大境生活美学馆室外景观延承了同样的美学理念，化繁为简，于细节中见雅致。

沿项目所在地北面的良渚港（俗称小运河）向西北溯源，6公里开外即是良渚文化遗址，而西南2公里翻过山脉即是良渚博物院所在地——美丽洲森林公园。相传荀子（战国时期）晚年曾经来到良渚，居荀山读书讲学。一山一水，这份近在咫尺的山水情缘，历经千年未曾改变。而藏珑大境融山水元素于设计中，力求营造出现代简约的艺术空间。

[A] 全局鸟瞰
[B] 后庭
[C] 后庭

[A]

项目一横一纵分为三进三巷空间布局，一进"吸引"，二进"悠然"，三进"沉醉"，根据洋房、合院、独栋三种产品类型划分了书语巷、棋云巷、流水巷三大组团空间，所有人行入口皆有完整的入户尊礼体验，即礼仪入口—社区门厅—社区客厅的构架方式。两轴中横轴是礼仪型轴线，纵轴是生活型轴线，稀缺的公共空间资源，在完成对不同片区交通功能的同时，也为住户提供不一样的生活场景，这在强排产品中是最难能可贵的。

黄庭坚在《寂住阁》里感叹："庄周梦为胡蝶，胡蝶不知庄周。"古往今来，这份逍遥愉悦被多少人所向往，设计师通过现代手法，将良渚的山水记忆融于艺术空间，追求自然的创意生活，从意境到心境，最终营造一处心灵安放之所。

项目自我评价：

1. 首开区立体山水、大区空中泳池、空中庭院等独有的立体景观设计，呼应整体项目空中花园的产品特征。

2. 对应立体景观的立体参观流线打造，适应场地的多重变化并与建筑无缝融合，使得首开区建筑完全隐于景观之中，是一个"没有建筑"的示范区。

3. 景观设计中对曲线设计的多种变化研究与尝试，最终工艺及完成度较高。

项目经济指标：

经济技术指标			
项目	总指标	单位	备注
用地性质	住宅用地		
总用地面积	94927.00	平方米	
总建筑面积	216395.31	平方米	
地上计容建筑面积	113912.40	平方米	
容积率	1.20		
地下建筑面积	102482.91	平方米	
建筑基底面积	28478.10	平方米	
建筑密度	30.00	%	≤30%
绿地面积	28478.10	平方米	
绿地率	30.00	%	≥30%

[B] [C]

玉融·正荣府

设计单位：上海伍鼎景观设计咨询有限公司

委托单位：正荣集团福州公司

主创姓名：覃铁军、朱杰

成员姓名：饶高翔、苏醒春、朱小敏、连国强、李怡雯、张捷

设计时间：2018年

建成时间：2018年

项目地点：福建省福清市

项目规模：4650平方米

项目类别：地产景观（示范区）

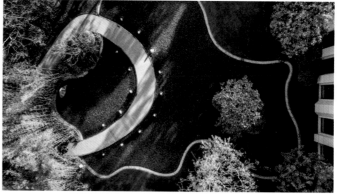

[A]

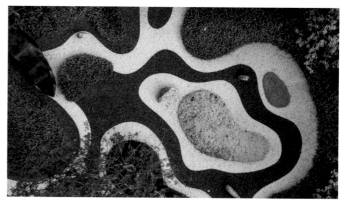

[B]

[C]

设计说明:

福清古为文献名邦,传承千年,门风蔚然;府邸大院重塑望族礼序文化,通过开合结合的手法打造进落式院落布局设计,使空间起承转合,自然生动。在传承中式营造手法的同时,以现代语言重现精神文化内涵。

[A] 项目实景图
[B] 项目实景图
[C] 总平面图
[D] 项目实景图
[E] 项目实景图
[F] 项目实景图

项目自我评价:

园区设计整体贯穿府院文化及福清传统文化元素,在最大化实现景观效果整体性的同时,考虑示范区建造费用的合理性。在保证示范区设计风格及高端品质的前提下,延续最初的闽中望府思路,并且在着重雕刻景观极致细节的基础上,使设计能创造最大的经济价值,体现商业项目的最高效益。

[D] [E]

[F]

合景临海公馆

设计单位：杭州木杉景观设计有限公司

委托单位：合景地产

主创姓名：林松松、林俊俊

成员姓名：葛佳楠、吕莎、卢柳希

设计时间：2018年11月

建成时间：2019年3月

项目地点：浙江省临海市大洋街道

项目规模：3000平方米

项目类别：地产景观（示范区）

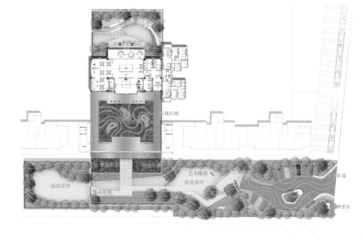

[A]

[A] 平面图
[B] 平面图
[C] 平面图
[D] 项目实景图
[E] 项目实景图
[F] 项目实景图
[G] 项目实景图

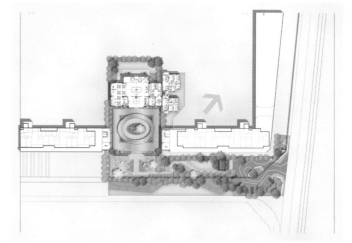

[B]

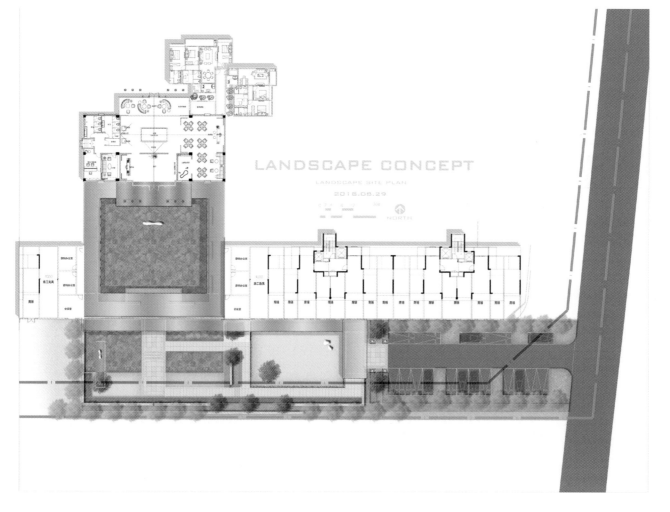

[C]

设计说明：

方案设计元素的灵感来自海山行舟人一路所见之景，以"帆船"为设计主线，串联整个示范区，特意营造"小空间、大体验"的清新自然生活场景。景观设计以"扬帆起航"一路所见所感与"临海千年的渔船文化"为设计主线，描绘了海山行舟人出海路上的所见所感——起航、邀月、遨游、栖屿的归家历程……

1. 扬帆起航，开启一段海上旅程。提炼海水的纹理，营造海水的景深，同时与景观铺装及花坛融合在一起，折线型logo景墙象征着船的一角，中间船型树池结合乌桕树象征着扬帆起航之势，打造尊贵、特色的港湾式入口停车空间。

2. 碧海邀月，航行途中偶见"春江潮水连海平，海上明月共潮生"之美景。此空间提取了海上明月及浪花砂石的景观元素，点缀其中，结合竹林夹道，整个场景更显雅致。

3. 鱼跃星海，又见月光洒落海面，泛起点点星光，鱼跃在星空，碧澜照银河。此空间提取了海浪、鱼群的景观元素，海浪潮起潮落留下的痕迹，营造了特色的禅意沙石空间。

[F]

[G]

[D]

[E]

4. 泊船栖屿，山、水、月、岛，交相辉映，泊船靠岸，栖屿其间，此空间主题为栖屿，以水为海，提取岛屿的曲线景观元素，别出心裁地营造出岛屿的景观。

5. 坚持以创新的设计与匠艺打造独家定制产品，在主题工艺品的定制上，根据其特定的场景意境而设计定制不同主题产品，充分展现了匠人精神。

项目自我评价：

千年府城，临海"船"说，以海上行舟人，归家栖岛居的设计主题，在传统空间的框架基础上，进行重构设计，并且融入在地性，以"启航、邀月、遨游、栖屿"为故事线，串联整个设计，设计语言上融入当地的元素、符号，营造强烈的空间文化归属感。空间—设计—文化三者的巧妙结合。

郑州康桥九溪天悦示范区

设计单位：盛博地（北京）景观规划设计有限公司

委托单位：河南康桥地产

主创姓名：周元琦

成员姓名：曹岩、徐巾然、张晓芳、张连荣、马啸天

设计时间：2018年

建成时间：2019年

项目地点：河南省郑州市高新技术开发区西三环开元路西800米

项目规模：11000.00平方米

项目类别：地产景观（示范区）

[A] 项目实景图
[B] 项目实景图
[C] 项目实景图
[D] 项目实景图
[E] 项目实景图
[F] 项目实景图

[A]

[B]

[C]

[D]

[E]

[F]

设计说明：

项目位于中国"八大古都"之一的郑州市高新区，毗邻小双桥商代遗址。

设计根植千年文化，提炼"玄鸟、瑶台、青铜器"人文元素为场地符号及设计语言。根据项目及建筑特征，景观风格定位为新东方景观。以"瑶台千寻瀑，芳庭如春沐"为主题，强调简练、对比的设计取舍，体现自然特性，加深场景记忆，营造五大主题空间，打造可临瀑赏花，近水观庭，静思雅行的景观体验。

门庭礼山——开门见山，内敛雅致

入口以干净简洁的线条凸显空间的张力，通过墙体的穿插交错，形成空间的尺度转换。门廊与九龙玉景石相互渗透，诠释门庭礼制，迎宾待客之道。

瑶台寻瀑——源洁流清，形端影直

门庭左转沿通道利用高差，造玄鸟瑶台之境。叠水如镜，似建筑漂浮水面，既动既静的对比，营造出一个渐入佳境的前庭空间。

清风悦庭——临高台以轩，下有清水清如镜

从售楼中心步入中庭，其由建筑半围合，设计简练留白，借高差造瑶台镜池，迎接"玄鸟"，山水相映，清风愉悦又安然闲适。

疏影月明——闻音觅琴，曲径通幽

沿着中庭流线转折之间，到达样板展示区，树林中砾石满地，水台涌动，清晨午后，阳光透过乌桕林，光影斑驳，演绎时间变化。

庭芳春沐——梨花初带夜月，海棠半含朝雨

样板庭院在体验中带着主题的期许，望月归心，海棠富贵，春夏交替，四季轮回。宁静自然本性归真，给人如沐春风般的景观体验。

项目自我评价：

项目贴合地域文脉，景观设计中强调取舍，以简练的手法打造舒适、静思的景观体验。不知不觉中隔离外部嘈杂，在空间停留的过程中有心意安然的闲适感，让人流连忘返。植物造景强调植物本身更深层的含义，表达对生活的期许。

项目经济技术指标：

示范区用地面积：12700平方米；
示范区建筑面积：1700平方米；
示范区景观面积：11000平方米。

太原绿地·新里城

设计单位：深圳市博唯环境艺术设计有限公司

委托单位：绿地集团

主创姓名：程航

成员姓名：刘芳、赵天宝、童景洛、唐平英、王鹏飞、
梁妙云、林中源、高成林

设计时间：2018年

建成时间：2019年

项目地点：太原市小店区

项目规模：15000平方米

项目类别：地产景观（示范区）

[A]

[A] 鸟瞰图
[B] 平面图
[C] 售楼部前夜景
[D] 现代水景
[E] 镜面水景

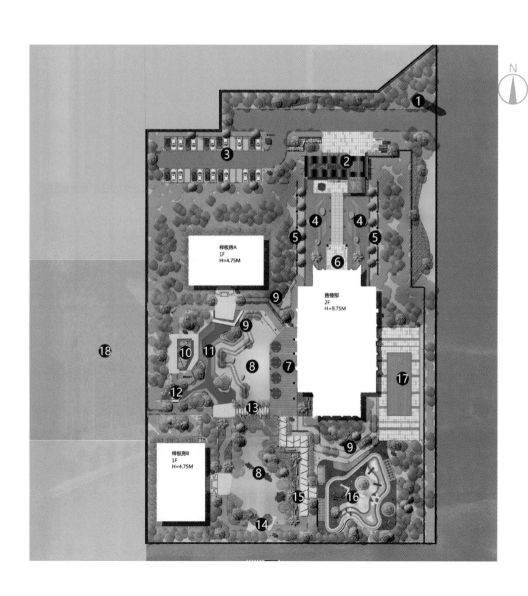

图例

① 精神堡垒
② 礼仪门楼
③ 停车场（共30个车位）
④ 镜面水景
⑤ 特色景墙
⑥ 售楼部入口
⑦ 休闲木平台
⑧ 阳光草坪
⑨ 特色草阶景观
⑩ 景观会客厅
⑪ 现代水景
⑫ 景观汀步
⑬ 竹林夹道
⑭ 休闲平台
⑮ 山石小景
⑯ 全龄段儿童活动区
⑰ 营销暖场活动场地（700㎡）
⑱ 大型营销活动场地

[B]

设计说明：

项目位于山西省太原市，靠近众多优质的教育、生活与健康的资源，占据独特的地理位置。如何体现太原千百年沉淀下来的深厚的自然与人文的东方意境？如何在有限的景观空间营造实景的归家体验？如何营造多重院落的礼序结构？这是设计之初我们优先考虑的问题。项目的景观设计从建筑中提取元素，分别从构架、形态、颜色进行演绎设计。设计通过主题院落的设计方式，以"合院之境"为概念，将空间围合，形成既相对私密又相对融合的景观空间，营造赋予禅意的空间氛围。入口作为第一印象的空间，昂首挺立，隔绝起来者的目光，只留下高悬的深咖色铝塑板，让人不禁想快些踏入门内世界，一窥全貌。连廊的设置加强了空间的纵深感，内庭与连廊之间形成框景之势，有一种"你在园内看景，我在廊中望你"的意境。项目中轴采用了山西大院的布局，中庭开阔，左右对称，纵深感强，树阵迎宾般的尊贵享受，为人们带来浓郁的礼仪感。景观会客厅使用了和连廊相同属性而不同表象的材料，延续着形态中的流动关系，在强化不同表面的同时也保持了设计的统一性，也在结构线的控制下进行着平顺的转化。合

院里的生活总是惬意悠然，让人心生向往。在项目的后场，整齐的细砂，几组石组分散在石庭中，营造出静谧的禅意氛围。一步一趋间，合院之美在这诗居之境间留下了盈多印记。

项目自我评价：

项目定位为现代新中式景观风格，在有限的空间内营造多个景观空间，移步异景，结合当地文化，中轴采用山西大院的布局，中庭开阔，左右对称，纵深感强，树阵迎宾，为人们带来浓郁的礼仪感。在项目的后场，整齐的细砂，几组石组分散在石庭中，营造出静谧的禅意氛围。一步一趋间，合院之美在这诗居之境间留下了盈多印记。

项目经济技术指标：

用地面积：18451平方米；
景观建筑面积：2552平方米。

[C] [D]

[E]

东乡壹号院

设计单位：江西省东亚景观设计工程有限公司

委托单位：抚州忠科房地产开发有限公司

主创姓名：何光辉

成员姓名：段晓俊、胡青、梁灵灵、胡国伟、李春平、
　　　　　刘玉华

设计时间：2018年12月

建成时间：2019年4月

项目地点：江西南昌

项目规模：2600平方米

项目类别：地产景观（示范区）

[A] 项目实景图
[B] 项目实景图
[C] 项目实景图
[D] 项目实景图
[E] 项目实景图
[F] 项目实景图

[A]

[B]

[C]

[D]

[E]

设计说明：

东乡壹号院位于抚州东乡区，才子之乡，示范区是体现楼盘气质，彰显企业理念文化的焦点区域。项目以"外儒内禅"为核心命题，顺应总体规划的轴线承转，以苏州古典园林为蓝本，结合现代规划意念，塑造三进庭院，步步递进，层层渲染，重塑当代归家门仪。利用现代手法还原府院文化，呈现出府院之形，府院之礼，府院之境；最终形成传统府院文化与现代设计手法相结合的现代新中式景观，打造自然、宜居、至臻、轻奢品质住宅。

项目自我评价：

集萃了中国传统造园精华，秉承中国传统空间布局，前庭后院层层递进组团景观，唤醒骨子里的中国情结，实现人与自然、自然与生活的完美融合，诠释了最本真的中式人文。为这片土地打造出一座最符合当代生活纯正东方园林大宅。

项目经济技术指标：

项目面积：4500平方米；
项目造价：750元/平方米。

[F]

九颂山河·宁州府

设计单位：江西省东亚景观设计工程有限公司
委托单位：江西中大弘云地产有限公司
主创姓名：何光辉
成员姓名：黄强、丁宁、肖高瑶、余煜芳、焦义章、刘玉华
设计时间：2018年
建成时间：2018年
项目地点：江西南昌
项目规模：130074平方米
项目类别：地产景观（示范区）

设计说明：

九颂山河·宁州府，从传统中抽离形成"独一无二新东方主义·大写意"的精品之作。设计理念：国人自古重视门庭院落规制，皇室等级更为森严。宁州府入口沿袭"三进宅"布局，南北入口保证整体的贵气雍容。设计将中式元素与现代材质巧妙结合，将时尚元素融合进中国传统风格中，用中式框景的传统手法呈现出含蓄秀美又现代的中式大写意，远山近水。北入口广场采用简洁的方形叠级水景，作为整体景观的开端。进入门楼后呈现的是由假山、置石、叠水营造的中式山水画，水景两侧是五星级豪宅配套的风雨连廊。

[A]

[B]

项目自我评价：

此次打造九颂山河·宁州府示范区景观的过程中，将自然的一切纳为己用，让都市感与大自然随意融合，营造大写意的中式户外空间。设计师带着对大自然的谦逊之姿，做出了更多全新的尝试。创新采用丰富的设计语言来表达空间的多样性，对细节与品质完美苛求。凭借成熟的设计施工一体化项目经验，资源合理调配、技术协调把控，稳步推动施工进度，达成项目的最终效果。

项目经济技术指标：

项目规模：102488.46平方米；
项目造价：800元/平方米。

[A] 项目实景图　　[E] 项目实景图
[B] 项目实景图　　[F] 项目实景图
[C] 项目实景图　　[G] 项目实景图
[D] 项目实景图　　[H] 项目实景图

[C]　[D]

[E]　[F]

[G]　[H]

奥园·誉景湾

设计单位：深圳伯立森景观规划设计有限公司

委托单位：常德市金粟置业有限责任公司

主创姓名：王少波

成员姓名：赵黎明、胥艳超、马梁栋、朱金顺、罗伟凤

设计时间：2019年1月

建成时间：2019年6月

项目地点：湖南常德

项目规模：3894平方米

项目类别：地产景观（示范区）

[A] 长沙中海新城熙岸总平面图图
[B] 项目实景图
[C] 项目实景图
[D] 项目实景图
[E] 项目实景图
[F] 项目实景图
[G] 项目实景图
[H] 项目实景图
[I] 项目实景图

[A]

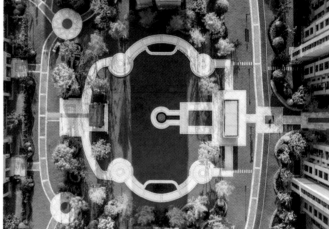

[B]

[C]

[G]
[H]
[I]

设计说明：

基地位于湖南省常德市古城东北侧，穿紫河畔，柳叶湖度假区旁，水资源丰富。项目充分挖掘地域文化底蕴，以"一湾穿紫河、摆渡船归来、梦里桃花源、情归誉景湾"为设计理念。以河流、渡船、桃花源、港湾为载体，以现代的表现形态融入场地空间，组合成丰富多变的景观场景。

整个项目在尊重场地条件的前提下，充分利用优良自然环境、历史资源、人文资源与生态相交融，与场地共生长，呈现出移步异景，四季皆诗的景观空间。

[D]

[E]

[F]

项目自我评价：

项目设计充分挖掘常德"水文化、航运文化"，挖掘当地历史《桃花源记》起源，把誉景湾打造成"梦里桃花源"，旨在弘扬常德当地历史及地域航运文化。船头采用流线型设计，线条行云流水，其构造采用大跨度钢构造型结构，塑型及表面处理以雕塑工艺打造。

项目经济技术指标：

总用地面积：4792平方米；建筑面积：209平方米；硬景面积：2284平方米；软景面积：2299平方米；景观总面积4583平方米；软硬比例1/1。

百郦湾展示区

设计单位：成都梦绿春天景观设计有限公司

委托单位：甘肃建总置业发展有限公司

主创姓名：廖丁鹏

成员姓名：宁柯、黄湧、蒋礼芳、覃芳香、梁好丽

设计时间：2016年8月

建成时间：2018年9月

项目地点：甘肃兰州

项目规模：20578平方米

项目类别：地产景观（示范区）

[A]

[B]

[C]

[D]

设计说明：

英伦风商业住宅一体社区，将高品质的景观理念设计其中。灵感源于蒂芙尼珠宝，奢华、优雅、闪耀……将此珠宝中提取出的元素运用其中，彰显尊贵、大气。

蒂芙尼芭比广场（主入口广场），中心水景是整个展示区的核心，是兰州最大的单体水景，就像项链上的宝石一样闪耀，是百郦湾最华丽的名片。主入口两旁的浪漫风情流瀑，潺潺的水声让空间更加的灵动，就像是一只翩翩起舞的蝴蝶，像蒂芙尼蝴蝶珠宝一样，扑棱着翅膀上的闪亮的"露珠"。考虑到空间的多样性，在展示区里设计了一处开敞空间——蝶恋草坪，可以举办草坪婚礼，也可承接大型聚会；蝴蝶有完美对称的优雅曲线，是展示区里最浪漫的地方。样板房旁边的自然式水系给整个场景带来灵动、放松的感受；配上雾喷系统的加入，一个自带神秘迷雾的童话森林般奇境就展现在我们眼前——动物与自然相得益彰，粉嫩的火烈鸟若隐若现，或涉水嬉戏，或探头寻疑，栩栩如生。贝姿庭院位于展示区东面，在功能上起到引导作用，设计引入英国童话——《爱丽丝梦游仙境》，打造梦幻魔法森林之夜；夜空之下，灯光秀场，照亮你我的心间。

项目自我评价：

兰州常年降雨量较小，土质碱性较强，不利于植物的生长。在方案设计选用了近百种适合兰州生长的植物，同时对土壤进行了改良，解决了植物在兰州成活率较低的问题。在硬景上采用了合理的施工工艺，实现了大面积不同类型的水景形式，解决了工艺难的问题，展示区实景效果为兰州宜居生活环境树立了标杆。

项目经济技术指标：

展示区景观面积：20758平方米；
软景面积：11500平方米；
硬景面积：8168平方米；
自然水系面积：410平方米；
跌水面积：680平方米。

[A]（实景照片）中心水景
[B]（实景照片）俯视图
[C]（实景照片）英伦时光样板区
[D]（实景照片）中心水景雕塑
[E]（实景照片）中心水景细节

[E]

北京中关村科技园—丰台创新中心

设计单位：ACLA Ltd.、傲思林艺规划设计咨询（北京）有限公司

委托单位：北京丰科新元科技有限公司（华夏幸福基业与丰台区管委会的合资公司）

主创姓名：Tomm Lee Van Dyke

成员姓名：李征、严磊、陈翠诗、刘晓虹、江德谦、姚瑶、周康怡、黄冬梅、李肖

设计时间：2017年11月

建成时间：2021年

项目地点：北京市丰台区

项目类别：地产景观（在建方案）

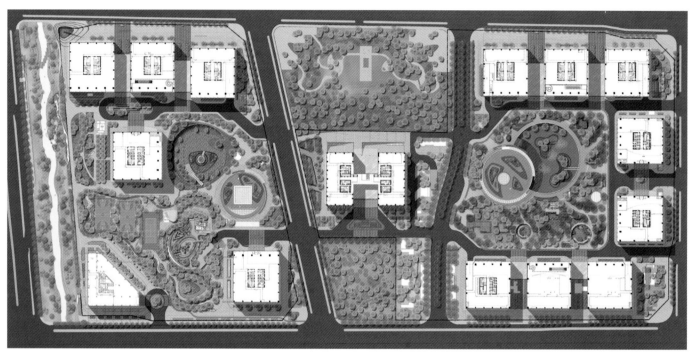

[A]

[B]

[F]

设计说明：

北京中关村科技园-丰台创新中心项目位于北京市丰台区，是由华夏幸福基业股份有限公司与丰台区政府合作投资建设的一个集行政办公、商业、国际交流与休闲娱乐为一体的综合产业社区。在景观设计上，以"无界限景观环"为概念，通过跑道系统与立体化景观将办公、运动、生活、人文、出行、生态串联起来，形成六大贴近用户切身感受的特色景观，促进项目内两大地块间的紧密契合，使其无缝连接。以"生命之环""乐活之环"两个下沉式花园广场为主，结合"会议公园""城市客厅""运动公园""场地式儿童活动场""户外办

[C]

[G]

[A]　总平面图
[B]　办公楼落客区
[C]　地标水景
[D]　生命之环
[E]　运动公园入口
[F]　400米林中夜光跑道及健身场地
[G]　运动场休息水吧

[D]

公氧吧""室外交流吧台"等类型多变的休闲交流场所，融合地块西侧马草河城市景观带，结合园区内群落丰富、季相分明的绿地空间，打造多层次、一体式的户外办公空间；慢享受、散点式的休憩空间；高品质、互动式的城市空间；积极营造绿色、低碳、生态、优质的生活办公一体化智慧社区。为使用者提供一个独特、创新的体验场所，更带来城市品质的提升，从而推动区域的良性发展，力求成为丰台科技园的展示门户，产业园区整体生态发展的景观示范。

项目自我评价：

以"无界限景观环"为概念，将办公、运动、生活、人文、出行、生态等元素通过跑道系统与立体化景观串联起来，融入商务、文娱、健康、教育等因子，创造一个室内外一体化的新型产业社区，力求提高城市品质，推动城市的整体良性发展。

[E]

众阳晶园·蝴蝶里

设计单位：重庆子韩园林景观设计有限公司

委托单位：重庆众阳置业有限公司

主创姓名：刘祥

成员姓名：李晓、杨洋、王成林、胡鑫、赵艺琳、罗官正、
代玉会

设计时间：2019年1月

建成时间：2020年

项目地点：重庆市九龙坡区

项目规模：31000平方米

项目类别：地产景观（在建方案）

[A]

[B]

总体平面 Master Plan

总体平面图标注

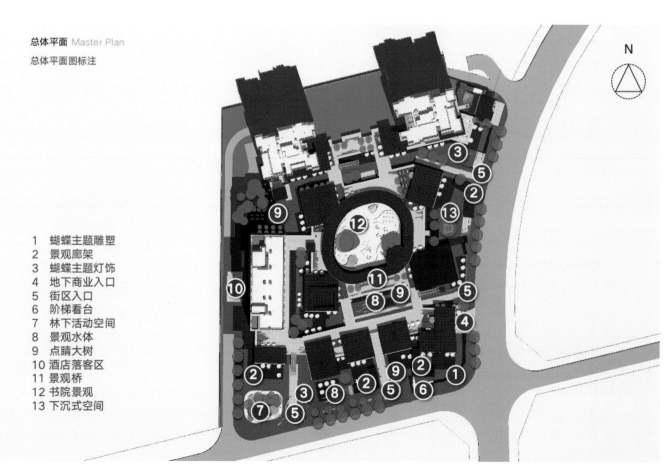

N

1 蝴蝶主题雕塑
2 景观廊架
3 蝴蝶主题灯饰
4 地下商业入口
5 街区入口
6 阶梯看台
7 林下活动空间
8 景观水体
9 点睛大树
10 酒店落客区
11 景观桥
12 书院景观
13 下沉式空间

[C]

[E]

[F]

设计说明：

我若芬芳，蝴蝶自来！If I am fragrant, butterflies come to me!

建筑设计当中，除开原本常规且带有山城特色的建筑风貌以及布局以外，在整个基地的几何中心，设计了一个完全公共化的"书院"，这很有趣地使得整个项目在精神层面上找到了一个可以与彼此表达情怀的羁绊。因此在景观设计的初心中，希望呈现出一处"悠游深浅巷，觅院皆成趣，街市移流星，丝丝静流转"的生活场所，"院子隔作巷子，巷子串成街市"，以最亲近人的尺度，还原一个具体的街巷场景，并且是一处深入人心、返璞归真的记忆中的场所。

在项目外围，设计了四处景观构筑物，以之形成一个半围合的院子，利用两处场地高差，形成下沉式的半围合院子，结合内街建筑围合成的院子以及核心的书院，形成了大大小小、各不相同的院子。从场地利用到使用功能（商业外摆，商业营销）；商业形象和我们与之表达的人文情怀四个方面找到了最大的契合点。这些宜人尺度的场所（院子）为核心场所（书院）铺叙了和谐的前奏。"檐下围坐，瓦顶谈天，悠游街巷，觅院鉴院"等情景意境，则是从设计本身出发，做到初心与关怀。保持了"断舍离"的设计态度，舍弃不必要，不合适，不舒适的，对装饰主义的泛滥保持反思与警惕。

细细的品味方案，会体会到"白墙 人影 层叠；光影 格栅 交织；落花 浮桥 水镜；花语 游廊 归家；檐下 围坐 梦想；瓦顶 谈天 虚度；一期 一会 卷帘"的景观意境。所以创作一首诗歌，以表达对蝴蝶里的期盼"复游蝴蝶里——暮暮与君游，蝴蝶引朝虹；街市宾客盈，巷内满琳琅；时光易流转，虚度亦静好；芬芳如解释，得以藏心间"。

[A] 项目实景图
[B] 项目实景图
[C] 总平面图
[D] 项目实景图
[E] 项目实景图
[F] 项目实景图

[D]

项目自我评价：

大量的地产项目开发之后会面临一个巨大的问题，对于装饰性的考虑会大于对设计本身的考量。经常会反问自己："到底自己做的是景观装饰设计，还是真正意义上的景观设计——ARCHITECTURE LANDSCAPE？"；"设计场地怎样转换成使用场所"。当然这一次建筑设计、室内设计、景观设计的深度配合，设计尝试着正面解决验证这些问题的机会。首先从景观设计、城市设计、环境心理学对项目进行学术性的分析演算。再次回归到设计本身思考的问题，这确实是一个挑战，在除去多余的装饰性设计过后，我们还能做什么？最后蝴蝶里项目的成形，也证明了在国内市场回归到设计本身的可行性。

美的·泉州·公园天下

设计单位：上海阿特贝尔景观规划设计有限公司
委托单位：美的集团泉州公司
主创姓名：郭婵
成员姓名：孙为璜、邓思田、丁南希
设计时间：2019年5月
建成时间：2019年9月
项目地点：福建·泉州
项目规模：2949平方米
项目类别：地产景观（在建方案）

［A］室外洽谈
［B］平面图
［C］中庭
［D］入户
［E］主入口

［A］

［B］

设计说明：

在现代快节奏的生活中，热爱饮茶的泉州人对栖所有什么样的向往和诉求？设计通过寻茶、茶境、探水、闻香、醉茶对应门、堂、亭、径、园五重空间，入口空间设计极大地保证观赏视线最远，建筑在水面的投影最佳。在整体素净、雅致的语境下，我们在景观营造上呈现出一种克制的独特美感，不甚繁复却能描绘出具有思考空间的景致，隐喻着不争不抢、不浮不躁的人生态度。与"茶文化"心如止水的思想调性所契合。

品茗静坐于此，最适合翻阅久违的纸质书籍，很久没认真嗅过纸墨香气，思绪万千涌起，似乎内心最为珍视的东西已呼之欲出。

项目自我评价：

我们想打造一个充满禅意的静思空间，一个微观山水的意境之所，一个品茗闻香的栖居之地，回归老泉州，在嘈杂中感受静谧，触摸悠哉古厝的城市质感。泉州是个种茶、制茶、饮茶、品茶、说茶的古老城市，茶文化历史悠久，独具特色，是中国闽南茶文化的核心区和富集地。泉州人饮茶文化由来已久，因此我们想开启一次寻茶之旅。

项目经济技术指标：

用地面积：38039平方米；
总建筑面积：135598.77平方米；
绿化率：42.09%；
景观设计面积：30184.88平方米。

[C]

[D]

[E]

联谊·云庐

设计单位：杭州立芳州景观建筑设计有限公司

委托单位：株洲永恒地产开发有限公司

主创姓名：何毅俊、潘洁

成员姓名：沈建荣、李艳、田志萍、戴子奕、叶衍阳

设计时间：2018年5月

建成时间：2021年12月

项目地点：云龙示范区云水路689号

项目规模：109853.4平方米

项目类别：地产景观（在建方案）

[A] 云庐内景
[B] 云庐内景
[C] 云庐内景
[D] 云庐内景
[E] 云庐内景
[F] 云庐内景
[G] 云庐内景
[H] 云庐内景

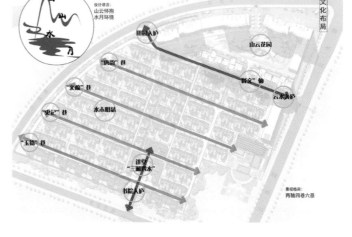

[A]

[B]

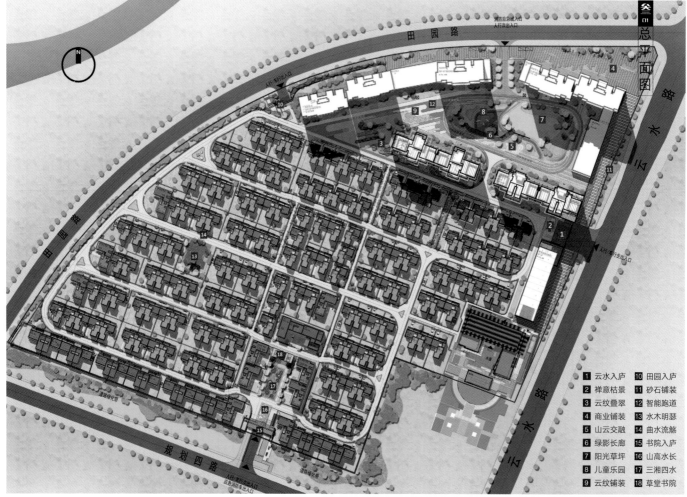

1 云水入庐　10 田园入庐
2 禅意枯景　11 砂石铺装
3 云纹叠翠　12 智能跑道
4 商业铺装　13 水木明瑟
5 山云交融　14 曲水流觞
6 绿影长廊　15 书院入庐
7 阳光草坪　16 山高水长
8 儿童乐园　17 三湘四水
9 云纹铺装　18 草堂书院

[C]

设计说明：

云庐的景观构思

我们要做的不仅是株洲的云庐，更是湖湘的云庐。云庐设计构思从这一点触发展开联想。

在调研湖湘地区的背景资料后发现：

1．湖湘地区三湘四水的灵动多彩，孕育着激越冲突型的文化思想。

2．岳麓书院是湖湘文化的发源地和湖湘学派的重镇，"惟楚有材，于斯为盛"闻达天下。

3．"全国诗人半在湘"，湖湘文化所具有的最鲜明的特征即是其内涵的"诗画"。

我们从其地域生态环境方面入手，提取了特性"三湘四水"，从湖湘文化承载方面入手提取了特性"书院情怀"，从湖湘文化体现上入手，提取了特性"诗画内涵"。

从"三湘四水"中提炼出"山""水""云""湖"元素，加以变化演绎，作为整个云庐产品的轴线骨架。从"书院情怀"中提取其礼序中堂的格局及建筑线脚运用于云庐的门楼及构筑中。从"诗画内涵"中提取"琴""棋""诗""画""茶"等特性变化演绎，赋予小区多层区各个巷道不同的文化内涵。

项目自我评价：

希望通过设计以简单、谦逊、温和的姿态在传统和现代之间架起记忆的桥梁，设计就像在挥笔一幅水墨画，一浓一浅间体现东方山水美学，一开一合间体现与自然共处，让身心沉浸，演绎对仗礼仪，云物妍舒，让人静享悠然的归隐生活。

[E]

[F]

中堂景观

规划四路主入口

云水路主入口

[G]

[H]

别墅宅间

[D]

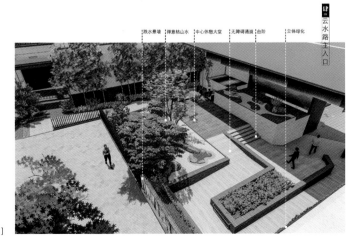

云水路主入口

合肥招商雍华府19C

设计单位： 上海勤梓景观设计有限公司

委托单位： 合肥招商章盛房地产开发有限公司

主创姓名： 刘骁逸、杨爱锋

成员姓名： 宋兰兰、肖莉、杨金慧、朱瑾

设计时间： 2018年12月

建成时间： 无

项目地点： 安徽合肥

项目规模： 51259平方米

项目类别： 地产景观（在建方案）

[A]

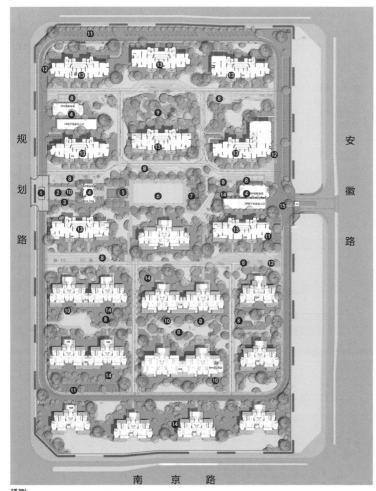

景观总平面图

图例legend

01 主入口 The Main Entrance	06 阳光草坪 Sun Lawn	11 地面停车位 Ground Parking Space
02 涌泉景观 Yongquan Landscape	07 休闲廊架 Recreational Corridor	12 健康跑道 Health Runway
03 景墙 Wall Sign	08 活动空间 Activity Space	13 架空层 Stilt Floor
04 管理用房 Management Room	19 儿童活动场地 Children's Playground	14 采光井 Light Wells
05 镜面水景 Mirror-like waterscape	10 情景雕塑 Situational Sculpture	15 岗亭 Box

单元入户分析图

位置图

节点放大图

图例Legend

01 入口前场
Entrance Front Field
02 LOGO地刻
LOGO Ground Carving
03 景观灯柱
Landscape Lamp Post
04 垃圾收集
Garbage Collection
05 人防通道
Civil Air Defense Channel

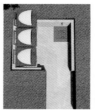

单元入户效果图

[B]

儿童活动区分析图一

位置图

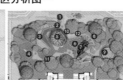

节点放大图

图例Legend

01 主入口标识
Main Entrance Sign
02 童车存放处
Child Car Deposit
03 景观廊架
Landscape Gallery
04 坑洞
Bunker
05 点景大树
Big Tree
06 儿童娱乐设施
Entertainment Facilities

07 组合趣味滑梯
Slide
08 微地形攀爬网
Climbing Net
09 秋千
Swing
10 洗手池、储物箱
Hand sink＋Storage box
11 分类垃圾箱
Dustbin
12 驱蚊灯
Mosquito Repellent Lamp

　　主题定义为"童话世界"的乐园，设立目标是创造一个充满活力的活动空间并加强儿童与自然的交流活动，和周围开放空间以及绿地融为一体，让孩子们充分与大自然接触。场地整体选用蓝色为主色调，一方面可以激发儿童的创造力与想象力，另一方面可以带动整个场地的活泼性。儿童活动场地以锻炼儿童的综合能力游戏为主，注重游戏中竖向空间的变化，并且在入口处设置家长看护区，孩子的活动都在家长的视线范围内进行。

儿童活动区效果图

儿童活动区一入口效果图

儿童活动区一滑滑梯

[C]

设计说明：

几何为线，秩序为魂；

一砖一瓦皆是诗，一草一木总关情。

还原雍华府悠然生活方式，以黄色为基调，在风格上，景观设计上延续了建筑的色调，运用几何式的直线条处理，统一到底，呈现干净简洁的铺装界面。

入口轴线展示区——集中力量打造形象展示空间。以"入则静谧，出则繁华"的分界点，既要满足通行消防车4米净空的需求，又要不显突兀，和周边环境及会所相融合。

在设计思路上，鉴于项目场地所限，拥有大量的硬质场地，所剩的完整绿地面积不多。因此，主要围绕如何破解硬质场地过大的生硬感，结合结构主义的设计风格和"less is more"的设计思考，探索项目的发展和空间变换的哲学理念。项目采用了大量的折线设计，形成统一的道路语言，简洁干净，通过线条的纵向延伸，作为道路引导以及进行空间几何的解割，描绘高空图案，进行全方位的展示。

项目自我评价：

在园景整体格局上，层层递进，在功能和布局上呈现出强烈的仪式感、厚重感，回归传统礼序空间，在整体设计上，以代表礼制精神的中轴对称院落布局，融合传统的府院式格局，营造回归传统的"空间之礼"和尊贵雍容的园林气质。将东方美学融入空间的开合关系里，巧借水、石、植物、光影、风月等自然元素来传递纯净的意境。

项目经济技术指标：

项目总占地面积：51259平方米；
景观设计风格：新中式风格；
项目类型：普通住宅；
绿地率：40.02％；
容积率：2.0。

[A] 总平面图
[B] 单元入户分析
[C] 儿童活动区
[D] 停车场入口效果图

[D]

世茂深港国际中心

设计单位：贝尔高林国际（香港）有限公司

委托单位：世茂集团

主创姓名：许大绚

成员姓名：谭伟业、Mr. Jake Bacani

设计时间：2018年

建成时间：2019年

项目地点：深圳市龙岗区

项目规模：2.9公顷

项目类别：地产景观（在建方案）

［A］展示区总平面图
［B］展示区鸟瞰图（夜景）
［C］组团植物区
［D］组团植物区
［E］展示区鸟瞰实景图

0 5 10   20   30   50M
1:500 MTS.

图例

01．入口及精神堡垒
02．跌水墙及logo
03．舞台水景
04．镜面水景
05．停车场
06．特色地形景观
07．到达广场
08．营销中心
09．西入口
10．连桥
11．地库入口
12．下沉座椅区
13．电瓶车上车点
14．营销围板
15．动感草坪/特色灯带
16．通往公寓路径
17．特色切割线条种植
18．员工停车场
19．青春路
20．硬质舞台

［A］

设计说明：

已建成落地的展示中心面朝龙岗大运绿地公园，东侧迎向未来的超高层主塔，北侧紧邻中央绿地，西侧与景观山体遥相呼应，拥有得天独厚的景观与城市资源。展示区的建筑设计以"传统国韵的当代演绎"为主旨，体现"螺旋卷轴"+"立体园林"的核心概念。在落手景观规划之前，设计师对建筑的构造做了详细的剖析，发现其层与层之间存在120°的旋转角。通过对建筑的视线分析，设计师将主要景观路径以两片"花瓣"的形式围绕建筑构造，保证建筑内部对外的视觉体验性。

在深圳世茂深港国际中心项目中，为了全面地释放建筑张力，提高建筑价值，设计师对于景观表达中的乔木高度、灌木密度、水景宽度、草坪尺寸等都做了充分的考虑和探讨，以确保在一定距离外，也能感受到建筑的艺术性和景观的协调性。设计师采用了大水面的打造手法，延展景观空间，水面间有绿植点缀，打破水面单调性的同时，呼应水面外的景观世界。在展示区空间的植物配置上，设计师采用了创新和突破的方法。利用分格植物配置，在小空间范围内形成多植物组团，如钻石切割般，将组团与组团之间的界限划分得明确清晰。

项目自我评价：

深圳世茂深港国际中心坐落于深圳龙岗的东部CBD，规划有超高层办公、商业综合体、高端公寓、顶奢酒店、文化展览等业态，意在助力深圳吸纳来自我国香港地区的科技研发、总部经济、现代服务业等高端产业资源，推动深圳和香港地区深度合作，打造大湾区东部核心。

项目经济技术指标：

项目地点：深圳市龙岗区大运新城；
项目类型：展示区；
景观设计风格：现代简约；
占地面积：2.9公顷；
景观面积：2.5公顷。

[B] [C]

[D] [E]

宁波商量岗木屋区景观规划设计

设计单位：苏州金螳螂园林绿化景观有限公司

委托单位：宁波美林旅游开发有限公司

主创姓名：陈奇

成员姓名：邹耀林、叶朋、顾馨、周倩、张海辉

设计时间：2017年6月

建成时间：2019年8月

项目地点：宁波商量岗

项目规模：35200平方米

项目类别：酒店环境设计

[A] 总平面图
[B] 节点效果图
[C] 节点效果图
[D] 节点效果图
[E] 节点效果图
[F] 节点效果图

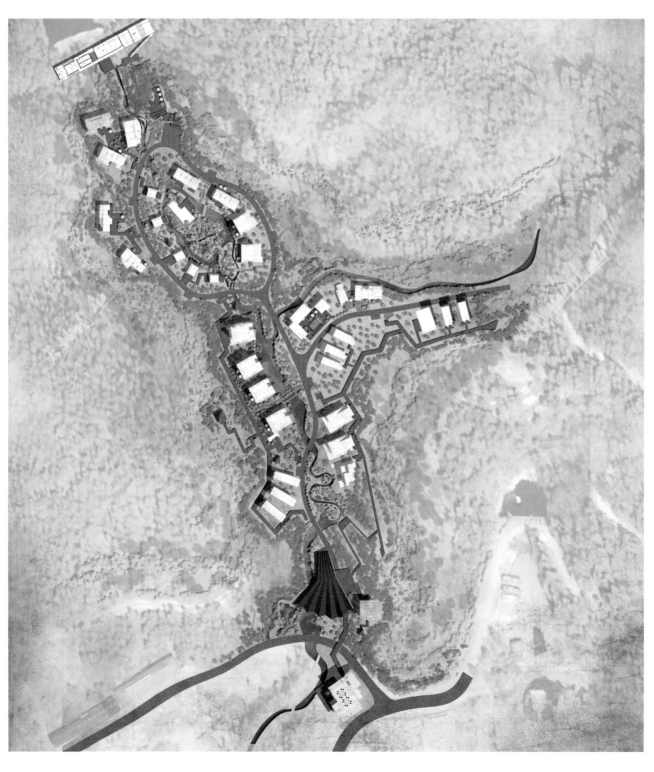

[A]

[B]

[C]

项目经济技术指标：

项目名称	单位	工程量	综合单价	合价
景观	平方米	26000	30	780000
建筑	平方米	4600	70	322000
建筑内部	平方米	4600	200	920000
总价		2022000		

[D]

[E]

[F]

设计说明：

在这里，我们为孩子们打造了一个童话书里的丛林世界，有可以攀爬的树屋，有从树上滑落的滑梯，有在树与树之间攀爬的网道。

孩子们在这里可以找到他们童年里幻想过的丛林世界，同时区域内还有一个服务建筑，可以提供随时随地的看护服务，建筑内部也设有一些手工活动空间，可以带着孩子画画和制作宁波传统手工艺品。

我们在公共区域的全日制餐厅中设置了许多自己动手做美食的区域，可以让游客亲身体验一下宁波传统食物的制作方式，当然也可以直接购买已经制作好的食品。

木屋拥有较高的下层空间，一方面错开对面木屋的遮挡，另一方面增加了下层空间的室外起居功能。建筑的架空层较高，因此木栈道有着较高的视野，尽可能让游客得到更佳的视觉体验。

在卧室中，我们为每一对情侣都准备了可以打开的天窗，夜晚可以赏月和数星星，回忆童年的浪漫。

项目自我评价：

尊重自然生态，符合人文规律。营造健康环境，提供健康、环保的设施。

大荔宾馆景观提升改造设计

设计单位：四川高地工程设计咨询有限公司

委托单位：大荔县大荔宾馆实业有限公司

主创姓名：齐廷锴

成员姓名：张瑞涛、李凯、葛翔、王聪、王为政

设计时间：2019年3月

建成时间：2019年11月

项目地点：陕西省渭南市大荔县花城路中段

项目规模：11166平方米

项目类别：公园与花园设计

［ A ］ 项目实景图
［ B ］ 项目实景图
［ C ］ 项目实景图
［ D ］ 项目实景图
［ E ］ 项目实景图

［ A ］

［ B ］

设计说明：

大荔宾馆位于陕西省渭南市大荔县花城路中段，西三环与花城路东北向。基地现状已历经10年岁月，设施破损严重，影响基地园区内整体美观。部分景观节点因其自身设计缺陷，几乎无使用率，造成了空间的浪费。

大荔宾馆全项目改造面积约11166平方米，主要改造项包括全区铺装、主入口景观、入口西侧绿地、北侧预建立体停车场附属绿地以及服务设施。

原有园区内车行流线混乱、各空间缺乏区域特征性，使用率较低。地面停车杂乱，缺少合理划分，部分车辆停靠在中轴景观区域，影响美观。现根据基地现状，对空间进行整改、重构，具体从以下四方面入手：更新铺装、修葺绿地、增加细景、整理停车区域。

项目自我评价：

项目设计方案很好地结合了当地地域文化，以现代设计手法合理运用在整个场地景观设计中。结合现状症结，设计在满足功能最大化的同时丰富景观效果。大荔宾馆作为这座城市的载客门户、魅力印象，本次景观设计重点以三河文化为切入点，营造出"三河胜境，秀美同州"的美好景象。

项目经济技术指标：

设计总面积11166平方米，其中绿化面积3961平方米，铺装面积6205平方米。

[C]　[D]

[E]

增城嘉华温泉度假酒店

设计单位：风艺景观设计（广东）有限公司

主创姓名：郑艺坛

成员姓名：曾惠光、刘惠龙、曾静君、谭仲强、郑晓慧

设计时间：2014年9月

建成时间：2019年8月

项目地点：广东省广州市增城区

项目规模：81065.3平方米

项目类别：地产景观

[A] 项目实景图
[B] 项目总平面图
[C] 项目实景图
[D] 项目实景图
[E] 项目实景图
[F] 项目实景图

[A]

项目总平面图

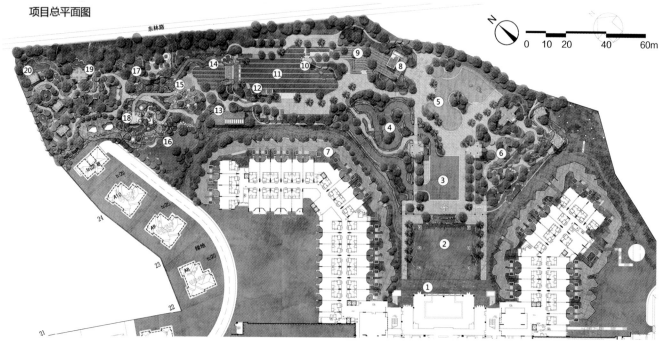

若水 · 自然

项目描述 PROJECT DESCRIPTION

设计源于项目所处的大环境，典型的"前店后园"格局，水译为温泉，一泓泉水，烟弥漫，在明月间，在云海中，婉婉泉水如美玉般高贵、雅致、漫泡其中，可洗去污秽之气，可洗去心灵的烦闷、浮躁、与周围景色融为一体，达到天人合一，从而塑造一个自然、现代、高雅的温泉度假胜地。

设计说明 DESIGN INSTRUCTION

景观以"水"作为景观元素，通过不同的形式表现"水"，从视觉，听觉，触觉的不同的体验来感受"水"，从而营造丰富多样的景观空间，通过"水"的流线性将温泉不同区域联系起来，形成统一的整体，高低起伏、丰富变化的空间，让人与景观合为一体。

1. 主入口
2. 阳光草坪
3. 冲浪区
4. 戏水滑道
5. 温泉池
6. 森林温泉
7. 客房温泉
8. 石窟餐厅
9. 户外餐饮
10. 泳池吧台
11. 无边际常温泳池
12. 水中廊架
13. 更衣室
14. 儿童戏水池
15. 山林滑道
16. 水池
17. 石板浴
18. 滑梯管理
19. 山中温泉
20. 温泉眼

[B]

[C]

[D]

[E]

[F]

设计说明：

项目位于广州市增城区派潭镇，紧邻著名的白水寨风景区，背靠青山，四周翠峰高谷被誉为广州的"市"外桃源。整个酒店采用东南亚风格，宏伟大气，错落有致。房间或饱览茂密山林，或远眺著名的"白水仙瀑"，或近观大型景致园林。酒店景观层次丰富，结合园林景观、水景和55个偏硅酸特质的美容中药温泉池及溶洞温泉池，使旅客如置身于热带天堂之中，令人身、心、灵达到和谐。

山谷温泉坐落于溶洞、绿荫葱郁之间，四周山景尽收眼底。山谷温泉共分中药保健区、常温戏水区、溶洞原汤区三个功能区，总计超过45个各式汤池。

御泉-大溶洞温泉区溶洞内冬暖夏凉，温泉池约有1500平方米，温泉池约有1500平方米，内藏多个各具特色功能池（按摩大池、鱼疗池、气泡池、冰火池等），同时还有多个原汤池，溶洞宽敞森然，钟乳石、石笋等形态各异，或悬挂洞顶，或拔地而起，千姿百态，并配置有汗蒸房，也可去园区干/湿蒸房享受大汗淋漓的快感。

除了溶洞温泉，酒店还拥有室外温泉区，中药温泉区、活力戏水区、儿童游乐区。六大泳池，任您畅游：直面瀑布的观瀑池；活力四射的戏水池；欢乐无限的儿童池；风雨无忧的恒温池；惊险刺激的环流池。

除了这些温泉之外，东南亚风格的石板浴，嘉华特色煮蛋池，戏水观仙瀑，食温泉仙蛋，在嘉其乐融融。

项目自我评价：

项目依托优越的地理环境，通过巧妙的设计，结合园林景观、泳池、水景和四十几个风格迥异的温泉水疗空间，使旅客如置身于热带天堂之中，令人身、心、灵达到和谐与平衡的享受，使之成为南国又一个理想的度假、养生及会议胜地。

项目经济技术指标：

规划总用地：81065.3平方米；规划建设用地：72004平方米；总建筑面积：88058平方米；保留总面积：0平方米；规划总面积：88058平方米；计算容积率建筑总面积：78131平方米；旅馆：66013平方米（保留：0平方米；规划：66013平方米）；员工宿舍：3265平方米（保留：0平方米、规划：3265平方米）；贵宾楼：8853平方米（保留：0平方米、规划：8853平方米）；保留总面积：0平方米；不计算容积率建筑总面积：9927平方米；地下：9670平方米（保留：0平方米、规划：9670平方米）；楼梯屋面：257（保留：0平方米、规划：257平方米）；保留总面积：0平方米；综合容积率：1.08；占地总建筑面积：20596平方米；总建筑密度：28%；塔楼建筑密度：0%；绿地率：30.4%；公共绿地面积：21889平方米；机动车泊位数：423个（地下：215个；地面室外：208个；非机动车泊位数：0个）。

碧桂园·十里芳华展示区景观整改设计

设计单位：麓岩景观设计（上海）有限公司

委托单位：昆山大唐和筑置业有限公司

主创姓名：郁小云、王平

成员姓名：刘宁、李文杰

设计时间：2018年1月

建成时间：2018年8月

项目地点：昆山新乐路2002号

项目规模：10000平方米

项目类别：地产景观

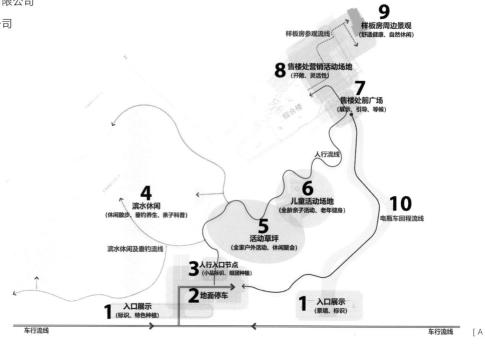

9 样板房周边景观（舒适健康、自然休闲）

样板房参观流线

8 售楼处营销活动场地（开敞、灵活性）

综合楼

7 售楼处前广场（展示、引导、等候）

人行流线

4 滨水休闲（休闲散步、垂钓养生、亲子科普）

6 儿童活动场地（全龄亲子活动、老年健身）

10 电瓶车回程流线

滨水休闲及垂钓流线

5 活动草坪（全家户外活动、休闲聚会）

3 人行入口节点（小品标识、组团种植）

2 地面停车

1 入口展示（标识、特色种植）

1 入口展示（景墙、标识）

车行流线　　　　车行流线　　[A]

[A] 分析图
[B] 总平面图
[C] 实景图夜景
[D] 实景图夜景
[E] 效果图儿童区
[F] 效果图儿童区
[G] 实景图入口
[H] 实景图夜景

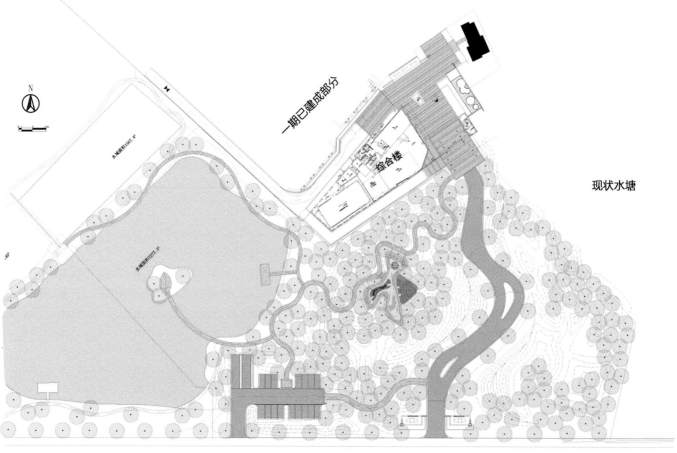

一期已建成部分　综合楼　现状水塘

新 乐 路

[B]

[G]
[H]

[C]

[D]

[E]

设计说明：

远离都市的一方静地，为热爱生活的人创造具有卓越生活价值的宜居空间。L.U.O的设计团队与碧桂园展开合作，以田园梦境，再造隐士栖居为主题，希望设计过程创造更多有关家庭生活的价值点，以全生命周期作为设计切入点，使居住环境充分生活化，充满人文关注。与此同时需要积极地应对周围优质环境对项目的影响，将由远到近的自然资源（即原风景）纳入社区内部的视觉体系中。最终的产品呈现出的特色也是通过这一系列细致入微的推敲与糅合展现出来。

项目自我评价：

项目关注景观与周边优质自然环境的有机结合，同时从人文化的角度通过景观来描述、营造不同年龄阶段客户群体的家庭生活蓝本。以宜居、舒适、生活化为切入点，将自然与人文融于一体，设计出真正服务于人的需求的适宜性优质景观。

[F]

凯德MALL商业景观设计

设计单位：优地联合（北京）建筑景观设计咨询有限公司

委托单位：北京嘉德新源置业有限公司

主创姓名：由杨、刘芳

成员姓名：周任远、尹占祥、吕旭菲

设计时间：2017年7月

建成时间：2018年12月

项目地点：北京市大兴区思邈路（天宫院地铁）

项目类别：地产景观

[A]

[B]

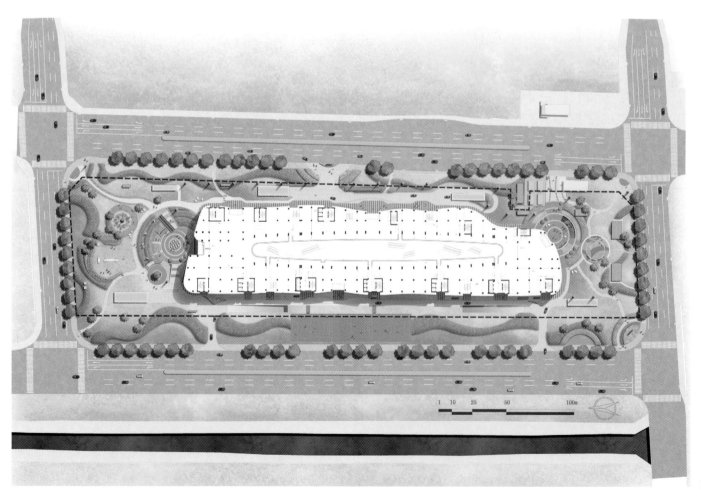

[C]

设计说明：

设计理念：设计构想来源于建筑的主题和外部形象的思维发散。建筑主体十分贴合大型渡轮外形，而基地景观则代表美丽辽阔海面，因此，户外景观空间结合海洋中波涛与海浪的元素形象来进行设计，利用活泼灵动的线角元素，打造具有极高趣味性、包容开放、高品质并且适用于全年龄段顾客的商业景观空间。

交通分析：基地南北宽、东西窄，入口分布在东西向。主要出入口设置在东侧地铁出入口处，人行为主出入口6个（其中基地转角广场入口4个），车行为主出入口3个。

功能分区：设计按功能共分7种分区，其中转角广场区4个，市政绿化带两处，人车通行区域两处，建筑主入口广场区、销售活动区、下沉广场、儿童活动区。

[F]

[G]

[A] 项目实景图
[B] 项目实景图
[C] 项目实景图
[D] 项目实景图
[E] 项目实景图
[F] 项目实景图
[G] 项目实景图

[D]

[E]

项目自我评价：

落地效果超预期，项目符合人体工程学设计要点，根据基地现有条件合理分析、有序设计，能做到吸睛引流的同时合理疏导交通，同时载客群体多而不拥挤。既坐拥现代城市的时尚艺术，又尽享自然生态景观的慵懒之境。最大化尊重土地的本身价值，将建筑与自然，自然与人文生态进行有机融合，打造成为具有温度的商业景观。

项目经济技术指标：

景观设计总面积：39482平方米；
种植用地总面积：11892平方米；
绿化率：30%。

山东鲁能泰山足球学校改造工程

设计单位：阿普贝思（北京）建筑景观设计咨询有限公司

委托单位：山东鲁能泰山足球学校

主创姓名：邹裕波

成员姓名：林章义、张李鹏、黄乔军、谭斌杰、王程程、王嘉楠、尹巍巍、杨晓辉

设计时间：2016年

建成时间：2017年

项目地点：山东潍坊

项目规模：44公顷

项目类别：地产景观

[A] 梦想长廊——夜景
[B] 泰山广场——鸟瞰
[C] 梦想长廊——立面
[D] 梦想长廊——内部
[E] 泰山广场——铺装

[A]

设计说明：

1. 中轴秩序：在取舍中探寻场地的开合、节奏、明暗、列阵，气势恢宏。前场 11 对整齐划一的银杏象征球赛序场中列队的健儿；水景喷泉的飞火流星刻纹寓意激情并进；文化雕塑象征运动员的顽强意志和强健的力量与速度。

2. 泰山广场：建筑立面的改造让冠军楼焕然一新，广场以大进区和小进区的尺度进行设计，12 条红色铺装代表了鲁能的队员和球迷们始终同在。

3. 梦想长廊：教学楼与食宿间动线太长且没有荫蔽，人行车行互有交叉，为解决这一问题，我们重新规划了一条安全荫蔽的路线，还做了大量趣味设施，生动展示不同的足球、乒乓球巨星和鲁能培养球星，榜样的力量让孩子们树立远大理想，学习自强不息的精神。

4. 儿童游乐：将原来只有基础健身器材的场地，改造为与孩子们训练结合的新型活动场所。在游戏中提升孩子们的足球、乒乓球能力，寓教于乐，收获更多。

5. 标识系统：作为鲁能球队的标志色，标识系统用橙色作为主色。慢行步道将足球动作和球场尺度的知识融入其中，为孩子的每一步打好基础。

6. 雨水花园：雨水花园由垃圾回填场改造而成，以潍坊年平均降水量 600 毫米计算，通过雨水海绵系统年收集利用量约 5.88 万立方米，大大节约了球场草坪浇灌成本。孩子们可以更加无忧无虑地在球场上驰骋。

项目自我评价：

着力打造校园主轴线，充分调动参观者情绪，以实现品牌认同感；合理利用低成本构筑物营造高质量的场所；打造亮点景观空间，构建梦想长廊，凸显校园文化，增强互动，寓教于乐。改造将规划、景观、建筑、室内一体化，同时融入文化导入、环境导视、水文设计多专业，联合植入校园改造，形成安全舒适健康快乐的整体校园环境。

项目经济技术指标：

总占地面积：44公顷；
道路、广场：10.6公顷；
水体：4220平方米；
园林建筑：875平方米；
停车场：3080平方米；
绿化率：74.2%。

[B] [C]

[D] [E]

深圳龙华大水坑社区工作站屋顶科普花园工程设计

设计单位：深圳市黎杰建筑景观设计有限公司

委托单位：福城街道办事处

主创姓名：李必健

成员姓名：王傲寒、李慧琳

设计时间：2017年12月

建成时间：2019年4月

项目地点：深圳龙华大水坑社区工作站

项目规模：1000平方米

项目类别：地产景观

总体设计 | 方案一设计构思

方案的形态构思来源于流动祥云的优美的姿态、秀气的山似雄伟的高楼的印象,通过对流动的曲线的提取与整合,演绎 推导,最终形成富有科技感的、前卫的设计风格。

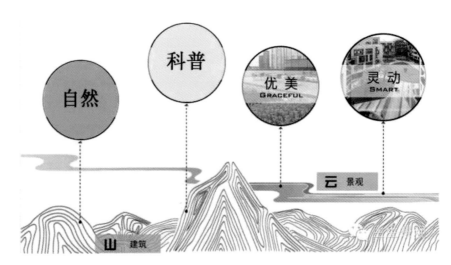

[A]

总体设计 | 方案一总平面

① 花园入口　② 迷香花池　③ 流珠树池　④ 观景广场　⑤ 借绿亭　⑥ 有机菜池　⑦ 晚香池　⑧ 漫步道　⑨ 科普花池

[B]

[C] [D]

[E] [F]

[G]

设计说明:

方案的形态构思源于流动祥云的优美姿态,秀气的山似雄伟的高楼印象,通过对流动曲
线的提取与整合,演绎推导,最终形成富有科技感的,前卫的设计风格。

项目自我评价:

项目考虑屋顶海绵城市设计,同时在荷载上也考虑花池架空,减少荷载重量,在墙面
上考虑垂直绿化墙效果,从而达到降温降噪降尘的效果。

[A] 大水坑屋顶花园
[B] 大水坑屋顶花园
[C] 项目效果图
[D] 项目效果图
[E] 项目效果图
[F] 项目效果图
[G] 项目效果图

金科企业大学（E06-1地块）

设计单位：金科（上海）建筑设计有限公司

委托单位：重庆金科科健置业有限公司

主创姓名：李波、李建斌、贾凤德

成员姓名：徐敏、肖蕾、周小钰、陶治理、王文星

设计时间：2019年8月

建成时间：未定

项目地点：重庆

项目规模：15824平方米

项目类别：园区景观设计

[A] 项目效果图
[B] 项目效果图
[C] 项目效果图
[D] 项目效果图
[E] 项目效果图
[F] 项目效果图
[G] 项目效果图

[A]　[B]

[C]

设计说明：

金科企业大学是金科集团管理人才的摇篮，好的校园景观环境必将激发人才的创造力和活力，环境会影响人。

项目自我评价：

引领商办项目未来的设计方向，融入金科独家研发的生命建筑理念，打造可持续的景观生态办公环境。

项目经济技术指标：

建设用地面积：19313平方米，总建筑面积：32579.57平方米，地上建筑面积：22232.55平方米，地下建筑面积：10347.02平方米，公共建筑：23064.92平方米，其中办公占：21040.55平方米，办公配套：2024.37平方米。配套用房面积：656.54平方米，其中物业管理用房：105.40平方米，微型消防站：501.01平方米，公厕：50.13平方米。车库面积：8858.11平方米。总计容建筑面积：23758.77平方米。容积率：1.23，建筑密度（规划）≤45%，设计指数：43.32%，绿地率（规划）≥25%，设计指数：25.13%，停车位：285，其中室外占41个，室内占244个，建筑高度：5F 19.2米。

[D]

[E] [F]

[G]

产业园景观空间『海绵』重构示范—利欧东部新厂区绿色基础设施设计

设计单位：北京一方天地环境景观规划设计咨询有限公司、北京大学深圳研究院绿色基础设施研究所

委托单位：利欧集团、温岭市东部新区政府

主创姓名：王鑫、栾博

成员姓名：析乘

设计时间：2015年11月

建成时间：2017年12月

项目地点：浙江省温岭市东部新区

项目规模：10.24公顷

项目类别：地产景观

[A]

设计说明：

项目所在的浙江省温岭市东部新区是2000年以后填海围垦开发形成的重要产业基地、温岭市副中心。温岭区域水资源严重短缺，且夏季受台风影响较大，因此，温岭市早在2011年就完成了绿色基础设施建设规划，并于2016年被列入省首批"海绵城市"试点单位。利欧集团是温岭的龙头上市企业，其产品以及企业形象与绿色环保息息相关。整合"海绵城市"建设的要求、东部新区特殊的气候条件以及企业自身的诉求，设计将利欧新厂区定位为东部新区第一个系统性持续水管理示范园区，重新构思传统制造业生产基地与绿色基础设施的结合方式。

最终落成的厂区总面积约34公顷，景观面积10.24公顷，是一个集生产、办公、居住为一体的现代化产业园。园区景观空间设计将水的可持续管理作为核心，通过"屋顶绿化→植被浅沟→雨水花园→净化湿地→景观水系→雨水滞留塘"这一"海绵"流程，使得厂区雨水蓄滞能力达到两年一遇的标准、场地内年径流总量控制率高于85%，超过国家"海绵城市"建设控制要求。

设计同时通过系统中的人工湿地实现厂区地面径流中污染物的控制和水资源循环再利用，实现污染零外排。除此之外，厂区景观还为员工提供了丰富的运动娱乐与休闲放松的多样空间，并对场地生物栖息地修复做出极大贡献，为企业形象展示起到了良好的支撑作用。

项目自我评价：

项目在厂区有限的景观空间中重构了集"海绵"雨洪管理、面源污染控制、生态栖息地修复、多功能休闲游憩和企业形象展示等功能为一体的绿色基础设施。设计多采用本地环保材料以及乡土植物，通过合理细节设计降低施工难度，将景观综合造价控制在200~300元/平方米的合理范围内，为企业节省了前期和后期维护投入的同时，确保了设计理念落地。

[A] 总平面布置图
[B] 梯级雨水净化湿地球场鸟瞰
[C] 梯级雨水净化湿地景观水系
[D] 种植细节

[B]

[C]

[D]

中新天津生态城14A、18H、29#地块幼儿园景观方案设计

设计单位：北京清创华筑人居环境设计研究所

委托单位：天津生态城住建局

主创姓名：梁尚宇

成员姓名：王丹、曹然、王华维

设计时间：2014年

建成时间：2016年

项目地点：天津

项目规模：9000平方米

项目类别：地产景观

[A]

[B]

[C]

设计说明：

秉承建筑设计的主题思想，习礼大树下，还孩子们一片纯净的自然。使室外场地充分体现绿色、生态的设计主题；并以老子对于有为与无为的经典思想为场地设计的主旨：使景观呈现出一种看似"无为"状态。学校的主要使用人群是"学生=孩子"，设计摒弃了任何一种有强烈风格的设计方法，力求使室外景观呈现放松、活泼、无束的清新感；给孩子们一个放松的课间与课后环境，帮助学生在室外得到最大限度的身心放松。但是仔细品味则处处都有用心独到的设计与立意；每一个放松的线条，每一处看似自由的曲线其实都有着独特的内涵；放松自由的线条配合看似无序的空间结构巧妙地构成了一个井然有序的功能整体。最终期望通过设计使整个学区景观呈现出一种"无为而治"的别样风景。

项目自我评价：

生态自然，无为而为。根据儿童行为心理，精心营造众多上行下穿、开合变化、融合交错的儿童趣味游戏空间，使每一个儿童都拥有童年梦想中的理想空间场所，如魔法森林、时空隧道、航海船等充满童话色彩的鲜活空间形象。

[A] 项目实景图
[B] 项目实景图
[C] 项目实景图
[D] 项目实景图
[E] 项目实景图

[D]

[E]

设计单位：宁夏宁苗生态园林（集团）股份有限公司

委托单位：宁夏回族自治区自然资源厅

主创姓名：张淑霞、王标

成员姓名：李涛、夏波、王志富、詹学斌、张志平、沈生花、
　　　　　胡兴娟、杜媛、张晶晶、任兰、何元斌、张睿

设计时间：2017年9月

建成时间：2019年2月

项目地点：中国北京

项目规模：2400平方米

项目类别：地产景观

2019中国北京世界园艺博览会 宁夏室外展园设计方案

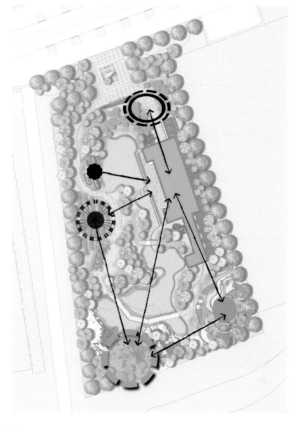

[A]

[B]

设计说明：

2019年中国北京世界园艺博览会是经国际园艺生产者协会批准、国际展览局认可，由中国政府主办、北京市承办的A1类世界园艺博览会；也是继1999年昆明世园会和2010年上海世博会之后，近十年在中国举办的级别最高、规模最大的一次专业类世博会。北京世园会于2019年4月至10月在北京市延庆区举办，展期162天。

宁夏室外展园按照总体展览展示规划布局要求，围绕"绿色生活 美丽家园"的办会主题，以园艺为媒，重点展示自治区的园艺特色、代表产品、发展成果、生态文明、产业特性等，突出自治区"塞上江南"美誉的独特地域文化和园艺特色。宁夏室外展园由自治区自行设计，布展并负责展会期间的园区的运营和维护。

1．建设规模

宁夏室外展园总占地面积2400平方米，东西平均宽度约为37米，南北平均长度约为65米，展园位于中华园艺展示区西南侧，东西两侧分别与甘肃展园和西藏展园相邻。整体区块呈长方形，地势平坦，西侧区域保留一排高大乔木，距离展园西侧边界5米左右。

2．建设内容

本届世界园艺博览会的办会主题：绿色生活 美丽家园，办会理念：让园艺融入自然，让自然感动心灵。为响应此次世园会的办会主题及理念，设计充分体现绿色发展、融合绽放的布展思路和要求。

[C]

[D]

[E]
[F]
[G]

[A] 视线分析图
[B] 中华园艺展示区布局模式图
[C] 鸟瞰图
[D] 水车
[E] 回乡民居
[F] 回乡民居
[G] 入口

项目自我评价：

宁夏展园的设计主题拟定为："塞上江南印象宁夏。"主题主要来源于宁夏特色民俗、艺术文化和特色植物及园林景观。印象宁夏主要从水韵宁夏、红色宁夏、生态宁夏、回乡宁夏四个方面展示自治区特色的风俗、文化、艺术和特色的植物资源、特色花卉资源，搭建一个展示宁夏和对外交流的平台。

项目经济技术指标：

总面积：2400平方米；
绿化面积：1690平方米；
建筑物基地面积：149平方米；
水域面积：337平方米；
硬质铺装面积：224平方米。

武夷山香江茶业园景观设计

设计单位：厦门路亨园景观设计有限公司

委托单位：香江茶业

主创姓名：李忠元

成员姓名：郑华敏、张灿雄、谢君腾、吴万林、
蔡守海、李献贵、陈斌、潘特丹

设计时间：2014年6月

建成时间：2015年3月

项目地点：武夷山市仙店工业园

项目规模：56280.3平方米

项目类别：地产景观

[A]

[A] 山水茶园
[B] 总平面图
[C] 茶艺表演舞台
[D] 九曲连廊喷泉夜景
[E] "寻茶" 茶艺活动
[F] 山水茶园茶艺表演

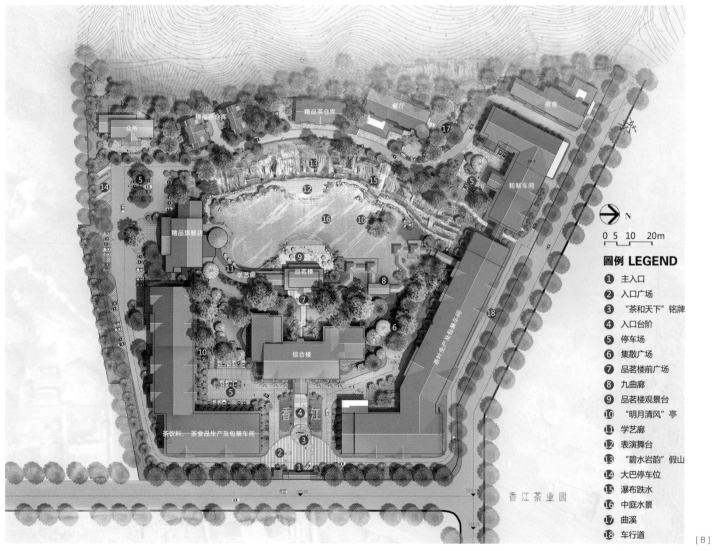

N

0 5 10 20m

图例 LEGEND

① 主入口
② 入口广场
③ "茶和天下" 铭牌
④ 入口台阶
⑤ 停车场
⑥ 集散广场
⑦ 品茗楼前广场
⑧ 九曲廊
⑨ 品茗楼观景台
⑩ "明月清风" 亭
⑪ 学艺廊
⑫ 表演舞台
⑬ "碧水岩韵" 假山
⑭ 大巴停车位
⑮ 瀑布跌水
⑯ 中庭水景
⑰ 曲溪
⑱ 车行道

[B]

设计说明：

项目位于福建省武夷山度假区内，设计面积为56280.3平方米，南北长约406米，东西长约242米。项目设计理念：①中国古代极为强调形局奇巧、山环水抱，认为水是"财"源的象征，聚水聚财。本次设计利用地形高差的特点，营造山水舞台景观。②根据中式古典园林的空间布局，采用亭、台、楼、阁、水榭、连廊、曲桥等传统建筑形式。③玲珑典雅的掇山理水、曲径通幽的园林空间、淡雅清秀的植物造景。长达100米的武夷山水及茶山景观为背景的演艺舞台为茶园的重要展示亮点。点缀摩崖石刻的茶诗词及流水瀑布，为整个茶园景观增添无数亮点，是武夷山水文化及茶文化的一次自然展现。④合理的游览动线，生产区和展示区界限明确，人车分流，互不干扰。园区设计涵盖武夷茶文化博览馆、茶叶精加工自动生产流水线、名丛园、传统手工制茶作坊、茗香湖中庭水景、茶人之家、曲韵廊、品茗阁、茗战厅、茶馆、产品展示厅等游览参观点。园区内茶园绿树葱郁，极具当地特色、富有茶文化气息的建筑错落有致，辅以花廊、曲径、池沼、水榭等，反映"天人合一"的人与自然和谐相处，体现出绿色植物、蓝色天空、清澈水景、独特韵味的江南园林庭院式景观，是集茶叶种植、自动化加工生产、检测、茶产品展示、研发以及茶产业生态文化旅游等为一体化的大型综合茶文化体验式休闲旅游区。

项目自我评价：

项目2015年荣获"福建省首批观光工厂"资格，2016年被评为"国家4A级旅游景区"。项目融入中国玲珑典雅的掇山理水、曲径通幽的园林空间造园手法，旨在打造一个武夷山水文化及茶文化韵味的大型综合茶文化体验式休闲旅游区，创造武夷山茶旅游新体验，打造武夷山茶旅游新亮点。

项目经济技术指标：

总用地面积：56280.3平方米；
建筑占地面积：15139平方米；
水域面积：3975平方米；
硬质广场面积：1641平方米；
园路面积：738平方米；
机动车车行道面积：4742平方米；
停车场面积：2133平方米；
绿化面积：27912.3平方米；
绿化率：49.6%。

[C]　[D]

[E]　[F]

海伦堡创意园

设计单位：广州海韵景观规划设计有限公司

委托单位：海伦堡地产

主创姓名：龙英玲、吴少凡

成员姓名：杨鲁宁、梁庆坤、贺课成、崔昉

设计时间：2012年5月

建成时间：2017年12月

项目地点：广州市番禺区市桥禺山西路329号

项目规模：118616.2平方米

项目类别：地产景观

[A] 景观结构图
[B] 园区鸟瞰图
[C] 彩色平面图
[D] 项目实景图
[E] 花境园路
[F] 游泳池
[G] 花境之路

[A] [B]

[C]

[D]
[E]

设计说明：

海伦堡创意园定位以创意产业为核心，运动健康为特色的集工作、生活、消费、休闲于一体的复合型创意产业园。园区内创意企业、科技企业云集，立足于成为辐射泛珠三角地区，具有全国影响力的创意产业园区。物换星移，昔日平川，今成楼厦。创意园区以与众不同的空间环境吸引众多高新技术企业进驻，激活城市产业布局，影响周边空间格局。

设计理念"融合共生"，在突出现代，绿色、生态办公理念的同时，融合健康、舒适的设计目标，区别于以往产业园布局，海伦堡创意园采用灵活的空间布局设计，增强空间对不同客群需求的可塑性。园区高度整合，连接园区各种资源，游泳池、篮球场、室内羽毛球场、健身器械等，以自然、人文和艺术之美，实现自由互动，时尚现代兼具的园林式办公空间，激发人们的创意与想象。

项目自我评价：

作为创意产业园项目，设计过程较为精确地把控了项目特色，打造了具一定影响力且成为同类产业园名片之一的项目。

项目经济技术指标：

规划总用地面积：118616.2平方米；
绿地总面积：28173.5平方米；
规划建设用地：88891.7平方米；
绿地率：31.7%；
总建筑面积：262235平方米；
机动车泊位数：1528个；
计容建筑总面积：177782平方米；
非机动车泊位数：1780个。

[F]

[G]

丹凤县棣花古镇景观规划设计

设计单位：中国建筑西北设计研究院有限公司

委托单位：丹凤县商於古道文化旅游投资有限公司

主创姓名：王海银

成员姓名：李明涛、樊可、张亦林、宋哲

设计时间：2016年5月

建成时间：2017年10月

项目地点：陕西省丹凤县

项目规模：34.89万平方米

项目类别：风景区规划

[A] 东南向鸟瞰图
[B] 总平面图
[C] 村庄透视图一
[D] 建成后的荷塘与清风街
[E] 建成后的风雨桥
[F] 建成后的作家村入口雪景

[A]

N

比例尺 0 20   40   100（m）

1.生态停车场	15.柿子树广场	29.石板桥	43.作家院落三	57.高速公路
2.游客服务中心入口	16.二郎庙	30.清风街	44.作家院落四	58.高速公路收费站
3.水渠	17.二郎庙南广场	31.清风街西牌坊	45.作家村南入口	59.新312国道
4.景观桥	18.戏楼、娘娘庙	32.古驿站	46.管委会办公楼	60.荷塘
5.游客服务中心广场	19.魁星楼	33.巩家大院	47.临时停车场与广场	61.法性寺
6.游客服务中心	20.贾家祠堂	34.风雨桥	48.景区西入口	62.清风水系
7.宋金街入口	21.龙泉	35.景区北入口	49.休闲会所	63.棣阳书院
8.镇区道路	22.庵泉	36.西区生态停车场	50.桥头广场	64.绿化带
9.宋金街入口广场	23.刘高兴家	37.作家村北入口	51.水上人家	
10.宋金街	24.贾平凹文学馆	38.大堂	52.休憩广场	
11.贾平凹文学馆次入口	25.贾平凹文学馆主入口	39.会议	53.亲水平台及游船码头	
12.贾塬村入口	26.寺泉	40.酒店	54.景观亭	
13.古井	27.二龙拱桥	41.作家院落一	55.公共卫生间	
14.刘高兴家入口	28.清风街东牌坊	42.作家院落二	56.环园路	

[B]

设计说明：

景观规划设计思想：

1．保留古村落原有的街巷系统、传统院落肌理和建筑风貌。在此基础上加以重新梳理，整修路网及环境，使村落古建筑群与开放空间互相交织，形成台地相错、建筑相叠的空间意向；使原生态的村落格局得以保护延续，确保地域文化的可持续发展。

2．新建建筑布局和景观营造注重与现有村落的文脉关系。与环境密切结合，因形就势，从高度、视线、廊道和风貌等角度合理规划，使之与现有村落有机融为一体，确保地域文化与风貌的统一。

3．根据史料记载和历史记忆，适当恢复重建法性寺、钟楼、魁星楼、戏楼和荷塘水系，完善古村落的文化内涵和景观，为非物质文化遗产项目提供表演、展示的场所，使村落本身的完整性得以丰富。

4．工程材料尽量就地取材，建造技术采用传统与现代相结合，体现棣花民居自然、厚重和朴素的基本特征，既有利于环保、降低造价，又能使新旧建筑风貌协调统一。

[E]

[F]

规划和景观营造重点：完善村落内基础设施，改善村落内的生活环境，保护村落内历史文物和生态环境，修缮村内历史建筑，重塑村落空间结构，强化村落分区功能，合理组织村落交通，保护特色风貌建筑，延续建筑符号，突出民居特色，营造与乡土建筑相协调的乡村景观，达到整体风貌修旧如旧之目标。

项目自我评价：

设计充分考虑了村落人文历史背景，以符合实际地保留村落原有建筑肌理和街巷系统为出发点，以保护村落生态环境、改善生活条件为基础，重构了村落空间、功能关系，合理组织了交通流线，便于村落内人们的生活。工程原料就地取材、经济适用、生态环保。项目已建成为陕南地区乡村振兴样板区，得多方好评，屡获嘉奖。

项目经济技术指标：

项目总用地总面积：34.89万平方米；
景观规划设计面积：29.53万平方米；
硬质景观面积：2.20万平方米；
绿地面积：19.11万平方米；
荷塘面积：8.22万平方米。

[C]

[D]

设计单位：南昌大学设计研究院乡村建设研究所
设计单位：南昌大学设计研究院乡村建设研究所
主创姓名：邹力峰
成员姓名：吴龙、罗阳毅
设计时间：2017年6月
建成时间：2018年11月
项目地点：江西省南昌市新建区溪霞镇新支村
项目规模：20639平方米
项目类别：城市及乡村规划

新建区溪霞镇新支村精品示范村建设项目 设计采购施工（EPC）总承包工程

[A]

[B]

[C]
[D]
[E]

设计说明：

2018年1月2日，国务院公布了2018年中央一号文件，即《中共中央国务院关于实施乡村振兴战略的意见》。实施乡村振兴战略，是党的十九大作出的重大决策部署，是决胜全面建成小康社会、全面建设社会主义现代化国家的重大历史任务，是新时代"三农"工作的总抓手。

新支村位于江西省南昌市新建区溪霞镇，紧邻南昌溪霞国家现代农业园，占地面积约为2公顷，村落民风淳朴、环境清幽、绿林成荫、乡野自然，是南昌构建"五位一体"精品示范村的典型案例。项目以产业兴旺、生态宜居、乡风文明、治理有效、生活富裕为指导方针，从生态、原乡、文化、产业等多重角度出发，试图在遵循传统村落发展肌理中寻找新乡村空间重塑范式，运用空间方式重构产业，以旅兴农，农旅结合，利于推动乡村产业发展、村容综合整治、乡村文明建设。

项目借南昌溪霞国家现代农业园之建设机遇，将新支村定位为"新支·望乡"民宿主题村，以"回归原乡 、醉梦新支"为主题，通过提炼新支的乡村文化要素，强化村庄空间记忆与亲切感，留住乡村的朴实与自然。打造粉墙黛瓦、小庭绿树，袅袅炊烟、乡里人家般最朴实原乡的精品示范村。

项目自我评价：

项目着重景观与村民生活方式相结合，尊重既有村庄格局，村庄与自然环境及农业生产之间的依存关系，不大拆大建，重点改善村庄人居环境和生产条件，实现有机更新。改变传统的城市规划方法，进村入户深入调查，针对问题开展规划编制，建立有针对性的规划目标，是我国实施乡村振兴战略的一次积极探索与尝试。

[A] 乡村空间活动分析
[B] 鸟瞰效果图
[C] 项目效果图
[D] 项目效果图
[E] 项目效果图
[F] 项目效果图

[F]

井冈山市拿山河生态公园——公园城市的绿色城市发展引擎

设计单位：中交第二航务工程勘察设计院有限公司

委托单位：井冈山市拿山河生态公园项目建设领导小组

主创姓名：刘尹祯

成员姓名：杨文昌、洪科、石金鹏、余佳俊、毛飞、邓毅成、龙振铎

设计时间：2018年10月

建成时间：2022年

项目地点：井冈山市

项目规模：1129384平方米

项目类别：城市及乡村规划

[A] 分析图——控规分析
[B] 平面图——总平面
[C] 效果图——滨水游步道
[D] 效果图——林间栈桥
[E] 效果图——水系穿路箱涵
[F] 效果图——栈道滨水

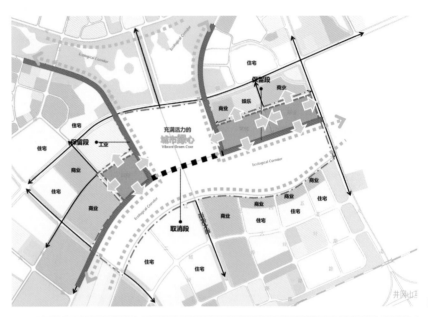

[A]

[B]

设计说明：

项目位于"红色摇篮"——井冈山。井冈山红色文化浓郁，革命历史辉煌，自然风格绚烂，生态资源优越。新时期，井冈山市政府牢固树立"绿水青山就是金山银山"的发展意识，坚持"红色引领，绿色崛起"的高质量发展路线。

项目紧密结合井冈山的文化资源禀赋、城市开发现状及绿色发展理念，以POD模式为导向，通过生态化改造水系及生态资源，提升区域生活品质和居住环境，形成生态环境与周边土地开发的良性互动；以建设公园城市为核心，将拿山河生态公园与城市的生态肌理有机融合，以绿地生态系统为媒介，有效指导未来城市空间的开发，形成"公园—城市"的高度融合。

项目规划将拿山河生态公园建设成为展示井冈山城市美好生活的城市生态客厅、推动井冈山优化空间结构的城市发展引擎，展示本土精神传承的文化体验走廊。通过项目建设实现人民生活、城市发展、文化传承的融合发展。

项目总规划面积约1694亩，总投资额约6.3亿元，主要建设内容包括公园的功能定位、总体规划及周边片区的统筹规划。

项目自我评价：

项目从井冈山新城区的城市空间、生态肌理及文化底蕴等角度出发，

紧扣绿色高质量发展理念，以POD模式为导向，以建设公园城市为核心，明确公园的功能定位，规划将拿山河生态公园建设成为新时期的绿色城市名片，与井冈山红色文化呼应，形成"红绿相映井冈山，碧水秀景拿山河"。通过项目实施构建公园城市格局，引领城市发展。

[E]

[F]

[C]

[D]

项目经济技术指标：

序号	用地类型	面积（平方米）	比例（%）
	红线范围	1129384	
	商业用地	259535	
一	公园总用地	869849	100
二	市政道路	158454.9	18.2
三	现状民居面积	77081	8.9
四	拿山河水域面积	105477	12.1
五	公园总面积	528836	60.8（100）
	水系面积	69256.5	13.1
	陆地面积	459579.5	
1	铺装广场	63450.3	13.9
2	建筑	2420	0.01
3	道路	35649	7.69
4	绿化	350610.2	76.8
5	停车场	7450（456个）	1.6

巴马赐福湖国际长寿养生度假小镇

设计单位：汇张思建筑设计咨询（上海）有限公司

委托单位：广西旅游投资集团

主创姓名：张士谊

成员姓名：蔡翔、陈芸、刘钱玉

设计时间：2015年

建成时间：2017年

项目地点：广西巴马

项目规模：123804平方米

项目类别：旅游度假区规划

[B]

[C]

[D]

[A]　总图手绘
[B]　实景图——鸟瞰
[C]　效果图——鸟瞰
[D]　效果图——鸟瞰

设计说明：

巴马瑶族自治县地处广西西北部，境内山清水秀、洞奇、物美、人寿。与桂林、北部湾一起定位为广西三大国际旅游区。巴马赐福湖国际长寿养生度假小镇就位于长寿之乡的巴马。现场拥有竹林、枫树林等原生植被，水资源丰富，多变的高差地形极具观景性。湖区位于核心区域，动植物品种丰富，生态性较好。设计的难点在于现场的高差非常大，我们一直在思考，如何最大限度地保留原有的自然风光，如何将当地的传统民族文化结合起来，如何创造景观记忆点给人留下深刻的印象，如何创造一个全方位的度假体验社区。因此，基于得天独厚的地理优势，整个项目秉承的是欣赏自然（极致乡野生活）+雕琢自然（祥和精致的度假向往）=高于自然（自然生态的天堂）的设计主旨，力求营造自然朴实奢华的体验，打造全息健康养生度假区的新型度假区理念。

功能设置上根据整个区域的游览动线分别设置了12大体验记忆点包括：入口瑶族牛头铜鼓、瑶族风情广场、田园观光采摘、倚龙壁、百年老宅、流水坝瀑布、自然跌水、桃源人家、赐福泉眼、田园酒店、竹林吊桥、儿童活动嬉水区。

项目自我评价：

项目自然的地理优势结合当地传统民族文化作为设计来源，用现代手法阐述设计语言，力求营造自然朴实奢华的体验，打造全息健康养生度假区的新型度假区理念。

项目经济技术指标：

景观面积：123804平方米。

绍兴市迎恩门风情水街景观设计项目

设计单位：杭州可斋景观设计有限公司

委托单位：绍兴市迎恩门工程建设办公室

主创姓名：黄浩丞

成员姓名：黄翀、沈心、李昕、王烨霆、郑玮烨、郑慧君

设计时间：2018年3月

建成时间：2019年5月

项目地点：浙江绍兴越城区

项目类别：旅游度假区规划

[A] 鸟瞰
[B] 总平面
[C] 项目实景图
[D] 项目实景图
[E] 项目实景图
[F] 项目实景图
[G] 项目实景图

[A]

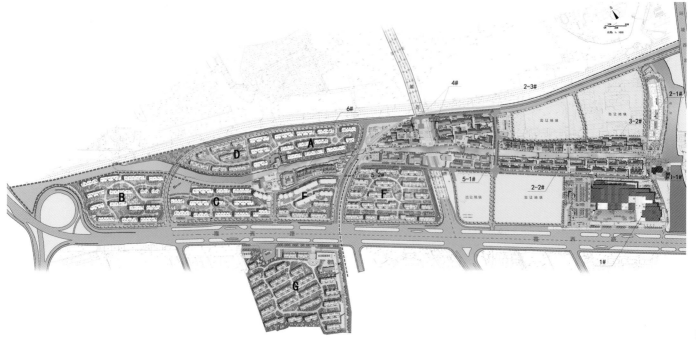

[B]

[E]

[F]

设计说明：

绍兴迎恩门水街改造项目的设计通过对中国传统文化的认识，将现代元素和传统元素兼容并蓄，成功地打造出开放、多元、动感的高情感生活磁力场，在满足现代人消费观念和生活方式的前提下实现了对传统文化的传承和对城市记忆的复苏。文化传承、记忆复苏、街巷空间、闲适生活以新中式的街巷建筑为载体，打造出与现代城市生活相适应并能承载传承绍兴文化与记忆的商业景观街区。

生活，或是精致可口的美食美味。随着社会经济和城市化建设的快速发展，鳞次栉比的高楼出现的同时是许多传统街巷空间和生活文化方式的消失。绍兴迎恩门水街改造项目将乌篷船、乌毡帽、戏剧、水、桥、书法等绍兴特有的文化特色与景观小品节点相结合，同时用绿化植物的点缀。街区设计在几个视觉焦点处设置了具有绍兴传统地域特色的拱桥、牌坊、酒文化等构筑物，并将绍兴几座历史名桥构筑其中，沿街穿行、跨水而游，品味桥背后的文化故事，形成标志性的场地精神和特殊的文化符号。形成具有时代感的创意文化街区，既有地方传统神韵，又有强烈的时代气息，传统与现代交相辉映。

项目自我评价：

绍兴迎恩门水街改造项目的设计通过对中国传统文化的认识，将现代元素和传统元素兼容并蓄，成功地打造出开放、多元、动感的高情感生活磁力场，在满足现代人消费观念和生活方式的前提下，实现了对传统文化的传承和对城市记忆的复苏。具有时代感的创意文化街区，既有地方传统神韵，又有强烈的时代气息，传统与现代交相辉映。

[C]

[G]

[D]

湘湖国家旅游度假区城市设计

设计单位：南京东南大学城市规划设计研究院有限公司

委托单位：杭州市城市规划设计研究院

主创姓名：谭瑛

成员姓名：杨俊宴、吴义锋、冯雅茹、章飙、陈丽丽、
叶晟之、魏晋

设计时间：2017年11月

建成时间：无

项目地点：杭州市萧山区

项目规模：53.5平方公里

项目类别：旅游度假区规划

[A]

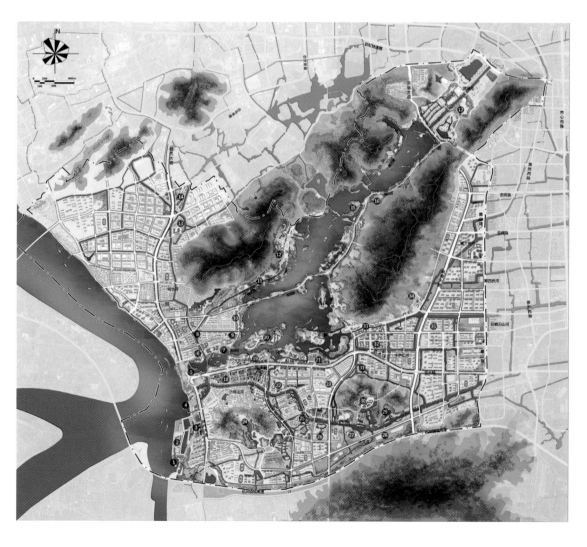

1. 游艇码头
2. 游艇俱乐部
3. 滨江商业街区
4. 滨江广场
5. 江湾广场
6. 江湾天地
7. 亲水广场
8. 河口湿地
9. 湖滨酒店
10. 湖滨美食街
11. 特色村庄与民宿
12. 浙江海洋学院
13. 科创展示中心
14. 科创服务中心
15. 跨湖桥遗址博物馆
16. 极地海洋公园
17. 杭州乐园
18. 商旅综合服务街区
19. 湖滨商业街
20. 禅修岛
21. 湖滨文创街区
22. 滨水休闲街
23. 研发创智园
24. 东方文化园
25. 河口湿地
26. 适老社区
27. 体育广场
28. 马术训练场
29. 高尔夫球练习场
30. 体育服务中心
31. 河口湿地
32. 金融智创谷
33. 金融小镇
34. 总部园区
35. 生态住区

[B]

设计说明：

在杭州钱塘江"山水城"空间格局视角下，重点思考如何凸显湘湖的差异性禀赋，如何把城市轻轻安放在湘湖山水间。分析与设计均围绕水、林、业、景四大核心问题，首先通过MIKE 21软件包模拟湘湖的主要污染物浓度场、水位、水深、xy向流速场，得出水体现状综合评价，指导设计中的岸形、岸线优化及湿地选址；其次运用"形胜"环境分析方法、植被调研、气候反演模拟对区域的山水关系、植被现状、风热环境进行分析，得出基于GIS的生态敏感性评估；然后通过百度词频、POI分析对设计区域内的古今意象及产业类型进行量化研究，以寻找古今意象重新串联、产业优化的切入点；最后对设计区域内的用地、交通体系、观览体系、天际线体系进行分析。通过以上分析针对性提出"水域环境优化、山林生境焕发、文业功能注入、城景多元互动"四大策略。设计定位为生态之湖，以"生态+"的引领，做秀山湖，故在充分尊重山水本底现状的基础上形成七分山水三分城，九脉汇湾塑新湘的理念。体系设计中首先从山水格局、物理环境、生境三个层面，织就弹性的生境网络体系、城市基底；在此基础上构建"生态+"的产业平台、梳理文脉结构、优化交通体系、打造游憩体系；最后以自然要素分割成五大片区、十三大组团，将片区功能融入城市的山水环境。整体以视线分析与三维空间控制来实现城市与生态本底的协同，并实现空间立面、沿湖界面、景观结构的控制，塑造疏密有致、高低错落的空间形态。

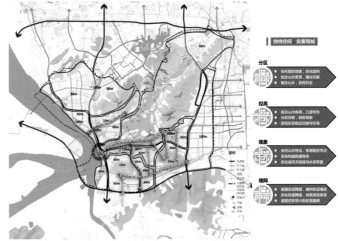

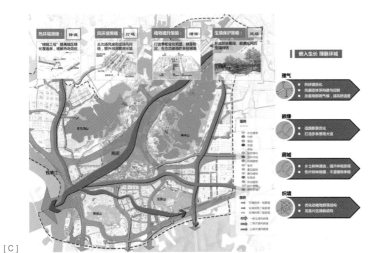

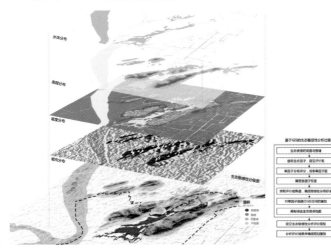

[A] 鸟瞰图
[B] 总平面图
[C] 山林生境体系设计
[D] 生态敏感评价分析
[E] 产业现状分析
[F] 城景体系设计

项目自我评价：

1. 切实做到生态优先。以"生态+"的理念，从水、林两大核心问题进行思考和分析，从而提出基于生态资源禀赋的解决方案。

2. 切实做到技术优先。分析运用MIKE水环境模拟、GIS、POI等多种量化分析方法，提出精准的规划策略和方案。

3. 切实做到策略可行。提出水域环境优化、山林生境焕发、文业功能注入、城景多元互动四大策略。

项目经济技术指标：

规划总用地面积5350.96公顷，总建设用地占66.88%，共3578.48公顷。非建设用地占33.12%，共1772.48公顷。其中：居住用地21.60%，公共管理与公共服务设施用地4.75%，商业服务设施用地22.19%，工业用地6.48%，交通设施用地17.38%，公共设施用地1.06%，绿地与广场用地26.52%，区域公用设施及其他建设用地0.52%。

莒南天佛圣境・禅意古镇游客集散中心景观设计

设计单位：杭州八口景观设计有限公司

委托单位：山东东方佳园建筑安装有限公司

主创姓名：郑建好

成员姓名：占嫦英、徐晓达、王凯蕾、曾庆健、
姚丹丹、邵杰、程佳

设计时间：2018年8月

建成时间：2019年9月

项目地点：山东临沂市莒南县

项目规模：约2万平方米

项目类别：旅游度假区规划

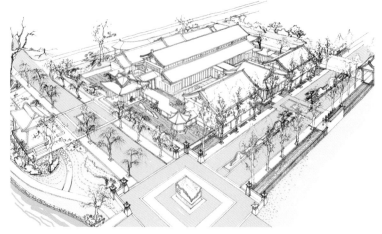

[A]

[B]

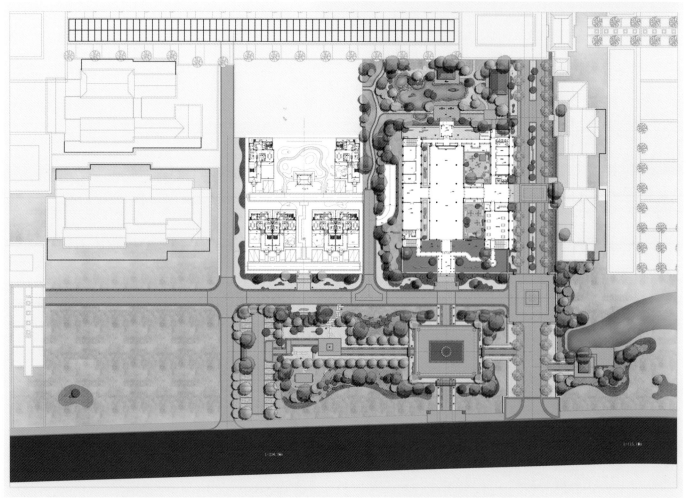

[C]

设计说明：

项目位于山东省临沂市莒南县，依托莒南天佛自然资源，以"佛"文化为核心，打造佛教文化旅游特色小镇，发展壮大文化旅游产业，建设文化旅游景点设施和旅游服务配套项目。禅意古镇规划总面积约102万平方米，中间一条南北走向的主要景观轴线，充满佛教文化与禅意特色的景观建筑节点分布轴线两侧，包括灯油坊、佛香堂、五观斋、梵呗宫、慈医堂、开悟楼、色相馆、禅意馆、五明书院、大德讲堂、一味斋、子牙阁等。游客接待中心位于主轴西侧，设计面积约2万平方米。

走进莒南，走进天佛，仰望天佛胜景，化佛意为禅意，身处佛山净土之地，静谧的空气中传达着无尽的祥和，感受一种久居都市不曾有过的轻松与自在。佛家有云"禅乃佛之谛，佛乃禅之的"。游客接待中心景观设计以卧佛圣地为核心，并将佛家、儒家、道家三家精神融合为一体，更多地阐述佛家故事及佛家禅宗文化。

主题营造分别以"净尘心——初相遇，承世缘——自寻觅，弘心道——心空明，解禅境——长思索"四个部分，同时表现为"顿禅、寻禅、悟禅、看见禅"。一花一世界，一草一天堂，一叶一如来，一砂一极乐，一方一净土，一笑一尘缘，一念一清静。心自在，万物皆是佛！

项目自我评价：

项目目前在国内是少有的以佛文化为主题的禅意古镇旅游项目，本身具有得天独厚的文化及自然资源，文旅产业具有很大的市场潜力。无锡的佛文化禅意旅游小镇拈花湾就是一成功的案例。

项目设计理念、功能主题新颖，脉络清晰，环环相扣，是一用心设计的作品。表现效果也十分精致到位。

项目经济技术指标：

红线范围面积：22584.2平方米；建筑占地面积：2476.33平方米；景观设计面积：20107.87平方米；地面停车位：20个；单方造价约：1000元/平方米。

[A] 手绘
[B] 鸟瞰图
[C] 总平面图
[D] 游客接待中心效果图1
[E] 禅心园效果图

[D]

[E]

浙江安吉瀚龙影视文化创意中心景观工程设计

设计单位：上海瀚雅景观规划设计有限公司

主创姓名：徐舟

成员姓名：匡安琴、雷卓扬、朱向征、潘明明

设计时间：2014年

建成时间：2019年

项目地点：浙江安吉

项目规模：34820平方米

项目类别：旅游度假区规划

设计说明：

一、项目概况和气候条件

1．基地区位、现状

安吉翰龙影视文化创意中心位于安吉县，周边为郁郁葱葱的群山，以产竹闻名，有"中国竹乡"之称。

2．气候条件

安吉气候宜人，属亚热带海洋性季风气候，总特征是：光照充足、气候温和、雨量充沛、四季分明，年平均气温15.5C°，年平均降雨量1405毫米，年平均日照1844小时。

二、设计依据

1．业主提供的规划红线图及设计任务书。

2．安吉瀚龙影视文化中心地块规划设计方案（成果稿）。

3．《公园设计规范》CJJ48-92。

4．《城市居住区规划设计规范》1994。

5．国家和浙江省现行的相关设计规范和规定。

[A]

三、设计理念

1．人、建筑与自然的共存与融合；
2．惬意的居住环境及内外环境渗透合一的空间居住形态；
3．生态型居住小区的营造；
4．具有认同感的个性化空间设计。

四、设计内容

（一）总体布局

根据基地整体景观布局分为九大区块：

A．瀚龙会所区，B．酒店主入口区，C．酒店配套功能区，D．水杉艺术区，E．酒店区，F．创意会所区，G．中心湖景区，H．滨水景观带。

（二）种植

绿化树种宜选用安吉地区生长健壮，少病虫害，有利于人们身心健康的树种。

（三）竖向设计

在设计时注重利用微地形设计来营造一种空间变化丰富的景观，同时为居民欣赏景观提供了不同的观赏点，丰富了中心绿地的空间形态，活跃了空间气氛并起到了隔声的效果，其他部分的竖向设计结合给排水与植物造景需要。

（四）灌溉设计

项目绿化浇灌由市政管网直接供给，绿地浇水按间距不大于50米布置洒水栓。

（五）照明设计

项目照明主要以功能性为主，干道单侧设置庭院灯，中心酒店区以地灯、射灯相结合的形式；宅间以及其他绿地空间多以草坪灯为主。

项目自我评价：

在国家号召培育发展特色小镇的背景下，分析不同使用和体验需求下，景观专业在功能分区、交通流线、体验性设计及氛围营造方面的设计要点，适合影视度假小镇不同使用人群游览、拍摄使用的，能提升游客在景区的时代代入感，并与地域风貌相协调的景观体验性设计方法，使游客能深度体验小镇特色，创造具有吸引力的特色影视度假小镇景观。

项目经济技术指标：

总用地面积：34820平方米，建筑占地面积8815.8平方米，绿地率20.1%。

［A］总平面图
［B］别墅

［B］

北京延庆山戎文化陈列馆展陈景观设计

设计单位：北京博衍天合空间艺术设计有限公司

委托单位：北京市延庆区文化和旅游局

主创姓名：朱雅栋

成员姓名：马玲娟、郭丽鹏、樊晶晶、徐婷、李心童、田英宏、李佳佳、耿亚洲

设计时间：2019年1月

建成时间：无

项目地点：北京市延庆县靳家堡乡玉泉村

项目规模：约2700平方米

项目类别：绿地系统规划

[A] 项目实景图
[B] 项目实景图
[C] 项目实景图
[D] 项目实景图
[E] 项目实景图
[F] 项目实景图

[A] [B]

[C] [D]

[E] [F]

设计说明：

1. 对话自然，共融共生

构筑与景观相融共生，各展示之间彼此独立却又相互串联的景观。通过对日照通风的分析，对场地的前庭、中庭、边庭等空间的特征重新进行诠释。

2. 汇集多元文化

延承地域文脉山戎文化内涵多元丰富，在文化的传播与融合过程中，与当地特点相结合。在整体设计中，采用了坡顶、整石、动物纹饰等符号和元素进行诠释。建筑立面形式错落，层次分明，大气而富有张力。屋面下竖向构件砖墙，不失细节。整个建筑的造型和材料，色彩的选择，同样也是对山戎文脉延承和创新。

3. 展景内外结合，游线移步异景

游园即为观展亦是设计的主旨之一，整个游线展示设计均与景观充分结合。不同时期的山戎文化内容，经游览的动线，古老而神秘的文化在历史的洪流里缓缓揭序。

观展游线：不同的体验场景与观展游线结合，达到移步异景的效果。

项目自我评价：

项目充分运用了大门、特色铺装广场、青铜文化灯柱阵列和树列等空间构成，打造出山戎文化的景观中心轴线。让游客能强烈地感受到山戎文化风格与其他文化博物馆之间有显著的差异化认知。凸显山戎文化特色，展示属于山戎文化中古老而又神秘的历史。

项目经济技术指标：

项目分类	项目名称	数量	面积/尺寸	单价	总额
	山戎文化陈列馆项目造价估算统计信息（一期费用）				
建筑类	大门改造	1	260平方米	2500元/平方米	65万
	主体建筑立面改造	1	400平方米	3000元/平方米	120万
	围墙改造	1	125米	800元/米	10万
	配套建筑改造	1	77平方米	3000元/平方米	23.1万
	挡土墙改造	1	38米	1600元/米	6万
	给排水设备管网				42万
	电气设备管网				27万
雕塑类	"灵魂不灭，崇尚太阳"雕塑	1			15万
	文化柱	10			15万
	老马识途广场	1	163平方米	1800/平方米	29.3万
	青铜剑文化雕塑	1			24万
	荷花池	2			10万
景观类	硬质地面铺装改造		996平方米	500元/平方米	49.8万
	绿化面积		1680平方米	400元/平方米	67.2万
公共设施类	文化展板	12		2000元/个	1.8万
	公卫	1			30万
	座椅	12			2.4万
	导视系统				1万
总计					538.6万

公共绿地绿化提升工程

设计单位：深圳市国艺园林建设有限公司

委托单位：深圳市绿化管理处

主创姓名：李瑜

成员姓名：吕国武、曾海涛、梁永高、卢健毅、宋炎炎、周梦生、肖嘉怡、朱坚铠

设计时间：2018年7月

建成时间：2019年2月

项目地点：深圳市福田区笋岗西路

项目规模：21170平方米

项目类别：绿地系统规划

[A]　雨水花园实景图
[B]　平面图
[C]　粉叶金花开花实景图
[D]　健身场地实景图
[E]　雨水花园实景图
[F]　紫娇花开花实景图
[G]　紫娇花开花实景图
[H]　紫娇花开花实景图

[A]

N

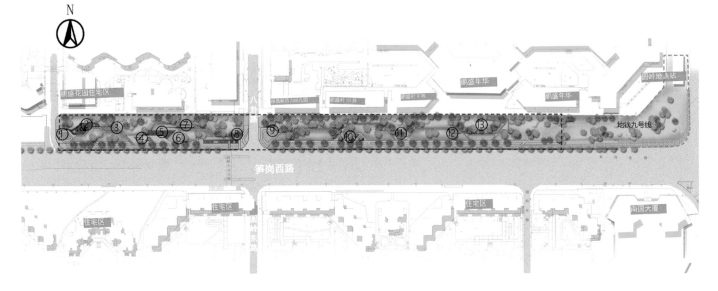

① 主入口　③ 休闲平台　⑤ 健身场地　⑦ 阳光长廊　⑨ 次入口　⑪ 特色花池　⑬ 微地形
② 童趣乐园　④ 活动广场　⑥ 漫步汀石　⑧ 悦动花园　⑩ 花影广场　⑫ 休憩台

[B]

[C] [D]

[E] [F]

[G] [H]

设计说明：

项目采用简约现代的设计手法，打造多层次的线性空间，将城市的破碎化格局重新连接，以"生态笋岗"为愿景，辅以丰富的植物组团花境，构建富有连动序列、生态休闲、文化创意为一体的运动休闲公园。在设计上，通过空间、绿化、小品和铺装的打造，为人们创造一个将城市工作中的"动"与慢行生活中的"静"连接起来的城市公共空间，通过城市绿地，连接过去、现在与未来。

项目自我评价：

公园整体设计上贯彻生态环保的理念，主要采用陶瓷透水砖及透水沥青两种生态材料，在地势低洼地段还增设了雨水花园的设计，加强公园雨水回收的功能，减缓城市排洪排涝的压力。梳理植物关系，增加新型品种，引进新优品种，如：巨紫荆、泰国樱花（花旗木）、姜荷花、矮生翠芦莉、叉花草、银边兰花、三七等。

项目经济技术指标：

项目全长约700米，占地面积约21170平方米。

大别山旅游扶贫快速通道景观绿化工程

设计单位：安徽省交通规划设计研究总院股份有限公司

委托单位：六安市交通基础设施建设投资有限公司

主创姓名：高磊、刘正立、王祥彪、钱佳作、陈茂松

成员姓名：潘锋、王祖珍、李强、马婧、黄才召、焦天涵、
慈明

设计时间：2013年1月

建成时间：2016年12月

项目地点：安徽省六安市

项目规模：约45万平方米

项目类别：绿地系统规划

[A] 项目实景图
[B] 总平面图
[C] 项目实景图
[D] 项目实景图
[E] 项目实景图
[F] 项目实景图
[G] 项目实景图

[A]

[B]

安徽省大别山旅游扶贫快速通道平面示意图

项目概述

本项目主线起点位于金寨县南溪镇李集，连接沪蓉高速丁埠互通，在金寨县境内途经南溪、关庙、沙河、吴竹园、吴家店、天堂寨、燕子河全长8个乡镇，在霍山县境内途经漫水河、上土市、太阳、大化坪、磨子潭和牛龙寺6个乡镇，终点位于霍山县单龙寺接漠广高速，项目总里程259.02公里，其中主线全长193.1公里，12条连接线总长65.92公里。

设计标准

主要工程规模

标准横断面

设计单位：安徽省交通规划设计研究有限公司

[C]

设计说明：

安徽省大别山旅游扶贫快速通道主线起点位于金寨县南溪镇李集（连接六武高速丁埠互通），终点位于霍山县单龙寺接济广高速，长193.1公里；另外设置12条连接线沟通沿线景区，长65.9公里；项目全长259公里。项目的建设是国家落实大别山集中连片特困地区交通扶贫规划和安徽省交通运输"十二五"规划的重要举措，同时是《"十三五"旅游业发展规划》中计划打造的25条国家风景道之一。现有旅游资源丰富，有2个5A级景区、7个4A级景区、1个国家地质公园、2个国家森林公园，景色优美，局部旅游开发成熟，沿线分布有刘邓大军指挥部旧址等7个红色人文景点。项目建成后，受益群众达50余万人。

项目地理位置图

总体布局串联沿线5大旅游主线、13个必游景区、8大特色小镇。

五大旅游主线——锦崖、皮旅中原突围、别山之巅、山水茶乡、皖西小镇

13个必游景区——马岭景区、天堂寨风景名胜区、燕子河大峡谷、铜锣寨风景区、大别山主峰、印象大别山景区、座子风景区、毛坦老街、东石笋景区、晓天老街、万佛山景区、万佛湖度叙区、周瑜城

八大特色小镇——汤泉小镇、仙旅小镇、花香小镇、石斛小镇、清凉小镇、原茶小镇、慢古小镇、工艺小镇

总体空间布局

设计内容包含道路景观整体文化理念策划、慢行系统、驿站、景观节点设计及绿化提升等。

项目规模：450000平方米，总投资概算约为20000万元。竣工决算为：17500万元。

项目自我评价：

设计时全方位地从工程建设和景观发展的角度进行了思考和论证，响应国家政策，以"大别山乡村振兴风景线"作为总体定位。从路线指标选用、路基边坡高度控制和处理、桥梁、涵洞布置和结构形式选择、隧道洞口设置、环境保护和人文、自然景观处理、交旅融合发展的要求加以细化和落实，体现了"安全、舒适、环保、和谐"的设计理念。

项目经济技术指标：

项目规模：450000平方米，总投资概算约为20000万元。竣工决算为：17500万元。

[D] [E]

[F] [G]

大同云冈矿山修复公园—生产和生态过程的共生设计

设计单位：瓦地工程设计咨询（北京）有限公司

委托单位：无

主创姓名：吴昊、李辰

成员姓名：厉莉、张子阳、郭书岳

设计时间：2019年5月

建成时间：2019年12月

项目地点：中国山西大同

项目规模：0.2平方公里

项目类别：生态修复

[A] 整体鸟瞰图
[B] 总平面图
[C] 大地艺术顶部效果图
[D] 山顶修复区效果图
[E] 岩体修复分析图

[A]

[B]

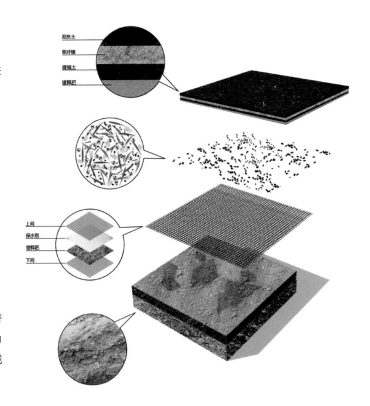

设计说明：

矿山崛起在20世纪90年代，通过快速消耗矿山资源支撑了水泥生产。进入新时代后，水泥产能和破坏的山体保护需要达到可持续状态的平衡。

整体概念包括：

1．生态修复和最小化干预原则；
2．因地制宜和尊重场所精神。

设计重心有：

1．重塑自然生态过程：

岩体自然再生技术，使灰色地带重新成为绿肺，通过海绵元素和演替式植物群落，将城市和山野廊道相连。生态修复区较少人工元素，为探索自然奥秘留白。基于时间演替的种植，让栖息地可持续生长，减少维护成本。

2．编织多功能开放空间：

开放空间作为交通功能和特征空间被打造并被一条连续的绿道连接起来。入口广场100%铺地材料来自于旧水泥板和厂房钢轨，缝隙有利于雨水渗透。所有开放空间均具备多功能型和可识别性。

3．承载大地艺术和工业记忆：

山体制高点被转变为花海重生的世外桃源地。利用当地水泥建造的观景塔，灰绿交织的螺旋外形给人以强烈的冲击感。人们将看到刻在水泥墙面上的工业故事和当地生物造型，登高可饱览大地和城市风光。工业元素作为宝贵的文化被循环利用。

总结：我们希望创建公开、交互、优美、生态自足的绿色基础设施，来向市民和动植物提供休憩和生态的双重服务，并成为大同后工业转型的驱动力。

项目自我评价：

这是大同刚建成的第一个生产和生态共生的矿山公园，我们希望能利用生态修复和最小化干预的手段去因地制宜地设计出一个公开、交互、优美、生态自足的绿色基础设施空间，来长时间向市民和当地动植物提供休憩和生态功能的双重服务，最终带来公众思想和行为的转型，并将成为大同后工业绿色转型的驱动力。

项目经济技术指标：

场地面积：0.2平方公里；
绿地率：95%；
可回收使用材料：100%。

珠海香炉湾沙滩景观工程

设计单位：深圳市蕾奥规划设计咨询股份有限公司
施工单位：珠海鸿林绿化有限公司
主创姓名：赖继春、张忠起、张一康、叶秋霞、朱效勇
成员姓名：姜萌、程冠华、陈仔文、王瑞芬、盘帅、谢园、杨靖
设计时间：2015年7月
建成时间：2016年12月
项目地点：广东省珠海市
项目规模：4.8公顷
项目类别：生态修复

[A] 项目实景图
[B] 总平面
[C] 项目实景图
[D] 项目实景图
[E] 项目实景图
[F] 项目实景图

[A]

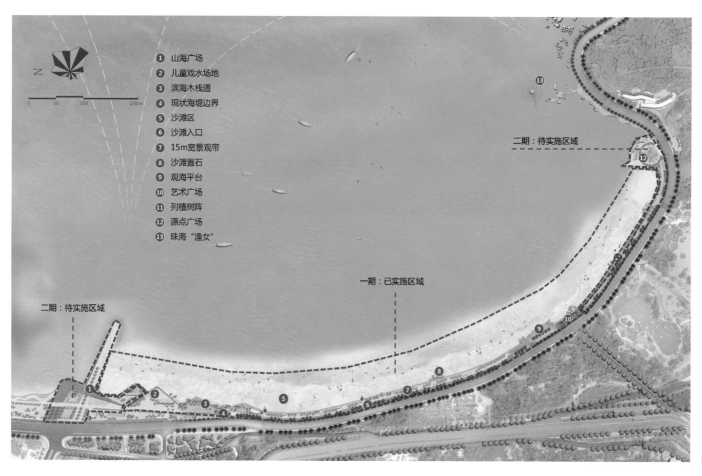

① 山海广场
② 儿童戏水场地
③ 滨海木栈道
④ 现状海堤边界
⑤ 沙滩区
⑥ 沙滩入口
⑦ 15m宽景观带
⑧ 沙滩置石
⑨ 观海平台
⑩ 艺术广场
⑪ 列植树阵
⑫ 源点广场
⑬ 珠海"渔女"

二期：待实施区域
一期：已实施区域
二期：待实施区域

[B]

[C]

[D]

[E]

[F]

设计说明：

香炉湾自1953年珠海建县以来就是珠海市民最喜欢去的地方之一。20世纪90年代，情侣路的修建让珠海市拥有了中国最早的滨海公路，但情侣路的防波堤缺乏原有沙滩的缓冲作用，隔断了城市与海、人与自然的联系，水质和生态均受到不同程度的影响，每年的台风都会对堤岸造成破坏。

香炉湾沙滩采用柔性修复的方式，建成了9万平方米的洁净沙滩，并在生态修复的同时，修补城市功能，链接了海岸的不同景观节点，配备了驿站、厕所等公共配套设施。既起到防灾作用，又为白鹭等动物提供了栖息地，也为市民提供了广阔的滨海休憩空间，是城市双修的典范。

香炉湾沙滩景观，最大的难题是如何在台风频发、灾害严重的地域，做能抗住天灾的沙滩景观。设计团队采用了顺应自然、低调朴实的设计原则，项目在建成后，经过"天鸽""山竹"等超级台风的考验，基本完好无损，验证了设计的合理性和科学性。项目还创新性地实现了工程物料再循环和利用，把沙滩修复与港珠澳大桥的修建建立了联动关系，利用人工岛开挖所剩余的优质粗砂，变废为宝，极大地节省了开支，缩短了工期。

自对外开放以来，香炉湾沙滩受到了社会各界的高度评价，成为珠海打造宜居城市最显著的名片之一，并获得了"2017年中国人居环境范例奖"。

项目自我评价：

1．柔性驳岸，聚沙护海抵抗风浪；
2．生态修复，重塑海岸生物群落；
3．还滩于民，传承珠海城市记忆；
4．功能修补，创造滨海活力空间。

创新：

1．科学论证，制定最优沙滩方案；
2．经济节约，合理配置资源循环；
3．更换土壤，隔沙隔盐保障种植；
4．适地适树，抵御风浪植物景观；
5．坚固耐用，选材避免台风破坏；
6．阻沙收沙，降低扬沙冲沙影响。

项目经济技术指标：

总占地面积：4.8公顷；
道路、广场：1.5公顷；
园林建筑：240平方米；
绿化率：68%。

设计单位：广州瑞华建筑设计院有限公司、广州市雅玥园林工程有限公司

委托单位：海南雅居乐房地产开发有限公司

主创姓名：陈亮

成员姓名：蒙敏礼、赵林威、许广州、吴俊健、赖地福、陈日兰

设计时间：2016年

建成时间：2018年

项目地点：海南省陵水县清水湾旅游度假区

项目规模：约6.7万平方米

项目类别：文旅景观

雅居乐清水湾山海间

[A]　总平图
[B]　园区水景
[C]　水边亭
[D]　效果图

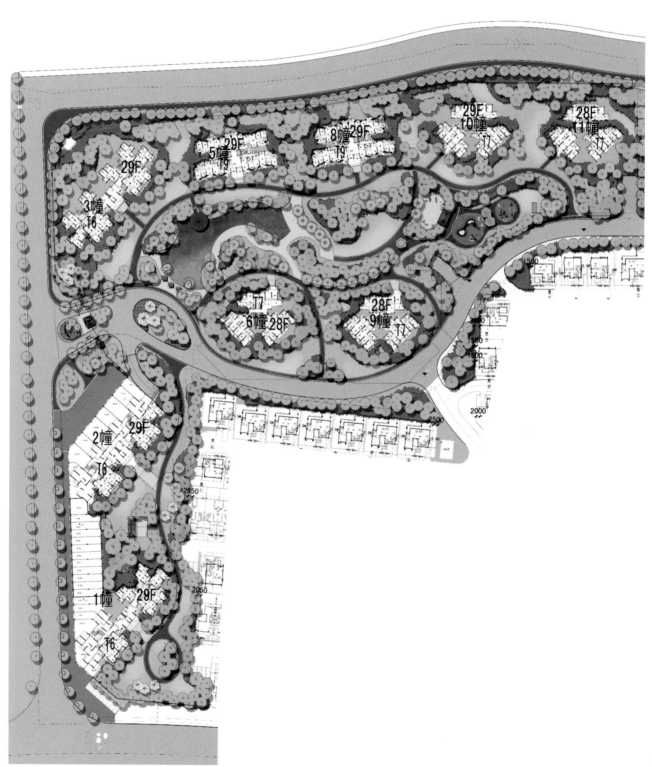

[A]

设计说明：

1. 设计背景

项目位于海南省陵水县清水湾，拥有水质和沙滩质量极佳的12公里绝美黄金海岸，南临三亚海棠湾和亚龙湾，北眺南湾猴岛，地跨新村、英州两镇。距离陵水县区约半小时车程，离三亚机场约1小时车程，交通便利。

2. 设计理念

空间既有哲学概念也有其美学概念，从景观角度而言，它是指给游人休憩的空间，它主要由山、水、木、石、建筑、道路组成，与此同时，人、时间、光影也是组成园林景观空间的重要组成部分。"椰影婆娑笑绿枝，图腾遗迹展真姿"，关于海南陵水，最突出的印象便是茫茫无际的海滩以及当地的黎族文化，项目基于对场地自然条件及经济条件的综合考虑后，设计师以"山海间"为设计理念，运用简约园林的造园精髓，以现代的设计手法，旨在营造一个干净、清爽、休闲的生活空间，让居住者在绿色生态环境中，感受山川的幽静，海洋的壮阔，出则面朝繁华都市，入则归宇山海之间。

雅居乐清水湾山海间重点打造主入口及特色水景区域，并搭配以多变的植物空间形成休闲、简约的景观空间。主入口进入保安亭后，利用水滴状绿化岛进行分流，特色水景区以大弧线的构图完成水景边线，线条简约自由，有效延展景观视线，配以儿童游乐设施及休闲活动场地，给业主提供足够的参与空间。与此同时，对整个场地的自然空间进行梳理，以自然手法过渡建筑与绿化的边界，让绿化设计顺延整个流线空间趋势，大空间的开敞配合局部的密植，形成多变的植物空间。

项目自我评价：

雅居乐清水湾山海间以现代造园手法，对居住区进行分区设计，并综合考虑园林景观空间中的静态要素、动态要素及模糊要素，对自然空间及社会空间进行梳理，旨在营造一个干净、清爽、休闲的生活空间，打造步移景异之感，为了实现价值平衡，重点打造主入口及特色水景区域并搭配以多变的植物空间形成休闲、简约的景观空间。

项目经济技术指标：

1. 总规划用地面积：约6.7万平方米；
2. 可建总计容面积：约10万平方米；
3. 容积率：1.5；
4. 绿地率：35%。

[B] [C]

[D]

耦合乡村·南京永宁街道侯冲风景区规划设计

设计单位：金陵科技园林规划设计有限公司、
　　　　　金陵科技学院

委托单位：南京侯冲旅游发展有限公司

主创姓名：朱敏

成员姓名：张睿、余笑、石智婵、孙晓云

设计时间：2014年1月

建成时间：2017年10月

项目地点：南京市浦口区永宁街道侯冲村

项目规模：1.5亿人民币

项目类别：文旅景观

美丽乡村侯村景象—湿地景区1（沿永宁河）

[A]

美丽乡村侯村景象—湿地景区2（沿滁河）

[B]

湿地景区规划篇

场地规划总平面图

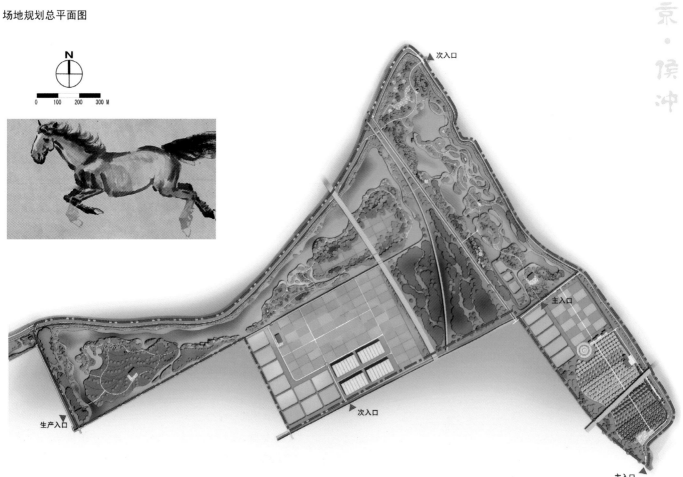

南京·侯冲

[C]

设计说明：

侯冲村地处南京老山北麓、滁河南岸，境内风景秀丽，生态环境优美，具有发展旅游业中"世外桃源"的地域潜质。拟规划设计的位置，范围在侯冲村的北部圩区，滁河南岸，场地总面积约186.5万平方米（约合2800亩）。

项目以旅游规划的思想为先导，充分运用湿地景观规划设计方法为基础，为现实把脉，建湿地乐园；创美丽乡村，助梦想成真。博采众长，合理定位，突出特色，力求造势，遵循原场地空间，进行有效"重构"：

1．充分利用农田、水塘、苗圃地，通过空间重构打造生态乡野景观。

2．挖掘知青文化、当地民俗文化，通过文化重构打造南京最大规模知青主题纪念馆。

3．"生态立街、农业铸牌、旅游富民"，通过产业重构打造乡野旅游景观。

[F]
[G]

[D]

[H]

[A] 鸟瞰效果图A
[B] 鸟瞰效果图B
[C] 总平面图
[D] 项目实景图
[E] 项目实景图
[F] 项目实景图
[G] 项目实景图
[H] 项目实景图

[E]

项目自我评价：

项目以旅游规划的思想为先导，充分运用湿地景观规划设计方法为基础，为现实把脉，建湿地乐园；创美丽乡村，助梦想成真。博采众长，合理定位，突出特色，力求造势，遵循原场地空间，进行空间重构、文化重构、产业重构。

新郑市新村镇裴李岗村乡村振兴项目

设计单位：农道天下（北京）城乡规划设计有限公司
委托单位：新郑市新村镇裴李岗村村委
主创姓名：郑宇昌
成员姓名：王建东、姜昱、李燚、郑宇兴、惠星图、
　　　　　李京、郑宇迪
设计时间：2019年5月
建成时间：建设中
项目地点：新郑市新村镇裴李岗村
项目规模：20公顷
项目类别：文旅景观

[A]

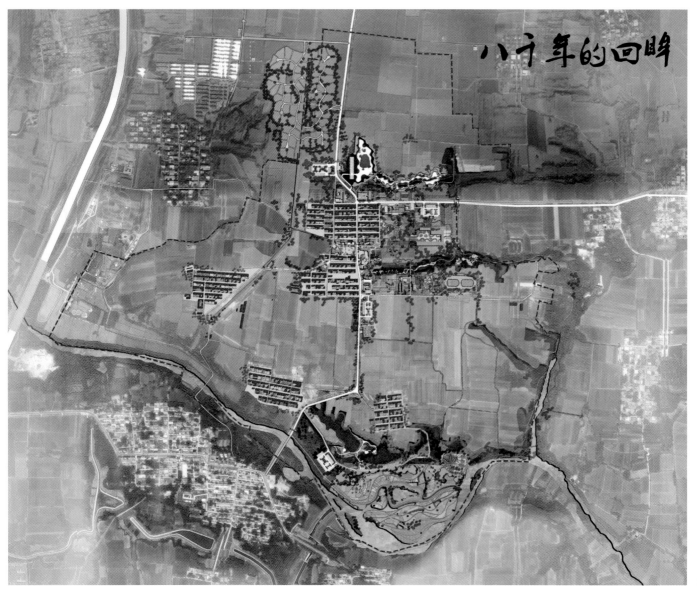

[B]

设计说明：

我们走遍了裴李岗村每一寸土地，不断寻找设计元素，发现裴李岗最有文化气息的地方当属"裴李岗文化遗址坑"。它是裴李岗村8000年历史文化的体现，属于新石器早期。当时人类文明并不发达，生产生活资源比较匮乏，而现在村庄内所能体现的是现有的"土坎""窑洞""出土的瓦罐""粗糙的磨制石器"等，结合现有村庄的现状及查阅相关资料，学术论文，影视报道等，设计上重点把"当地土的元素、茅草顶""出土的文物元素"及"老物件、老砖、老瓦、老木头"和"现代清水混凝土"运用到整个设计当中。突出本次设计的特色，既结合新石器早期裴李岗文化元素也顾虑到裴李岗村的农耕文化，同时将传统与现代、艺术与实用进行融合，越是民族的越是世界的。

项目自我评价：

裴李岗遗址因1977年在河南新郑裴李岗村发掘而得名。但此后42年间，裴李岗村村貌及村民生活并未因当时遗址发掘发生新变化。规划设计前裴李岗村仅有一块文物保护石碑和遗址挖掘坑可参观，而我们把原本停留在课本知识上的裴李岗文化运用到裴李岗村乡村振兴建设中，如今已打造出全新的可观、可品、可玩、可学的裴李岗村文化。

项目经济技术指标：

投资总金额估算：

体验板块：2169万元

文化论坛板块：1722万元

遗迹公园板块：1585万元

特色养殖板块：1406万元

青创中心板块：513万元

生态生活板块：801万元

工坊街板块：624万元

文化广场板块：1029万元

示范户板块：320万元

合计：10169万元

备注：政府投资大约5000万，撬动市场大约5000万。

[A]　鸟瞰图
[B]　总平面图
[C]　"遗址坑"景观
[D]　乡宿
[E]　家学馆
[F]　文化广场

[C] [D]

[E] [F]

花涧乡居——古庄村改造项目

设计单位：美尚生态景观股份有限公司

委托单位：无锡羿创生态旅游发展有限公司

主创姓名：吴天华

成员姓名：周芳蓉、金凤、周佳音、严凝盈、王茂、杨帆、
王宝静、李益慧、夏智炜、吴园渊

设计时间：2018年4月

建成时间：2019年4月

项目地点：江苏无锡

项目规模：20.9公顷

项目类别：文旅景观

[A]

[B]

[C]

[F]

设计说明：

古庄碧波，水天一色，芦苇菖蒲竞相迎；拱桥静卧，栈道相依，蛙语蝉鸣话轻音；泛游花海，落英缤纷，云卷蝶舞寻踪迹；良田美池，阡陌交通，蔬果葳蕤唤客品；戏台水榭，古朴雅致，道口店肆鳞栉比；白墙黛瓦，丝竹置石，煮酒品茗入梦境。基地位于江苏省无锡市北部省级湿地公园，面积共计20.9公顷，南临京沪高铁，古庄河与之平行穿境而过，通过惠际路连接城区。为满足现代生活需求和乡村旅游市场，通过传承民俗文化、植入创新功能的策略，将其改造为集现代农业、水乡村落、文旅配套的三个组团为一体的乡村田园综合体。它是乡土的、自然的、创新的，能适应新时代人们的审美品位诉求，并重新构建"原村民、新住民、游客"三者融合的新型关系，营造回归质朴的生活方式。此处环境清幽，无市声之扰，邻里守望，草木茂盛。改造后的古庄村以质朴、精致和艺术的气质亮相，南有花海园地，三月花开放，九月听蝉鸣，独有一番情趣；北有水网阡陌，屋舍俨然，商业街和民居比邻相望，繁华与静谧巧妙融合。

[G]

项目自我评价：

古庄项目在乡村振兴大背景下，运用乡村田园综合体模式，将现代农业和美丽乡村、文旅相结合，采用生态低碳的理念，构建了一幅融生态、生产、生活、生动于一体的现代乡村画面。项目已成为：①具有吸引力的现代农业—花境培育与展示基地；②江南水乡村落的现代诠

[A] 现代农业区-实景照片
[B] 水乡村落区-实景照片
[C] 总平面图
[D] 现代农业区-实景照片
[E] 现代农业区-实景照片
[F] 现代农业区-实景照片
[G] 水乡村落区-实景照片

[D]

[E]

释—古庄村美丽乡村改造；③具有人文情怀的文旅配套—民宿体验配套区。

项目经济技术指标：

序号	名称	面积	单位	比例（%）
1	规划用地	209052	平方米	100
2	总建筑占地	15490	平方米	7
3	绿地面积	136807	平方米	66
4	铺装面积	15920	平方米	8
5	道路面积	11362	平方米	5
6	水系面积	29473	平方米	14

雅居乐清水湾云海听歌

设计单位：广州瑞华建筑设计院有限公司、
广州市雅玥园林工程有限公司

委托单位：海南雅恒房地产发展有限公司

主创姓名：陈亮

成员姓名：蒙敏礼、赵林威、许广州、吴俊健、赖地福、
陈日兰

设计时间：2017年

建成时间：在建

项目地点：海南省陵水县清水湾旅游度假区

项目规模：约21万平方米

项目类别：文旅景观

[A] 园路
[B] 总平面图
[C] 景观会客厅
[D] 车行道
[E] 园区水景
[F] 园路

[A]

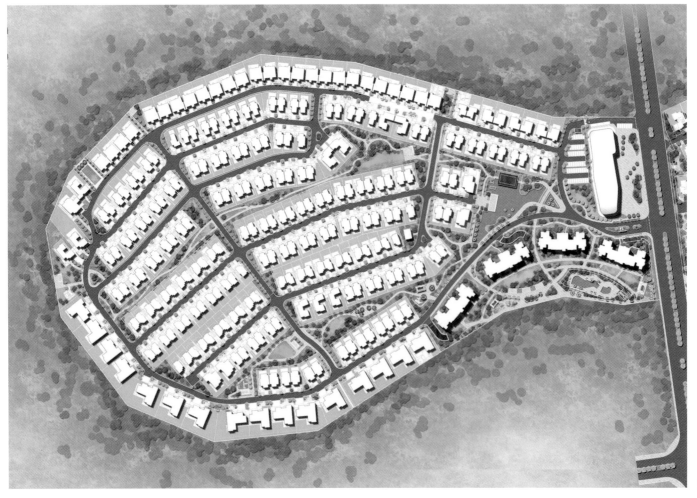

[B]

[C]

[D]

[E]

[F]

设计说明：

1.设计背景

雅居乐清水湾云海听歌位于海南省陵水县清水湾旅游度假区中段，东距海口市约200公里，西距三亚凤凰国际机场约50公里，属于中国三亚热带海滨旅游圈，清水湾滩涂狭长，海岸线约12公里，是一个泻状海湾，滩涂细砂洁白，海港微波细浪，水质湛蓝，水体能见度达20米。

2.设计理念

空间意为生活空间，它分为自然空间和社会空间；其中自然空间包括人、建筑、植物、动物、水、空气、阳光等现实形态的元素。设计以"云海听歌"为主题，试图对场地进行重新认识和解读，设计师在勘察场地中，对自然空间和社会空间进行梳理整合，深入了解当地文化习俗和自然风景，在综合考虑各项要素后，依托当地的自然资源、人文资源及客群需求，定位景观设计为现代泰式风格。

空间重构意为生活空间的各要素之间的科学化、合理化调整，这意味着要立足于对自然元素的认知，利用设计手法进行升级改造，然后反作用于自然元素。雅居乐清水湾云海听歌巧妙地将自然空间和社会空间相融合，在景观质量要求高，绿地碎片化，难以形成大空间大尺度的背景下，对空间进行重新整合，串联区域之间的邻里绿地，形成多样化满足各类人群需求的小空间，极大地提高景观体验感，并依据规划，在保证私密性的前提下打通多个入口与未来的体育公园进行对接，有效串联这一地区的生态景观，构建起绿色生态的复合型度假社区，实现人与自然的和谐共处。

项目自我评价：

雅居乐清水湾云海听歌在基于功能与形式共生的居住区景观设计中，以现代泰式手法，对自然空间和社会空间进行梳理，借鉴"3W-LIFE 雅乐人居"模式打造现代生活方式和复合型度假区，依据功能特点和人群需求，场地分为中心景观区、邻里活动区、开阔绿化区。低密度的住宅分布方式和优质景观布局居住群体打造尊贵、优雅的归属感。

项目经济技术指标：

1.总规划用地面积：约21万平方米；
2.可建总计容面积：约10万平方米；
3.容积率：0.7；
4.绿地率：35%。

抚州·润达天沐才子温泉酒店

设计单位：杭州会观什方空间设计有限公司

委托单位：润达集团·江西

主创姓名：潘一逍

成员姓名：金幸幸、王礼建、陈荣祥、范颖佳、王俊鹏、戚城、施雯雯、翟敏、李颖、
李凌云、徐耀华、林图

设计时间：2018年8月

建成时间：在建

项目地点：抚州市临川区温泉风景区

项目规模：32000平方米

项目类别：文旅景观

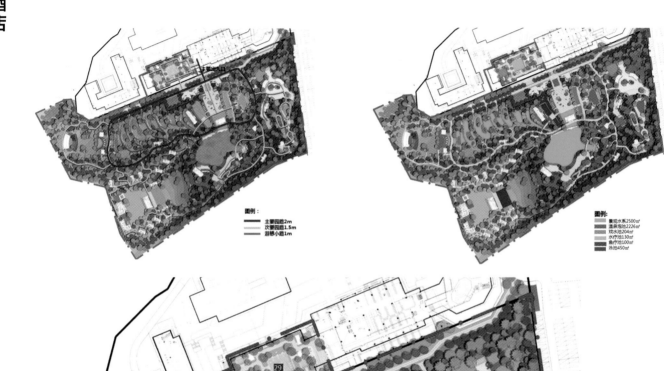

图例：
主要园路2m
次要园路1.5m
游憩小路1m

图例：
景观水系2500㎡
温泉泡池2226㎡
戏水泡池204㎡
水疗池130㎡
鱼疗池100㎡
泳池450㎡

[A] [B]

图例：

1 温泉入口
2 热身池
3 枯山水景
4 才子星阵（广场）
5 悬空泳池
6 鱼疗池
7 温泉水吧

8 地热廊
9 观影泡池
10 空中瀑布
11 空中滑梯
12 消防登高
13 瀑布戏水
14 景观桥
15 日月水吧
16 亲水平台
17 日月跌水

18 观景平台
19 崖壁泡池
20 日月草坡
21 诗词花泉
22 才子流芳（跌水）
23 情人池
24 高端spa
25 高端汤屋
26 空中泳池
27 汤屋别墅
28 丛林泡池
29 儿童戏水池
30 演绎广场

[C]

设计说明：

项目位于江西省抚州市临川区青莲山下，自然环境优美，地域文化浓厚，经过深入分析场地环境和社会人文条件，设计从温泉景观、城市形象、品牌效益三方面入手来规划设计，将项目从功能和景观上加以定位：将传统地域文化（才子文化）与现代温泉养生文化有机融合，以"中国真山水温泉"的产品理念为指导，秉承"真山、真水、真温泉"的中华汤道养生文化精髓，培植"雅致、舒适、健康"的温泉养生文化，打造集温泉养生、休闲娱乐、特色美食于一体的精品温泉度假胜地。

项目通过"二八规划理论"打造一个在园林中体验温泉、在温泉中品味园林的"养生福地，小汤温泉"——一个真山真水真温泉的天然休闲度假酒店，这里是花与水的结合，自然与文化的融契，更是身体与心灵的尽情舒展。

规划设计充分考虑结合现有地形高差关系，强调与山体的关系，营造融于山，居于山的意境氛围，打造园的空间意境（具有一定的私密性利于休憩），强调与山水的视线、视廊的组织同时又与整体景观环境相匹配；总体规划设计分八大主题分区、五大温泉池。

项目自我评价：

项目意在通过温泉改变生活，打造都市度假生活；

设计通过研究分析世界各地的温泉发展历史和阶段，并总结各阶段的优点，在项目中创新提出了温泉规划设计"二八规划"理论，以打造全新的第五代温泉度假项目——抚州·润达天沐才子温泉酒店，引领温泉行业的发展和建设。

项目经济技术指标：

景观面积：34870平方米；
室外温泉区22000平方米；
室内温泉区1870平方米；
亲子温泉区11000平方米。

[D] [E]

[F]

卡
拉
奇
遇

设计单位：广西申亩景观设计工程有限公司

委托单位：广西恒嘉和投资管理有限公司

主创姓名：韦文开、Yan Zhuo

成员姓名：杨弘、潘芳毅、韦立萍、梁慧敏、谢嘉礼、邹艺良

设计时间：2018年3月

建成时间：2019年8月

项目地点：南宁市青秀区伶俐工业园建工产业园

项目规模：37470平方米

项目类别：文旅景观

[A]　天空之境日景实景图
[B]　总平面图
[C]　天空之境　日景实景图
[D]　景区鸟瞰夜景实景图
[E]　德国园（云端车站）鸟瞰效果图

[A]

①	主入口	Main entrance	⑧	夜光长廊	Noctilucent promenade	⑮	罗曼情园	Roman love garden	㉒	互动水景	Interactive waterscape
②	主入口广场	Entrance square	⑨	莫奈花园	Monet gardens	⑯	魔幻花园	Magic garden	㉓	天空星光广场	The sky the stars square
③	灵动水帘	Clever and Water	⑩	趣味迷宫	Fun maze	⑰	观景台	The observation deck	㉔	婚礼草坪	The lawn wedding
④	观景会客厅	Viewing the lounge	⑪	梦幻花境	Dream flower border	⑱	云朵廊架	Cloud corridor	㉕	爱丽丝梦境	Alice dreams
⑤	观演平台	Both platforms	⑫	魔法王国	Magic kingdom	⑲	云端车站	Cloud station	㉖	流光花廊	Time water
⑥	天空之境	The mirror of the sky	⑬	智乐园	Wisdom park	⑳	星光溪流	Star streams	㉗	景区出口	The scenic area exports
⑦	创意集市	Creative bazaar	⑭	光影廊	Light and shadow gallery	㉑	花瓣廊架	Petals corridor			

[B]

设计说明：

项目是工业产业+特色旅游的综合示范基地，以绿色生态、节能环保、前沿个性、多元复合及节约增效的设计理念，打造科技、智慧、益智的工业旅游风情园，集世界著名建筑风格、景观元素、民俗风情，构成了一个具有欧洲多国风情的主题园。园内有七大主题园区：入口的"奇幻景观会客厅区"、英式风情园的"爱丽丝梦境"、法国特色的"莫奈花园"、德国韵味的"云端车站"、意大利特色的"罗曼情园"、奇幻的"魔法王国"和奇趣的"奇想花园"等。

其中：

1．奇幻景观会客厅以镜面水池"天空之镜"为中心，四周各大主题园区相拥环抱，是集"水中舞台""瞭望会客厅""奇秀山水景观""雾光森林印象"等景观组合，日夜景皆有奇幻特色的景观体验核心区，集散中心。
2．爱丽丝梦境以粉色建筑及草坪婚礼为主的浪漫感情园区。
3．莫奈花园以艺术结合红酒文化为主的高端艺术文化园区。
4．云端车站以工业科技浪漫为主的科技体验式园区。
5．罗曼情园以典雅法式建筑，营造艺术、典雅、浪漫的艺术体验景观园。
6．魔法王国以建造魔境般特色建筑及缤纷儿童游乐体验区，是儿童梦幻娱乐游赏体验区。

7．奇想花园结合魔纹花坛并穿插了迷宫等趣味性的游览园区。

七大园区将吃、行、游、购、娱、展示、科教、体验于一体，新理念、新思维、新科技的体验融合，童话与浪漫的特色，动态更新多变的特色，全方位展示了工业产业+旅游+生态+科技特色的风情小镇。

项目自我评价：

卡拉奇遇是国内较大规模屋顶工业旅游项目，是工业园区生态恢复典范，旅游运营让土地利用价值倍增，也是土地高效利用的典范，对海绵城市建设有重要意义。

运用创新规划设计理念与方法，打造成白天如"浪漫仙境"，夜晚如"梦幻童话"奇妙景观。

项目建设满足游客度假体验、婚礼、派对和定制化需求，项目的激活还带动旅游的发展。

项目经济技术指标：

总用地面积：37470平方米；建筑面积3415.14平方米；铺装硬化面积17906.04平方米，水体面积2016.82平方米，绿化面积14132平方米。

[C] [D]

[E]

绿地明镜湾小镇

设计单位：艾麦欧（上海）建筑设计咨询有限公司

委托单位：绿地江西

主创姓名：赵瑜

成员姓名：张严衍、宋侠鹏、郑洁

设计时间：2019年3月

建成时间：2019年10月

项目地点：江西靖安

项目类别：文旅景观

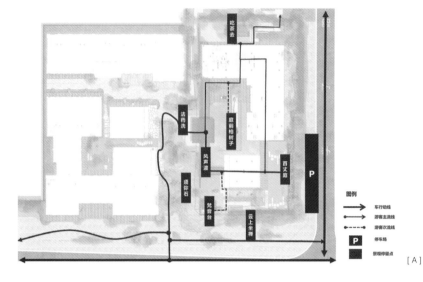

[A]

[A] 平面展示
[B] 用地
[C] 项目效果图
[D] 项目效果图
[E] 项目效果图
[F] 项目效果图
[G] 项目效果图

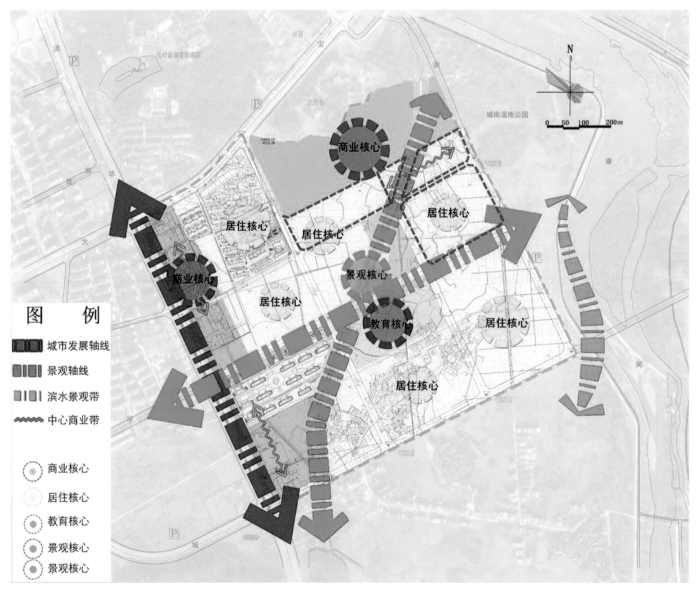

[B]

[C]

[D]

[E]

设计说明：

项目依托古迹"法药寺"及"中国最伟大的禅师"的马祖道一文化为切入点，也依据场地原为靖安当地母亲河流经之地，旨在梳理重塑生境，以景观设计视角解读传达深厚文化之于现代人的意义与感受。项目为地产开发文化旅游项目，景观从设计空间和动线上也需要考虑更长时间的游客游览需求。示范区设计形成十二个主要景点，分别为云上坐禅——无根池——须弥石——缥缈溪谷——众妙之门——庭前柏树子——梵音台——百丈庭——吃茶去——松月下——唯有茶——杏林闲街。云上坐禅设计云状的铺装，在禅宗传统中有一个专属的名字——雷雨云。高僧们坐禅参悟的时候，总是面对或坐于这样的场景中，象征着刹那间的证悟状态。因此我们也设置了一些蒲团状的景石，可以像那些小沙弥一样试试打坐问禅。湿地边向内望，跨上桥行走经过"无根池"，这汪水，在佛家典故里，叫作无根水。传说六道轮回里，无论人、神、佛、阿修罗，皆有挂碍，无根池水能映照出人的内心，若心无杂念，无牵无挂，看到的便是一汪清水，若牵挂太多，便永生无岸。当人们经过这个池水的洗礼，便会进入无苦无悲，无欲无求，忘记一切的极乐世界。其他景观设计均沿袭古朴的意境打造，旨在实现使游客忘却俗世烦扰，寻回心灵宁静的目标。

项目自我评价：

着眼文化对于现代人生活的意义与作用，以何种形式展示宗教文化，是这个项目想研究尝试的。在设计中，用一个个互动场景来呈现一幕幕的禅文化故事，材质上屏弃现代工业的痕迹，用当地的原生材料建造，以期更长久地生长于此地。整体让人能感受"禅"这一宗教形式的生活化一面，人人都能感受它的轻松与宽厚。

[G]

[F]

邀月

设计单位：杭州玖鹿景观设计有限公司

委托单位：祥生集团

主创姓名：张嘉元

成员姓名：程志、赵阳

设计时间：2017年5月

建成时间：2018年1月

项目地点：衢州市

项目规模：3米×2米×0.3米

项目类别：景观艺术装置类

[A]

[B]

邀月

设计单位：杭州玖鹿景观设计有限公司

委托单位：祥生集团

主创姓名：张嘉元

成员姓名：程志、赵阳

[C]

设计说明：

《邀月》是一个光与影的对话，在一个安静而清淡的空间氛围中设计一款雕塑其实并不是一件简单的事情，一不小心就容易"过度设计"。雕塑所放置的项目案名为"观棠府"，虽然在与委托方的设计沟通交流中并没有说一定要强调传统文化元素的体现，但我们认为在简洁的现代几何的框架内，如果能赋予设计与场地更多的内在联系将会给作品本身带来额外的气质与内涵。

自古水与月就是常常被文人墨客捏合在一起的浪漫，宋蓟北处士《和水月洞韵》诗："水底有明月，水上明月浮。水流月不去，月去水还流。"水本身没有明显的形和色，但却有流动、映射的特性，是天然的画布与背景。关于月亮的设计有很多，我们也做了，但我们的"月"十分简单，就是一个金属光圈，更多的精力放在了月亮内部的

[A]　项目效果图
[B]　项目效果图
[C]　项目效果图
[D]　项目效果图
[E]　项目效果图
[F]　项目效果图
[G]　项目效果图

枝条、山脉和光影关系上，在月的光环内形成一个邀请的动作，所有复杂的内容都被收在了简单的轮廓中，使它在整个现代而简洁的环境中又显得不那么过于传统。

我们认为当代的雕塑不应该仅仅拘泥于一种材料的表达，LED光圈的的结合是这次雕塑设计的突破，也是对"月"这一主题最直观的诠释。当然这也给整个设计增加了成倍的难度：光圈的位置、亮度、方向、色温、固定方式、检修方式等，最大的挑战还是对不锈钢环接近360度开槽与灯带结合平整度的问题，庆幸最终呈现的结果是令人满意且有趣的。

项目自我评价：

1．以往中式风格为底蕴的雕塑都是偏具象写实的，用几何框架表现中式内涵的作品是一个新的尝试与挑战。

2．在"月"的表现手法上以宾喧主，用简单的轮廓包含复杂的光影效果。

3．结合LED光圈，从不同角度看雕塑能呈现出新月、弦月、满月的不同时态，用静态雕塑表达动态的效果。

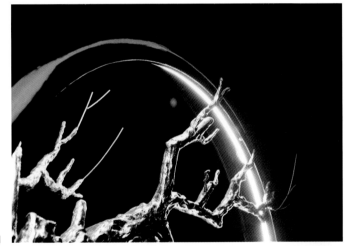

[D]

[E]

云的诞生

设计单位：武汉易盛和设计有限责任公司

委托单位：武汉地铁地产联合置业有限公司

主创姓名：王志勇

成员姓名：刘艺、陈淯清、王子豪

设计时间：2019年

建成时间：2019年

材质类型：金属

项目类别：景观艺术装置类

适用环境：广场、公园绿地、街道等线性空间、地铁站、商业设施、
　　　　　大型公共设施、社区与校区、重要的标志性节点、乡村、
　　　　　工业遗产

[A] 项目实景图
[B] 项目实景图
[C] 项目实景图
[D] 项目实景图
[E] 项目实景图
[F] 项目实景图
[G] 项目实景图

[A]

[B]

[C]

[D]

[E]

[F]

创意说明：

在中国传统文化中，云是祥和的象征，创作之初就拟定云的主题，从造型上给人流畅、凝聚、升腾、空灵之感。然而，抽象的空间弧线是最难以把控的，在创作讨论中，很多资深的雕塑家都觉得大面积弧线造型工艺难度大，结构复杂，还涉及透光灯孔的疏密关系，就更难以把控效果。其间陈育村先生反复现场指导，王志勇先生利用传统泥稿和3D打印技术不断地修正比对，多次推翻重新修改，最后进行1：1放样，弧形板镂空的疏密关系也多次调整，最终得以完美呈现。

项目自我评价：

空间小、要求高、时间紧急等条件限制，详细考察现场，测量空间，引入云的概念，在心中判断出雕塑的基本尺度和形态，进入具体方案设计中，不断地优化设计稿，推敲泥塑稿，修正3d打印稿，并于现场的比对进一步调整，接着将作品仔细打磨。一口气突破造型难、夹层镂空透光、与现场空间的融合三大挑战，最终作品迎来各界欢迎。

[G]

人体日晷

设计单位： 杭州奥利都斯科技有限公司

委托单位： 无

主创姓名： 田言涛

成员姓名： 无

设计时间： 2019年5月

建成时间： 无

材质类型： 花岗岩

材质类型： 花岗岩

项目类别： 景观艺术装置类

适用环境： 广场、公园绿地、社区与校区、重要的
标志性节点

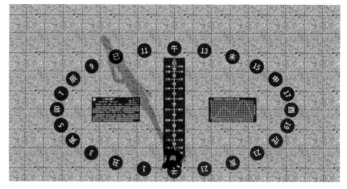

[A]

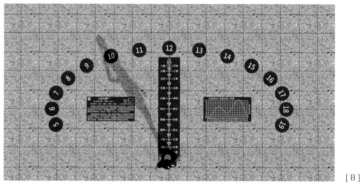

[B]

[C]

[D]

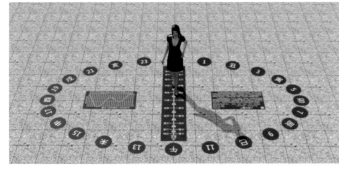

[E]

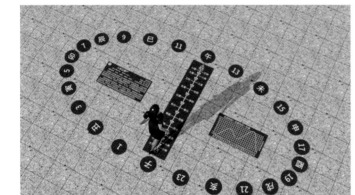

[F]

[G]

[H]

[I]

设计说明：

人体日晷简介

人体日晷是一种以人为表针的交互式地平日晷，主要包括中间一段用于站位的日期线、周围一圈用于读时的时辰圈和站在日期线上产生日影的人三个部分。因为需要亲自参与，人体日晷既有互动趣味又有人文内涵。

传统文化垫脚石

广场和公园等公共空间的平整地面通常采用石板或草坪铺就，一般只起到容纳或承载的功能性作用，其本身的赏玩属性较为有限。人体日晷这种新颖的景观艺术形式可以完美嵌入公共场所的平整地面，保留原有场地功能的同时，赋予地面更多的文化艺术价值。人体日晷的日期线由二十四节气标注，时辰圈由十二地支标注，这些源远流长的中华文化符号在日常公共空间得以闪耀光彩。

人文景观，岂止于看

人体日晷的日期线反映地球公转，象征天；时辰圈反映地球自转，象征地；加上作为表针的人，整体象征天地人三位一体。与静态景观不同，人们在赏玩人体日晷时，需要根据日期站在正确的位置上才能准确指示出太阳时间，顺天时，应地利，齐人和，从而更深地感悟天人合一这一中华文明内在的生存理念。

传承二十四节气非遗项目

二十四节气于2016年申遗成功，作为我国特有的时间知识体系，深刻影响着人们的思维方式和行为准则，是中华民族文化认同的重要载体。人体日晷综合了测定节气的圭表和测定时辰的日晷，是传承二十四节气非遗项目的嫡系代表，必将继续发扬博大精深的中国传统文化。

项目自我评价：

人体日晷形制科学、内涵深厚、意蕴丰富、美观有趣，赋予原本功能单一的公共空间开放地面以中国传统文化垫脚石的人文价值和引人驻足体验天人合一美妙趣味的互动价值，既具有天圆地方的外在形式美感，又发扬节气时辰等传统时间知识体系文化，是世界非遗项目二十四节气的传承代表，是交互式人文景观的设计典范。

[A] 项目效果图
[B] 项目效果图
[C] 项目效果图
[D] 项目效果图
[E] 项目效果图
[F] 项目效果图
[G] 项目效果图
[H] 项目效果图
[I] 项目效果图

星河地产集团研发基地

项目名称：星河地产集团工艺工法研发基地

设计单位：深圳本末度景观设计有限公司

委托单位：无

主创姓名：梅宇哲

成员姓名：韦洁锐、周广武、张迪、李观珍

设计时间：2018年8月

建成时间：2019年1月

项目地点：广东省东莞市黄江镇大冚村

项目规模：1470平方米

[A] 迎宾入口区
[B] 迎宾入口区
[C] 总平图
[D] 入口景墙夜景
[E] 儿童活动区
[F] 景观会客厅
[G] 迎宾入口区

[A]　[B]

[C]

设计说明：

1. 各区域工程、景观、设计单位参观，通过通用景观大样推广及儿童模块落地，提升施工工艺及工程质量，从而达到提质增效的目的。

2. 标杆工艺工法展示基地，内外部交流学习，提升星河品牌影响力。

建筑：为确保项目品质可控，梳理影响品质的基础类构造做法节点，结合星河标准完成设计研究，作为标准做法在全国范围内予以推广。主要考虑易于统一的、对客户观感产生影响的（可见的）、设计中容易被忽略的节点，研究成果结合工艺样板展示区落地。

景观：针对景观工艺工法进行系统梳理，以花园的形式，通过儿童模块情景感展示及通用大样工艺工法展示，提升工程品质，保证标准化通用大样落地，打造华南区域具有影响力，前瞻性和体验式的工艺工法研发基地。

室内：为解决户型研究、全屋收纳体系研究、全屋可加载体系研究、关键空间的设计要求与逻辑研究、强弱电点位、给排水点位设置原则研究、材料工艺做法与展示等，从而确定产品的标准做法，建立完善精装修体系，并且将来在这基础上更新迭代。

[D]

[E]

项目自我评价：

星河地产集团为提升客户满意度、传递生活理念、树立品牌价值，集团打造景观产品体系"星悦心享"，该体系是通过风光环境分析，定位空间布局，综合人居环境，实现美好生活的一种理念。关注生活细节，根据不同的场地性质，从24小时生活服务出发，为客户提供更方便的出行体验、更适龄的活动场地、更风雨无阻的休闲活动。

星河地产集团拥有强大的专业团队，为每一个家提供更专业的技术支持，专注客户体验，将客户的需求当作自己的需求。

体系设立了3大核心，包括多一小时户外活动、多一份家庭式社交、多一点人性化安全。根据不同纬度设立了9大景观系统，社交场景、儿童IP、康颐适老、悦动健身、感动细节、智慧生活、幸福归家、安全优享、城市链接。其中囊括了百余项人性关怀细节，只为了更好地进行服务。

项目经济技术指标：

总占1470平方米；
工艺工法展示区863平方米；
景观会客厅模块167平方米；
儿童区域440平方米；
工艺工法展示区；
30个工艺（精工品质16个、安全人性化5个、成本4个）。

年度十佳景观设计机构
年度十佳景观设计机构
年度十佳景观设计机构
年度十佳景观设计机构
年度十佳景观设计机构
年度十佳景观设计机构
年度十佳景观设计机构
年度优秀景观设计机构

深圳市汉沙杨景观规划设计有限公司

北京昂众同行建筑设计顾问有限责任公司

四川蓝本数字建造科技有限公司

优地联合（北京）建筑景观设计咨询有限公司

北京易景道景观设计工程有限公司

成都黑白之间景观规划设计有限公司

深圳市国艺园林规划设计研究院

深圳伯立森景观规划设计有限公司

4

深圳市汉沙杨景观规划设计有限公司

公司简介

深圳汉沙杨景观规划设计有限公司，于2006年创立，具有风景园林工程设计专项甲级资质，自成立至今，汉沙杨景观已在地产景观、休闲度假景观、路桥景观、滨水开放空间、公园设计、城市环境整治等领域，完成大量有影响力的设计任务，项目分布和经验上既有全国市场的广域拓展也有重点城市的发展深度。公司由获得技术职称和注册执业资格的骨干专才构成景观规划和工程设计的核心技术力量。

汉沙杨景观倡导——成熟的设计，即在设计中"不是一厢情愿的创意"，而是充分理解场地和业主的要求，将各项信息收集和反馈融入设计，使设计成果首先是正确和可执行的工程语言，其次是尊重艺术美感和创意，我们是在务实的条件下实现美与和谐的理想。

主要项目（五年内）

鄂州花马湖水系综合治理项目设计（湖北）

厦门万科·泉州万科城二期二标景观设计（福建）

深圳市罗湖区省立绿道2号线（梧桐山二线巡逻路段）改建工程（深圳）

深圳大学城山体公园及周边景观建设工程设计（深圳）

阿婆髻森林公园（可研及设计）（深圳）

所获荣誉

公司荣誉：

2017年艾景奖"年度杰出景观设计机构"

2013中国园艺杯优秀景观设计企业

2012艾景奖第二届国际景观规划设计大会"国际园林景观规划最佳企业"

2011南山区迎大运工程建设管理"先进集体"

深圳26届世界大学生夏季运动会争创佳绩奖

项目荣誉：

2019第九届国际园林景观规划设计大赛年度十佳景观设计（福田区城中村环境综合整治提升工程（二标）上沙村）

2019第九届国际园林景观规划设计大赛年度十佳景观设计（东莞茶山镇海悦茗湾、茗筑景观设计）

2017第七届国际园林景观规划设计大赛艾景奖年度优秀景观设计（福田区城中村环境综合整治提升工程（II标）- 新洲片区）

2017第七届国际园林景观规划设计大赛艾景奖年度十佳景观设计（省立绿道2号线（梧桐山二线巡逻路段）改建工程设计）

公司简介

昂众设计（ANG ATELIER），是一家专注于建筑、景观与规划设计的国际事务所，现有北京、广州和洛杉矶三个工作室。北京昂众同行建筑设计顾问有限责任公司，简称昂众设计（北京）目前以景观及规划类项目为主。公司组织框架清晰，核心人员稳定，共同经历公司初期发展的10余年，形成高效明晰的公司管理制度。团队核心骨干均曾就职于国际著名景观及建筑规划设计公司，包括国家一级注册建筑师、注册规划师、海归设计师等精英，主创设计师拥有多年的专业工作背景，实践经验丰富。团队成员的专业构成上，由城市规划、建筑、园林、环境艺术、平面设计、土木工程等多学科多专业的设计精英组成，在实践中强调和注重学科间的协调互动。项目管理与运营体制规范，项目实践经验丰富，致力于由前期概念规划、方案设计、施工图设计、施工配合、竣工回访的全程设计服务，保证项目真正落到实处。

业务类型涵盖地产类、市政公共类、商务办公类、概念规划类共计四大类景观项目。自成立至今，稳扎稳打，在国内及海外已完成各类型园林景观的建成项目1000余万平方米，项目管理与实践经验丰富，由概念方案到建设实施全程跟进，保证各类型项目真正落到实处。在多年的设计实践中，对多个景观科研课题进行系统研究，理论与实践相结合。

主要项目（五年内）

金茂丰台金茂广场（北京）
金茂亦庄金茂府（北京）
金茂亦庄逸墅（北京）
金茂天津上东金茂府（天津）
金茂青岛大云谷金茂府（青岛）
金茂青岛金茂悦（青岛）
金茂济南奥体金茂府（济南）
融创中央学府（天津）
融创盛世滨江（上海）
融创无锡蠡湖香樟园（无锡）
融创宜兴汶园别墅（宜兴）

所获荣誉

第七届艾景奖国际园林景观规划设计年度十佳景观设计机构奖
第八届艾景奖国际园林景观规划设计年度杰出景观设计机构奖
第九届艾景奖国际园林景观规划设计年度十佳景观设计机构奖
第55届美国金块奖（Gold Nugget Awards 2018）最佳国际在建项目-商业及住宅类优秀奖
"中国营造"2011全国环境艺术设计大展铜奖（专业组景观设计类）
第七届艾景奖国际园林景观规划设计年度十佳景观设计奖
第七届艾景奖国际园林景观规划设计年度优秀景观设计奖
2017中国最具特色规划及建筑景观设计大会中国最具特色十佳项目作品
第八届艾景奖国际园林景观规划设计年度优秀景观设计·园区景观设计奖
第八届艾景奖国际园林景观规划设计年度十佳景观设计·公园与花园设计奖
第九届艾景奖国际园林景观规划设计年度优秀景观设计奖
第13届金盘奖华北赛区年度最佳住宅奖
第13届金盘奖华北赛区年度最佳预售楼盘奖
第14届金盘奖江苏地区年度最佳住宅奖
第十届园冶杯地产园林示范区类金奖
第十届园冶杯地产园林大区类银奖

北京昂众同行建筑设计顾问有限责任公司

四川蓝本数字建造科技有限公司

公司简介

四川蓝本数字建造科技有限公司（简称：蓝本科技）是蓝光BRC旗下一家以CEPCM+BIM+智能化为商业模式，以数字化、科技化、平台化为核心能力，专注数字建造、绿色科技和智慧家居三大核心产业的现代化科技服务型企业，业务布局全国14大城市群70余座城市，下辖项目逾200个。

依托蓝光集团30年丰厚的人居建造经验，蓝本科技以雄厚的专业实力和自主创新研发能力，构筑起贯穿工程建造与运营全过程、全专业数字管理与服务体系，能为客户提供一体化全过程设计咨询服务、一体化工程总承包服务和一体化智慧家居6S服务。

基于蓝光集团产业生态链和外部资源的平台化整合，行业首创集咨询Consulting、设计Engineering、采购Procurement、施工Construction及后服务Maintenance于一体的运营模式（CEPCM模式），为客户提供建筑、装饰、景观和市政类工程全过程、全专业管理与服务，从而更好地提升管理效率、提高产品品质、降低项目成本和防控过程风险，专业化后运营服务能为客户创造更大价值。

围绕CEPCM模式，蓝本科技已形成财务、预算、运营、人力、技术、供应链、成本和工程等项目综合管理能力的数字化信息系统，以云计算为基础，建立敏捷开发机制，通过大数据、人工智能、移动终端三大技术引擎支持模式创新和流程再造，深度融入主营业务，实现去层级、去中介、去行政化，真正以数字驱动项目全过程管理。

蓝本科技以建筑信息模型（BIM）为数据信息载体，结合产业互联网、大数据、云计算、5G技术等新兴技术，打造了一系列产品，为客户提供"平台+数据+服务"的多维整体解决方案，实现建设项目从前端策划、开发设计、施工管控和运营维护的全过程数字化管理，从而保障项目成本指标最优化、资源配置合理化和项目收益最大化。

同时，蓝本科技着力推动技术创新，专注产品价值升级。通过产学研、合同科研和自主研发等模式，整合创新资源，打造开放式创新技术体系。聚焦于落地性强、专业性强、竞争力强的核心技术研发，推进与高校、科研院所多方位合作与交流，形成科学探索、人才培养、综合研发、产业创新的产学研一体化创新格局。截至目前，已成功取得近200项专利技术成果，未来还将持续深耕绿色科技、智慧家居、生态景观三大研发方向。

主要项目（五年内）

蓝光集团上海总部、峨眉山己庄酒店、蓝光集团成都总部B区、成都蓝光长岛国际社区、成都蓝光长岛城、仁寿蓝光芙蓉天府、达州蓝光芙蓉风华、重庆蓝光芙蓉公馆、重庆蓝光江津双福鹭湖长岛、重庆蓝光公园悦湖、南京蓝光公园一号、南京蓝光黑钻公园、常州牡丹蓝光晶耀、南昌蓝光林肯公园、南昌蓝光雍锦半岛、淄博蓝光雍锦半岛、文德江山府、文德桃李春风、襄阳铭江半岛、西安蓝光长岛国际社区、咸阳蓝光玖龙台、长沙蓝光雍锦半岛、惠州蓝光半岛公馆

所获荣誉

CBDA标准《住宅室内装饰装修工程质量验收标准》参编单位
2019年度四川省建筑装饰工程奖——峨眉山蓝光己庄酒店
2019年度成都建筑装饰工程"金蓉杯"奖——宁波杭州湾216亩示范区内外装饰工程、重庆蓝光幼儿园装饰工程、蓝光总部B区2号楼装饰工程
2019艾景奖年度十佳景观设计机构
第五届金鹰设计大赛金奖样板间——南昌雍锦半岛、嵊州和雍锦世家
第五届金鹰设计大赛银奖住宅空间——成都仁和世代春天
第五届CBDA装饰设计艺术展——创新设计机构奖
第六届中国建筑装饰协会年度大会样板间类作品金奖
第六届中国建筑装饰协会住宅空间类作品银奖
第十届园冶杯地产园林设计类大奖——仁寿芙蓉天府
第十届园冶杯地产园林设计类金奖——重庆芙蓉公馆
第十届园冶杯地产园林工程类金奖——达州芙蓉风华
第十届园冶杯地产园林工程类银奖——茂名滨海钰泷湾
第十四届金盘奖年度最佳预售楼盘奖——仁寿芙蓉天府
第十四届金盘奖年度最佳预售楼盘奖——重庆芙蓉公馆

公司简介

优地联合（北京）由美国UDA景观设计公司于2003年投资成立，专注于服务国内明确提出"景观升级"需求的客户。运用先进的国际化管理模式和历年积累的国内设计经验，优地联合赢得了"好创意、善落地"的美誉。

优地联合的核心价值：真诚、平等、积极、协作。

优地联合的企业愿景：忠实于可持续发展的核心理念，通过不断积累完善的技术经验，追求最精准理性的分析、最务实的客户服务、最严谨的项目管理，关注细节、关注每位客户的个性需求，让每个作品成为精品！

优地联合的座右铭"好事做好！"

优地联合的景观"好事"标准："生态环保、最终用户导向、经济高效"。

北京公司成立16年以来，优地联合一直坚持"服务第一，精品导向"的设计原则和低调务实的工作态度，与越来越多的著名房地产企业成为长期稳固的战略合作伙伴。例如优地联合与龙湖地产于2006年开始合作，协助龙湖完成了植物种植标准从重庆到北京的转变，并完成了销售业绩最好的"香醍"系列项目的景观设计工作。伴随龙湖地产进入快速发展阶段，至目前为止，优地联合共完成了龙湖集团"香醍""原筑""天街"三个系列、18个项目的景观设计及相应的研发工作，在烟台"葡醍海湾"项目成为龙湖"山海湖"旅游地产系列的代表作。双珑原著、天璞和景粼(原著（示范区+部分园区）等项目的落地，获得市场好评和认可。自龙湖集团评选优秀分供方以来，优地联合一直是龙湖北京公司唯一的优秀景观设计单位。

优地联合还帮助越来越多的房地产开发企业通过景观产品升级而迅速跃升为行业内的知名领跑者。例如通过"花语墅"项目提升客户景观标准和品牌知名度，通过"海棠湾"项目协助客户成为北京通州区的地产亮点。

优地联合有幸协助多家房地产企业实现了其内部最佳景观作品。除了上述各项目之外，还有金地集团京津地区最佳"世家"别墅项目"长湖湾"，旭辉集团最佳景观项目"旭辉御锦"，中铁置业最佳叠墅综合项目"中铁花溪渡"，五矿地产华东区最佳别墅综合项目"御江金城"，鲁商集团最佳别墅项目"蓝岸丽舍"等。

通过严谨可靠的项目管理体系、积极主动的客户服务、全面综合的跨专业思考和创新能力、扎实持续的技术积累，优地联合更在最近5年的客户回访中保持100%的客户满意度和客户精品率，成功实现了优地联合依靠真诚、平等、积极、协作的企业核心价值与客户互利共赢的良好合作。

主要房地产类景观设计客户及作品列表

龙湖集团：龙湖·景粼原著、龙湖·西宸原著、龙湖·天璞项目、龙湖·双珑原著、龙湖·滟澜新宸、龙湖·名景台、龙湖·香醍漫步、龙湖·香醍溪岸、龙湖·香醍别苑、龙湖·蔚澜香醍、龙湖·长楹天街、龙湖·星悦荟商街、龙湖·颐和原著（改造）、唐宁one（改造）、龙湖·时代天街（概念阶段）、五路天街（概念），龙湖·烟台葡醍海湾公园、龙湖·葡醍海湾A别墅区，龙湖·济南名景台（设计中），北京中央别墅区白辛庄"原筑系"别墅（设计中）；

中海地产：中海佛山雍景熙岸、中海郑州万锦公馆、中海天津公园城一期样板院改造；

阳光100：天津喜马拉雅丽津大厦、天津亿豪项目，山东潍坊项目；

嘉裕集团：成都嘉裕P7地块；

城建北方：涿州德信御府项目；

富力地产：富力五龙口项目、富力花园口项目、富力香河别墅，V01，V02，V03地块，富力·沈阳尚悦居；

保利地产：保利·百合、保利·梧桐语、保利·壹号公馆

金地集团：电建金地华宸、金地华著、金地西山艺境、金地天津"长湖湾"别墅、金地"世家"系研发，中影中投会所、金地门头沟项目；

融创地产：融创中新国际城、A07地块、A10地块；

鸿坤地产：鸿坤·理想尔湾、鸿坤·花语墅、鸿坤·原乡郡（设计中）、鸿坤·原乡半岛（设计中）、鸿坤·原乡小镇、鸿坤·果岭墅、鸿坤·金融谷、鸿坤广场、"语墅系"景观研发；

懋源置业：懋源·钓云台、懋源璟玺、懋源璟岳（进行中）。

北京易景道景观设计工程有限公司

公司简介

北京易景道景观设计工程有限公司成立于2001年，是在北京注册的专业景观规划和设计企业，拥有风景园林工程设计专项甲级资质、建筑工程设计乙级资质。公司的核心业务为：市政景观规划设计、公园景观规划设计、居住区景观规划设计、风景旅游区景观规划设计等设计业务。

公司秉承"以人为本，理念创新"的宗旨，同时加强国际合作，成为加拿大EDA景观规划公司中国大陆唯一合作伙伴，并探索与国际接轨的现代化企业经营之路。公司创建至今，依据优秀的设计实力及国外设计师的共同合作及努力，以良好的服务和信誉承接了多项规划及设计任务，设计监理项目等。经历了多项高起点、高水平园林规划设计任务的锤炼，公司在注重原创及设计质量方面在业界多有赞誉。

主要项目（五年内）

亮马河景观廊道项目（市政）

六分干渠生态改造项目（市政）

大同西京街景观带项目（市政）

陕西沣河治理项目（市政）

南京胭脂河项目（市政）

金隅矿山公园（公园）

崇左金龙湖体育公园（公园）

香山湾滨海生态公园（公园）

孙河郊野公园项目（公园）

郑州市青少年公园（公园）

保利集团：天誉、熙悦、四合庄等项目（居住区）

旭辉集团：银盛泰·博观新城项目（居住区）

远洋集团：晟庭、LAVIE等项目（居住区）

华夏幸福：孔雀城、剑桥郡等项目（居住区）

美的置业：悦江府、翰林府等项目（居住区）

三湘集团：海尚城项目（居住区）

天润置业：昭通乌蒙水乡项目（居住区）

中国航空制造技术研究院（专属绿地）

远洋石家庄机械厂（专属绿地）

北京世园会：云南园、顺鑫展园项目（展园绿地）

朱德故里客家民宿博览园（风景旅游区）

南乐西湖景观设计项目（风景旅游区）

所获荣誉

云南园荣获2019年中国北京世界园艺博览会中国省区市展区金奖

云南园荣获2019年中国北京世界园艺博览会中国省展园金奖

顺鑫家园展园荣获2019年中国北京世界园艺博览会企业展园特等奖

2017年北京园林优秀设计三等奖

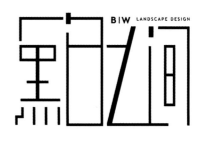

成都黑白之间景观规划设计有限公司

公司简介

黑白之间，自有色彩无限。

公司成立于2005年。是一个充满创造力、情怀和责任感的设计团队。

黑白之间，以"有立场的景观"为设计理念，致力于引导更舒适更健康的生活方式与城市环境。公司业务不仅局限在居住板块。更对商业环境以及城市公建项目进行了多年深入研发并形成了具有黑白之间特色的设计风格。

公司通过15年稳定发展，已经成为众多国内外一线房企公司以及城市开发公司的设计核心供应商。完成了包括郑州奥体中心，华润重庆万象城，东原重庆湖山樾，东原成都印长江，招商依云水岸等数十个具有影响力的标杆项目。

主要项目

【居住景观】

东原·湖山樾别墅区（成都）

东原·印长江景观设计（成都）

东原·重庆江山樾三期景观设计（重庆）

招商·成都大魔方展示区（成都）

招商·依云水岸河滨公园景观设计（湖北）

【城市公建景观】

郑州城投·郑州奥林匹克中心景观设计（郑州）

香城投资·新都香城体育中心景观设计（成都）

青岛国际机场集团·青岛胶东国际机场君廷酒店景观设计（青岛）

东原·金通中学景观设计（重庆）

成都大学·成都大学新旧校区改造景观设计（成都）

【商业办公景观】

华润·重庆万象城景观设计（重庆）

协信·协信中心星光广场景观设计（重庆）

新鼎·成都超线公园景观设计（成都）

华润·重庆万象汇景观设计（重庆）

志达·港汇天地景观设计（成都）

【生态旅游景观】

金杯·七里坪国际度假区景观设计（峨眉）

人居·永陵公园景观设计（成都）

成都农投·天府童村景观规划（成都）

老龙王·玉龙湾湿地公园景观规划（成都）

鲁能·文景植物园景观规划（廊坊）

所获荣誉

2019中国国际景观规划设计大会"最佳人气奖"

2019中国国际景观规划设计大会"年度杰出景观设计大奖"

2019中国国际景观规划设计大会"年度十佳景观设计机构"

2019年招商蛇口·2019年度优秀设计服务奖

2017年招商蛇口·2017年度最佳设计服务奖

2017中国国际景观规划设计大会"年度十佳景观设计奖"

2016中国国际景观规划设计大会"年度十佳景观设计奖"

2015中国国际景观规划设计大会"年度十佳景观设计奖"

2014中国国际景观规划设计大会"年度十佳景观设计奖"

深圳市国艺园林规划设计研究院

公司简介

深圳市国艺园林规划设计研究院隶属于深圳市国艺建设有限公司，国艺园林是于1999年由深圳市工商行政管理局核准设立的独立法人公司，注册资金1.38亿元，国家高新技术企业。具有国家城市园林绿化一级资质，风景园林工程设计专项甲级资质等。业务涵盖旅游规划、城市设计、景观规划、园林设计、设计监理、园林工程等领域；我们坚持以生态为主导，尊重文化本源，营造人性化空间环境；一直致力于景观本土化与落地的研发，以精致细节铸造精品园林。

公司是中国风景园林学会、中国工程建设行业协会、广东省风景园林协会、深圳市风景园林协会、深圳市清洁协会等多个机构的资深会员。被评为全国城市园林绿化企业50强、广东省优秀园林企业20强、广东省"守合同重信用企业"、深圳市十强园林企业、深圳市特色园林企业（高尔夫养护）、深圳市园林水景工程施工特色企业。

公司经过几年的开拓发展，已经形成了立足深圳、面向广东、拓展全国的格局。公司在北京、贵州、内蒙古、安徽、湖南、海南、辽宁、河南、南宁、成都、广州、惠州、东莞、湛江设立了分公司及办事处。

主要项目

赣县蓝湾半岛二期	大理海东城市森林一期建设项目绿化景观设计
泵站环境绿化总体规划	大理海东新区汽车客运站建设项目绿化景观设计
乐湾国际7-1号地块	贵州妇女儿童国际医院园林绿化景观设计
汕尾市新凯商业广场商业综合体前期周边绿化设计项目	公园管理中心2018年城市品质提升各项工程设计服务项目A标段
康达尔九年一贯学校景观设计	康美通城健康新城
宿州创意产业园商业二期景观设计	康美通城健康新城中草药植物大观园景观方案及施工图设计
鑫邦.开元名都大酒店项目景观设计	陆丰市碣石镇新饶村创建社会主义新农村示范村项目设计
广西岑溪市一品尊府	新区桥梁勒杜鹃种植工程-设计、施工总承包（EPC）
葛洲坝宜城水泥有限公司景观工程设计	岭南路西侧花漾街区景观提升工程
第十一届中国（郑州）国际园林博览会园博园项目国际展园（捷克—玛利亚温泉）设计	安徽省阜阳市花博园（颍泉区分园）设计施工一体化
高速出入口及城区交通绿岛景观绿化提质改造工程设计施工总承包（EPC）	市公园管理中心森林质量精准提升工程勘察设计
	沧州高新区产业新城建设项目园林景观工程设计
新田县枧头镇老屋村、新田县龙泉镇东升村美丽乡村绿化提质改造项目设计	沧州高新区产业新城建设项目园林景观工程设计

所获荣誉

全国城市园林绿化企业50强	深圳市特色园林企业（高尔夫球场养护）
中国风景园林学会优秀管理奖（建设管理类）	深圳市园林水景工程施工特色企业
中国园林绿化AAA级信用企业	深圳知名品牌企业
	深圳市和谐劳动关系先进企业
广东省企业500强	深圳市A级纳税人
广东省二十强优秀园林企业	
广东省诚信示范企业	
广东省守合同重信用企业	
广东省园林绿化企业信用等级AAAAA企业	
广东省环卫行业企业信用AAAA级企业	
广东省著名商标企业	
深圳市十强园林和林业企业	

深圳伯立森景观规划设计有限公司

企业简介

BLSI伯立森景观于2010年在中国香港成立，现总部位于深圳，在武汉设立分机构；作为一家面向国际服务的专业景观设计机构，BLSI伯立森景观专注于高端住宅区景观设计、城市综合体及商业区景观设计、文旅及度假区景观设计、市政公园景观设计、酒店景观设计、高新产业园景观设计、景观规划设计等领域；

BLSI伯立森景观曾获得多个景观专业奖项（如：詹天佑奖、金盘奖、艾景奖、园冶杯等），以及多个客户的内部单位年度评比奖（如中海集团景观设计项目评比奖（优秀大区奖和优秀示范区奖）、卓越集团年度最佳设计奖、佳兆业集团（2017-2019）两次荣获AA级优秀战略合作单位（设计单位最高奖项）、奥园地产集团（2018-2019年度两次荣获获得最佳景观设计奖）等奖项）等；我们的愿景是成为具有中国本土文化的、现代、艺术、自然、人性化的创新型景观设计机构。

主要项目（五年内）

奥园·东江誉府景观设计（茂名）

奥园·翡翠岚都景观设计（福州）

奥园·湖山府景观设计（湖州）

奥园·誉景湾景观设计（常德）

奥园·天誉长兴景观设计（湖州）

奥园·悦见山景观设计（福州）

珠海华发绿洋湾市政公园景观设计（珠海）

福州中海·金玺公馆景观设计（福州）

奥园·公园府邸景观设计（成都）

西宁·红星天铂景观设计（西宁）

南通·红星天铂景观设计（南通）

柳州·红星天铂景观设计（柳州）

所获荣誉

2020年　成都中海麓湖公馆（中海地产示范区综合奖）

2020年　龙泉公馆（中海地产大区综合奖）

2020年　中海公园城滟湖苑（中海地产大区综合奖）

2020年　伯立森景观荣获奥园集团"携手共进奖"

2019年　伯立森景观荣获"园冶杯年度优秀设计机构"

2019年　伯立森景观荣获"艾景奖年度优秀景观设计机构"

2019年　福州奥园·翡翠岚都（奥园地产集团年度最佳景观奖）

2019年　天津中海·四信里（詹天佑奖优秀住宅社区金奖）

2019年　珠海华发绿洋湾公园（第十届园冶杯专业奖金奖）（第九届艾景奖十佳景观设计）

2019年　嘉兴融创·江南悦（第十四届金盘奖上海赛区年度最佳住宅奖）

2019年　西安中海·长安府（第十四届金盘奖年度最佳预售楼盘奖）（第十届园冶杯专业奖金奖）

2019年　长沙中海新城·熙岸（第十四届金盘奖年度最佳住宅奖）（第九届艾景奖十佳景观设计）（中海集团优秀大区综合奖）
　　　　（第十届园冶杯专业奖银奖）

2019年　常德奥园·誉景湾（第十四届金盘奖年度最佳预售楼盘奖）（第九届艾景奖优秀景观设计）（奥园地产集团年度最佳景观奖）

2019年　湖州奥园·天誉长兴（第十四届金盘奖年度最佳预售楼盘奖）

2019年　南通红星·天铂（第九届艾景奖优秀景观设计）（第十届园冶杯专业奖银奖）

2018年　福州中海金玺公馆（第十三届金盘奖年度最佳预售楼盘奖）

2017年　荣获佳兆业年度"AA"优秀合作伙伴

2016年　卓越集团年度最佳景观设计奖

2015年　董事长朱小松荣获《设计影响中国-十大影响力设计人物》

2015年　深圳中海环宇新天地（设计影响中国-园林景观设计类一等奖）

厦门鲁班环境艺术工程股份有限公司 --

杭州瑞朗景观建筑设计有限公司 --

戴水道景观设计咨询（北京）有限公司 --

戴水道景观设计咨询（北京）有限公司 --

四川省林科院监理研究所 --

上海艾联景观设计有限公司 --

5

何泽宇
ZEYU HE

个人简介

股东、设计总监：何泽宇
现任职务：厦门鲁班环境艺术工程股份有限公司股东、设计总监
所在单位：厦门鲁班环境艺术工程股份有限公司

主要设计项目

香江茶叶园景观池园林工程
皇厝山闽南小镇规划
广东饶平霞东体育公园景观设计
中国古典工艺博览城景观设计

获奖情况

主持设计的"香江茶叶园景观池园林工程"荣获2016年度 福建省"闽江杯"优质工程奖；
主持设计的"皇厝山闽南小镇规划"荣获第八届艾景奖国际园林景观规划设计大赛年度十佳景观设计；
主持设计的"广东饶平霞东体育公园景观设计"荣获第七届艾景奖国际园林景观规划设计大赛年度十佳景观设计；
主持设计的"中国古典工艺博览城景观设计"荣获第五届国际园林景观规划设计大赛年度优秀景观设计。

张春伟
CHUNWEI ZHANG

个人简介

中级工程师
现任职务：杭州瑞朗景观建筑设计有限公司总经理

2004 年获得浙江林学院艺术设计（园林艺术设计）专业学士学位，同年于浙江大学建筑设计研究院风景园林分院工作。2014年获得浙江大学人文地理学专业研究生学历。现今于杭州瑞朗景观建筑设计有限公司，担任总经理。

主要设计项目

淮安清江华府景观规划设计
华清山庄室外景观设计及初步设计
绿城西子青山湖玫瑰园景观设计
庙泾河两岸景观规划设计
小梁河景观规划设计
外园河景观规划设计
温岭市医疗中心环境景观规划设计
浅水湾大酒店景观规划设计
余姚城东新区万家桥绿地规划
太湖水公园景观规划设计
中国铁建.国际城景观规划设计
邵阳湖.御景园景观规划设计
嫘祖文化苑景观规划设计
红莲大道景观规划设计
蕲春人民广场改造工程设计
苏州阳山温泉二期总体规划设计
大阳山国家森林公园东侧景区（二期）景观规划设计
伊利市伊利河南岸新区游乐园景观概念设计
南郊湿地林场公园规划设计
阳山旅游带规划设计
皮里青河两岸景观设计方案
伊犁河北岸景观带规划设计
伊犁河南岸景观带规划设计等
河南嫘祖文化园景观规划设计
湖南省新晃侗族自治县八江口生态休闲旅游度假区项目规划设计

获奖情况

荣获2013年度杰出景观规划师
2012年9月"中国铁建·国际城"项目被浙江省风景园林学会评为金奖。
2013年10月"新疆伊宁市皮里青河两岸景观设计方案"荣获艾景奖年度十佳设计奖景观项目
2019年11月荣获"艾景奖资深景观规划师"奖项

黄妙水
MIAOSHUI HUANG

个人简介

项目负责人
资深景观设计师

黄妙水作为资深景观设计师，拥有15年的专业经验。他综合了景观设计、项目管理到施工把握等全方位的综合能力，解决景观设计领域的诸多挑战。从国内设计院到外企设计公司，在多样的景观设计项目中积累到丰富的国际经验，通过全新的国际到本土视角，实现不同尺度的景观设计。参与众多创新项目的全面实施。涉及领域包括：城市公共景观、商业空间、展览空间、住宅等等。

近年来，致力于研究可持续发展景观设计：包括生态景观设计、可持续发展、生态水环境、海绵城市等方案的研究。

在多个项目中探索自然生态景观及生态水环境的设计与实践运用，并取得良好的效果。
从雄安新区的项目规划及实施，到张家窝公园的海绵生态，及地产商业综合体的海绵解决方案，均取得不错的设计实践成果。

代表项目作品

雄安市民服务中心景观设计
天津张家窝中心公园景观设计(美国IFLA奖)
通州萧太后河景观及生态水环境设计
武汉保利商业水街景观设计
海南生态智慧新城商业景观设计
南昌莱蒙商业广场景观设计
广西南宁东盟创客城景观设计
福州泰禾广场商业综合体景观设计
泉州泰禾广场商业综合体景观设计
山东·德州索通研发中心景观设计
呼和浩特科技城中心公园景观国际竞赛
河南·国际商业中心景观设计
河北·承德鼎盛传媒办公楼景观设计
海南海棠湾度假小镇景观规划设计

专业活动经验

2017年5月武汉亚洲城市与建筑系列国际论坛 演讲嘉宾
2019年9月厦门第四届生态文明城市建设论坛 演讲嘉宾
2019年10月清华-高等院校给水排水专业学术交流会 演讲嘉宾

代表奖项

2020 IFLA奖项 雄安市民服务中心景观设计
2019 艾景奖项 2019年杰出景观规划师奖
2018 IFLA奖项 天津张家窝中心公园
2018 通州绿心概念性规划设计 国际竞赛 第一名
2017 艾景奖项 2017年杰出景观设计师奖
2016 北京通州萧太后河河道治理 国际竞赛 第一名

个人简介

叶剑昆
JIANKUN YE

资深景观设计师

叶剑昆作为资深景观设计师，拥有10多年的专业经验，致力于生态可持续景观的研究和项目实践，在城市生态水环境景观设计及城市公共空间规划方面有着较为丰富的项目经验。凭借景观和环境艺术等专业背景，以及不同尺度空间的项目积累，使其能以多重视角诠释人与环境的内在关系，并提供符合多层次需求的创造性解决方案。

于2016年加入Ramboll Studio Dreiseitl北京办公室，后主要从事景观设计工作。参与多个生态河道及景观规划项目的方案及扩初设计工作，具有较强的项目施工和落地经验。期间参与并创作了雄安市民服务中心，通州城市绿心等多个国家级重点项目。

代表作品

雄安市民服务中心风景园林及水生态设计
北京城市副中心城市绿心景观规划设计
成都天府国际空港新城绛溪河公园景观规划设计
昆明世博园核心区改造提升景观设计
天津张家窝公园景观设计
通州区萧太后河景观提升和生态修复工程
长春东新开河水生态景观工程设计
潮白河（香河段）河道景观提升设计
雄安唐河入淀口湿地生态保护设计
福建福州东二环泰禾广场景观项目
东海泰禾广场B地块景观设计和生态水设计
武汉保利香颂K15地块园林景观
大连金州新区向应公园景观改造工程设计
大连金州新区绿道建设项目
阿里巴巴菜鸟物流产业园景观设计

代表奖项

2020 IFLA奖项 雄安市民服务中心景观设计
2020 中国风景园林学会科技进步二等奖 通州绿心概念性规划设计
2019 新加坡景观设计银奖 广州沥滘商务区概念规划设计
2018 IFLA奖项 天津张家窝中心公园
2018 通州绿心概念性规划设计 国际竞赛 第一名
2017 潮白河（香河段）河道景观提升设计 国际竞赛 第一名
2016 北京通州萧太后河河道治理 国际竞赛 第一名

张懿琳
YILIN ZHANG

个人简介

曾任四川省林科院林业研究所规划设计部主任
现任四川省林科院监理研究所高级工程师、西财巾帼校友会理事长、
四川农业大学校外导师及校友会秘书
所在单位：四川省林科院监理研究所

多年来主持和参加了多项国家级景区申报、园林、林业、产业规划设计以及多个科研项目，具有较强的协作精神，参加编写林业项目总体规划、可研报告、作业设计等，参与2项科技项目获得2015年度四川省科技进步3等奖，发表论文9篇（第一作者2篇），参与编写了四川省珍贵用材树种育苗技术规程——红椿，2015年12月23日川林职改【2015】21号文，获任高级专业技术职务任职资格。

擅长地震灾后生态修复，生态脆弱区生态修复，沙化治理，国家森林公园，湿地公园，自然保护区资源调查、申报，景区规划设计，动植物环境影响评价，植物研究选育及林地征占和资源核查等相关工作，对文化旅游、特色小镇、乡村振兴、民宿住宅等也有一定了解。

主要设计项目

绵阳农科所新址景观规划设计；
苍溪武当山森林公园规划设计；
西藏林芝八一镇绿地系统规划及景观设计；
汶川堡子关植被与景观规划设计；
广汉三星堆遗址区生态景观详细规划；
成都金沙遗址博物馆园区绿化改造工程；
遂宁市桃花山景观规划设计；
隆昌县古宇湖生态景观林总体规划设计；
苍溪县城市节点绿化及森林城市总体规划；
若尔盖国家湿地公园总体规划
阆中构溪河国家湿地公园规划

获奖情况

乐至廖家湖湿地总体规划获四川省林业科学研究院年度项目3等奖
四川省珍贵用材树种地方标准编制成果（排名第四）
攀西地区乡土板栗良种选育及丰产栽培技术研究 获得四川省科技进步三等奖（排名第四）

余瑶莹
YAOYING YU

个人简介

现任职务：合伙人/设计总监
所在公司：上海艾联景观设计有限公司

余瑶莹女士作为新锐景观规划师，毕业于华南理工大学景观建筑设计专业。十年来她致力于规划与景观行业，"生命中最重要的事情是使你生存的世界变得更好，因为你曾经在这个世界上生活过。"这是《景观设计学》中的一句话，她一直牢记心中。作为景观设计师她认为需要去理解并尊重脚下的土地与最终每个场所的使用者，要懂得如何去妥善利用场地的资源、材料、环境元素等，并使景观方案拥有自己的精神和灵魂。

研究领域主要为住宅景观、田园综合体等。

主要设计项目

南京苏宁环球朝阳府
厦门中交和美新城
厦门禹洲璟阅城
宁波龙湖滟澜海岸
宁波华侨城四明山谷景观项目
扬州禹洲嘉誉风华
南京高淳禹洲金茂府
阜阳融创淮河壹号
合肥禹洲嘉誉风华
芜湖融创童话森林
漳州大唐名门印象住宅商业综合体
漳州大唐碧湖印象
宁波高桥镇田园综合体改造提升
宁波高桥镇环镇北路道路改造提升
哈尔滨三八水库
辽宁仙榆湾养生度假区
贵阳中天城投未来方舟
宁波镇海箭湖文化艺术中心

获奖情况

个人获艾景奖2019年度新锐景观规划师
2018年主持设计的禹洲·福州朗廷湾项目获艾景奖2019年度优秀景观设计
2018年主持设计的禹洲·厦门璟阅城项目获艾景奖2019年度优秀景观设计

图书在版编目（CIP）数据

第九届艾景奖国际景观设计大奖获奖作品 = THE 9TH
IDEA-KING COLLECTION BOOK OF AWARDED WORKS /
艾景奖组委会编. —北京：中国建筑工业出版社，2020.11
ISBN 978-7-112-25581-8

Ⅰ. ①第… Ⅱ. ①艾… Ⅲ. ①景观设计 – 作品集 – 中
国 – 现代 Ⅳ. ①TU983

中国版本图书馆CIP数据核字（2020）第220623号

责任编辑：毕凤鸣
书籍设计：韩蒙恩
责任校对：李美娜

第九届艾景奖国际景观设计大奖获奖作品
THE 9TH IDEA-KING COLLECTION BOOK OF AWARDED WORKS
艾景奖组委会 编
＊
中国建筑工业出版社出版、发行（北京海淀三里河路9号）
各地新华书店、建筑书店经销
北京锋尚制版有限公司制版
北京富诚彩色印刷有限公司印刷
＊
开本：965 毫米 ×1270 毫米 1/16 印张：22¼ 插页：1 字数：821 千字
2020年11月第一版 2020年11月第一次印刷
定价：358.00 元
ISBN 978-7-112-25581-8
（36669）